GEOGRAFIA E MEIO AMBIENTE

DIÁLOGOS INTERDISCIPLINARES NO CONTEXTO AMAZÔNICO

Catalogação na Fonte
Elaborado por: Josefina A. Guedes
Bibliotecária CRB 9/870

G345g
2025

Geografia e meio ambiente: diálogos interdisciplinares no contexto amazônico/ Enilson da Silva Sousa, Ana Valéria dos Reis Pinheiro, Cristina do S. F. de Senna, Felipe Kevin Ramos da Silva (orgs.). - 1. ed. - Curitiba: Appris, 2025.
307 p. ; 23 cm. - (Sustentabilidade, impacto e gestão ambiental).

Inclui bibliografia.
ISBN 978-65-250-7777-2

1. Amazônia - Geografia. 2. Meio Ambiente. 3. Sustentabilidade. 4. Educação ambiental. 5. Geografia - Estudo e ensino. I. Sousa, Enilson da Silva II. Pinheiro, Ana Valéria dos Reis. III. Senna, Cristina do S. F. de. IV. Silva, Felipe Kevin Ramos da. V. Título. IV. Série.

CDD - 918.1

Livro de acordo com a normalização técnica da ABNT

Appris editorial

Editora e Livraria Appris Ltda.
Av. Manoel Ribas, 2265 - Mercês
Curitiba/PR - CEP: 80810-002
Tel. (41) 3156 - 4731
www.editoraappris.com.br

Printed in Brazil
Impresso no Brasil

Enilson da Silva Sousa
Ana Valéria dos Reis Pinheiro
Cristina do S. F. de Senna
Felipe Kevin Ramos da Silva
(orgs.)

GEOGRAFIA E MEIO AMBIENTE

DIÁLOGOS INTERDISCIPLINARES NO CONTEXTO AMAZÔNICO

Appris editora

Curitiba, PR
2025

APRESENTAÇÃO

A Amazônia, com sua riqueza natural e cultural incomparável, é um território onde os desafios socioambientais se entrelaçam de maneira única. É um espaço de intensos contrastes, onde a diversidade biológica convive com conflitos territoriais, e a luta pela preservação ambiental se encontra com as complexidades do desenvolvimento econômico e social. Nesse cenário fascinante e desafiador, emerge *Geografia e meio ambiente: diálogos interdisciplinares no contexto amazônico*, uma coletânea de artigos que reflete o compromisso acadêmico em compreender e propor soluções para questões fundamentais dessa região.

Os textos reunidos nesta obra são fruto de estudos realizados no âmbito da pós-graduação em Geografia e Meio Ambiente da Universidade Federal do Pará (UFPA), Campus Ananindeua, e abordam uma ampla gama de temáticas que dialogam com a realidade amazônica. Entre os temas destacados, estão a cultura do dendê, biopirataria e contrabando de biodiversidade, saberes e práticas educativas, educação ambiental, e os impactos do turismo de massa em praias. Os capítulos também exploram a integração paisagem-solo, ensino de geografia, produção de materiais lúdicos para o ensino, a análise de ações antrópicas na Terra Indígena Apyterewa, e a aplicação de jogos como o "Caminhada Morfoclimática" no ensino de geografia física.

Além disso, os autores examinam questões amplas e globais, como globalização e meio ambiente, mudanças climáticas e a gestão de unidades de conservação. Análises sobre corredores verdes, paisagens e patrimônio natural enriquecem ainda mais o diálogo interdisciplinar, oferecendo novas perspectivas e caminhos para a preservação e valorização da Amazônia.

Este livro é, acima de tudo, um testemunho da relevância da pesquisa acadêmica na construção de um futuro mais equilibrado e sustentável para a região amazônica. Os autores, com suas abordagens criativas e comprometidas, não apenas diagnosticam os problemas, mas também apresentam caminhos viáveis e inovadores para enfrentá-los. Cada capítulo demonstra que a integração entre ciência, educação e práticas sociais é essencial para transformar desafios em oportunidades.

Convido o leitor a explorar as páginas desta obra com curiosidade e mente aberta, buscando inspiração para aprofundar sua compreensão sobre a Amazônia e para contribuir, de sua maneira, com o fortalecimento de ações em prol do equilíbrio entre desenvolvimento e preservação. Que este livro seja uma ferramenta para promover o diálogo, a interdisciplinaridade e a transformação.

Ananindeua-PA, 11 de dezembro de 2024

Prof. Dr. Enilson da Silva Sousa
Coordenador da pós-graduação em Geografia e Meio Ambiente – UFPA/Canan

SUMÁRIO

INTRODUÇÃO

O livro *Geografia e meio ambiente: diálogos interdisciplinares no contexto amazônico* reúne uma coletânea de trabalhos que representam o esforço acadêmico e interdisciplinar de pesquisadores, docentes e discentes dedicados à compreensão das complexas relações entre sociedade e natureza na região amazônica. Este volume é resultado das defesas de monografias da pós-graduação lato sensu em **Geografia e Meio Ambiente**, da Universidade Federal do Pará (UFPA), Campus Ananindeua, consolidando-se como uma importante contribuição ao campo das ciências geográficas e ambientais.

A diversidade dos temas abordados reflete a pluralidade de perspectivas e desafios enfrentados na Amazônia. A investigação dos aspectos geossocioambientais no trecho entre o Km 25 e o Km 29 da PA-391, em Santa Bárbara do Pará, e os efeitos da expansão da cultura do dendê no território paraense são exemplos de estudos que evidenciam os impactos das atividades humanas sobre a paisagem e as populações locais. Esses trabalhos ressaltam a necessidade de práticas sustentáveis e políticas públicas mais inclusivas e eficazes para a região.

O livro também aborda questões emergentes e urgentes, como a biopirataria e o contrabando da biodiversidade amazônica, analisando as implicações ambientais, sociais e jurídicas desse tipo de crime no estado do Pará. Além disso, investiga os impactos ambientais na sub-bacia do canal da margem direita, em Belém, e as consequências do turismo de massa nas praias da Ilha de Cotijuba, destacando o delicado equilíbrio entre o desenvolvimento econômico e a preservação ambiental.

No âmbito da educação, a obra enfatiza a relevância da construção de saberes por meio de práticas pedagógicas voltadas à educação ambiental. Trabalhos como a produção de materiais lúdicos com papel reutilizado e o uso do jogo "Caminhada Morfoclimática" demonstram como o ensino de geografia pode contribuir para formar cidadãos mais conscientes e engajados na conservação do meio ambiente.

Questões mais amplas, como a globalização e seus reflexos sobre o meio ambiente, e os avanços e os desafios das unidades de conservação no município de Parauapebas, também encontram espaço nesta coletânea, ampliando o debate sobre a relação entre sociedade moderna e natureza. Por fim, temas relacionados à percepção da paisagem, patrimônio natural e integração sociedade-natureza, tanto no contexto urbano quanto em comunidades tradicionais, reforçam a importância de uma abordagem interdisciplinar para o entendimento e manejo dos espaços amazônicos.

Esta obra reflete o compromisso da Pós-Graduação em Geografia e Meio Ambiente da UFPA em promover pesquisas que dialoguem com os desafios regionais, contribuindo para a formação de profissionais aptos a enfrentar as demandas socioambientais da Amazônia. Esperamos que este livro inspire novas investigações, diálogos e ações que valorizem a riqueza e a complexidade desse território único.

Os organizadores

ENTRE OS RIOS DO CONHECIMENTO: A IMPORTÂNCIA DA INTERDISCIPLINARIDADE COMO DIMENSÃO FUNDAMENTAL PARA A PRODUÇÃO CIENTÍFICA

Felipe Kevin Ramos da Silva
(convidado)

INTRODUÇÃO

Vocês veem como estou escrevendo à vontade? Sem muito sentido, mas à vontade. Que importa o sentido? O sentido sou eu.
(Lispector, 2021, p. 47)

Não posso sentar perto de um riacho sem cair num devaneio profundo, sem rever a minha aventura... Não é preciso que seja o riacho da nossa casa, a água da nossa casa. A água anônima sabe todos os segredos. A mesma lembrança sai de todas as fontes.
(Bachelard, 2018, p. 9)

Pensar a respeito dos processos associativos entre interdisciplinaridade e produção científica é, no mínimo, repensar os sentidos, de vida, lugar, consciência, existência e, neste caso, de nossas bases educacionais, didáticas, experiências pedagógicas e morais da ciência moderna[1] e suas reverberações históricas da educação básica ao ensino superior. São dimensões que demonstram a importância das escalas da educação escolar de forma interconectivas, desvelando necessidades atuais onde o pensamento — reclamando, o entendimento das complexidades, das intersubjetivas, sensibilidades da existência humana às mudanças climáticas, por exemplo — possa confrontar bases epistemológicas aliadas às colonialidades do saber-fazer científico.

[1] Conforme Maffesoli (1995), a modernidade, na qual inclui-se a ideia de "ciência", estaria fortemente ligada ao cartesianismo, o que implicaria a necessidade de sua superação, sobretudo pela vontade de transcender a fragmentação do pensamento e, portanto, da matematização dos sentidos, do racionalismo. O simbólico, "o mundo imaginal", a partir disso, surge como uma espécie de ruptura entre a ciência moderna e a compreensão dos fenômenos por meio da criatividade, subjetividades para além dos sistemas moralistas. Indo para além das plumas do que é controlável, matematizável, Maffesoli (1995) desenvolve a ideia do "deixar-se ser", como reflexão fundamental na modernidade (ou pós-modernidade) em prol do cotidiano, da imagética, da ciência, inclusive, a partir da imersão de si, em si mesmo, e no mundo, proporcionando perspectivas, saberes e práticas que, em essência, estão interconectados.

O filósofo Gaston Bachelard, possibilita-nos mergulhos profundos e intensos em relação ao sentido de ciência. Nessa perspectiva, a ideia de "rio" ou, no caso de Bachelard (2018), "riacho", surge como caminhos líquidos por onde ecoam formas diversas de pensar a realidade. Pensar, nesse mergulho, aproxima-nos do que Lévinas (1997) entende como "estar engajado a um projeto", único. E por se tratar de um projeto — riacho-projeto — caminho "líquido"[2] de perspectivas que se encontram, a transformação e as necessidades recíprocas entre esses saberes são inevitáveis.

Uma revisão bibliográfica integrativa foi utilizada neste estudo para identificar e sintetizar o conhecimento existente sobre uma interdisciplinaridade na produção científica, analisando artigos e, inclusive, suas interfaces com a educação como estratégia de promover a abordagem interdisciplinar canalizando a relevância de formações escolares que incentivem a formação interdisciplinar, mediante o incentivo de políticas institucionais voltadas ao financiamento de pesquisas nessa perspectiva.

Desta feita, surgem as seguintes reflexões: qual a importância da interdisciplinaridade para a produção científica? Podemos pensar a importância de uma para a produção da outra sem considerar em nossas análises as experiências educacionais desde a educação básica[3]? São questionamentos que, no campo educacional e científico, colocam em prática o que Piaget (1978) chamou de "epistemologia genética", ou seja, ao considerar a interação biológica e cultural como bases do desenvolvimento cognitivo humano, Piaget (1978) ratifica a premência de análises apuradas a partir da "interdisciplinaridade", em que diversos saberes estariam associados de forma integrada.

A contextualização dessas perguntas é essencial e está fortemente ligada aos sentidos de "fazer" ciência sob uma perspectiva integrada aos rios de saberes que, inclusive, transcendem as lógicas do objetivismo, conforme ensina Bachelard (2006). As reflexões direcionam-nos a uma psicanálise a respeito de certos sistemas epistemológicos que envolvem a interdisciplinaridade em suas interfaces com a produção científica (Matta, 1991).

---

[2] Reconhecendo a popularização do termo "líquido", a partir de Bauman (2011), torna-se importante ressalvar que "líquido", aqui, refere-se à fluidez do elemento água, representado metaforicamente pela ideia de "rio", cujos vários afluentes (conjunto de ideias, daí a questão interdisciplinar como "rio de saberes") se encontram para desaguar no oceano da complexidade.

[3] Referente à Lei de Diretrizes e Bases da Educação Nacional (LDB), estabelecida pela **Lei n.º 9.394, de 20 de dezembro de 1996**. Disponível em: https://www.planalto.gov.br/ccivil_03/leis/l9394.htm Acesso em: 23 maio 2024.

Além disso, por se tratar de processos de aprendizado, não há como deixar de analisar as interações com a didática e experiências pedagógicas, haja vista que tudo que se pesquisa poderá um dia ser ensinado, ou, no mínimo, relatado a um determinado público, seja na educação básica e/ou no ensino superior. Em outras palavras, como analisar a importância da interdisciplinaridade na produção científica, sem considerar nossa formação educacional básica (organizada por etapas, ciclos e de caráter disciplinar), e um debate mínimo desta dimensão formativa nos espaços acadêmicos de pós-graduações?

À vista disso, o artigo organiza-se em dois momentos centrais: I) a interdisciplinaridade como um rio de saberes, em que vários afluentes de se encontram rumo a uma espécie de foz que desagua no oceano das ideias. A própria produção científica nasce em meio a essa dinâmica, considerando-se os aspectos metodológicos e epistemológicos, por exemplo; II) tratando do campo educacional como fator importante nesse processo, cabe refletir sobre a necessidade da didática e experiências pedagógicas apropriadas em diferentes escalas do ensino, considerando-se a importância da interdisciplinaridade na ciência, da educação básica ao ensino superior como princípios de análises posteriores a respeito da reciprocidade dialógica entre as disciplinas e suas ramificações no artesanato científico.

Interdisciplinaridade: rio de saberes

A margem do rio não exige lógica para ser coerente.
(Paes Loureiro, 2016)

Para ilustrar a convergência de conhecimentos em torno de diferentes campos do conhecimento, como Geografia, Geologia, Antropologia, Psicologia, entre outros, a metáfora do "rio" é especialmente útil. Os diferentes "riachos" ou disciplinas evidentemente fluem juntos e o conhecimento multidisciplinar resultante reúne a integralidade de muitas disciplinas, todas contribuindo com sua maneira própria de ver, analisar e interpretar[4] os contextos sociais.

[4] "Interpretar é desenvolver, a partir de um pressuposto e de acordo com uma perspectiva já dada, as possibilidades de compreensão do ser especificado como isso ou como aquilo, antes que o conhecimento teórico, concretizando apenas uma das possibilidades de compreensão, venha traduzir-se em proposições determinadas. Mas essa prévia e preliminar interpretação do mundo, que aflora no intercurso da fala (*die Rede*), e que não escapa ao risco de estabilizar-se num estado exterior e público, é, como melhor compreenderemos depois, anterior à predicação" (Nunes, 2000, p. 107).

As ciências de herança positivista[5] acusam negativamente qualquer abordagem que resgate a importância dos "saberes vernaculares" (Claval, 2002) como objeto de estudo, reduzindo nossas descrições a relatos demasiadamente desvinculados com realidade concreta em prol da (ben) dita "neutralidade acadêmica" — o "rigor científico" —, reprodutor, em muitos casos, necessidades de dominação, ou seja, "uma tentativa de criar para todos os fenômenos uma linguagem cifrada comum, que permite calcular, portanto, dominar mais facilmente a natureza" (Nietzsche, 2010, p. 398). Essa "ciência", tão criticada por Nietzsche (2010), porém, ainda tão bem articulada em nosso meio acadêmico, busca, primeiramente, tornar o mundo "atingível", e assim o reduz à procedimentos de esquemas e matematização.[6]

A ciência geográfica, por exemplo, centrada no espaço em sua relação sociedade-natureza, tem na antropologia referência de estudos, criando um diálogo na compreensão das práticas culturais e sociais (Claval, 2002). A psicologia é aplicável à compreensão do comportamento humano e suas funções mentais, enquanto a filosofia se destina a fornecer uma base crítica e reflexiva a esses procedimentos. Nesse sentido, faz-se uma análise de ideias relacionadas à interdisciplinaridade, delineando suas definições e implicações que, em certa medida, não deixam de ser fruto de uma educação colonizadora ocidentalizante, dos "brancos europeus"[7] e suas históricas imposições territoriais e educacionais que, por sinal, reverberam na produção científica.

---

[5] "A educação científica, tal como hoje a conhecemos, tem precisamente esse objetivo. Simplifica a ciência, simplificando seus elementos: antes de tudo, define-se um campo de pesquisa; esse campo é desligado do resto da História (a Física, por exemplo, é separada da Metafísica e da Teologia) e recebe uma 'lógica' própria. Um treinamento completo, nesse tipo de 'lógica', leva ao condicionamento dos que trabalham no campo delimitado; isso torna mais uniformes as ações de tais pessoas, ao mesmo tempo em que congela grandes porções do procedimento histórico. 'Fatos' estáveis surgem e se mantêm, a despeito das vicissitudes da História. Parte essencial do treinamento, que faz com que fatos dessa espécie apareçam, consiste na tentativa de inibir intuições que possam implicar confusão de fronteiras. A religião da pessoa, por exemplo, ou sua metafísica ou seu senso de humor (seu senso de humor natural e não a jocosidade postiça e sempre desagradável que encontramos em profissões especializadas) devem manter-se inteiramente à parte de sua atividade científica" (Feyerabend, 2011, p. 23).

[6] À vista disso, são "as ideias que presidem a observação e a experimentação são as ideias claras e simples a partir das quais se pode ascender a um conhecimento mais profundo e rigoroso da natureza. Essas ideias são as ideias matemáticas. A matemática fornece a ciência moderna, não só o instrumento privilegiado de analise, como também a lógica da investigação, como ainda o modelo de representação da própria estrutura da matéria" (Santos, 2008, p. 26-27).

[7] Krenak (2019, p. 11) afirma que "a ideia de que os brancos europeus podiam sair colonizando o resto do mundo estava sustentada na premissa de que havia uma humanidade esclarecida que precisava ir ao encontro da humanidade obscurecida, trazendo-a para essa luz incrível".

No artigo de Payette (2001), a "interdisciplinaridade" é um dos tópicos centrais que devem ser abordados em pesquisa científica e acadêmica, não através do apelo somativo das disciplinas, mas pelo seu caráter sincero da vontade de potência de querer conhecer as realidades em sua complexidade, entre erros e acertos, do todo. Em outras palavras, deve conceder aos autores a licença para abordar as perguntas complexas que são comuns às diferentes realidades de maneira abrangente e holística.

Nesse sentido, Payette (2001) afirma que a interdisciplinaridade é expressa como uma tentativa de interação de duas ou mais disciplinas, integrando as respectivas perspectivas teóricas e conceituais, seus paradigmas, seu norte epistemológico, metódico e empírico até obter um entendimento mais profundo de um fenômeno. Essa definição é mais do que uma aproximação de conceitos e métodos, é uma síntese genuína.

A partir disso, antropólogos como Lévi-Strauss (1989) lançam-nos alguns desafios, no sentido de romper com uma metafísica dualista entre cultura e natureza, colocando em dúvida os métodos puramente categóricos, a racionalidade da domesticação científica e a história ocidental como a história da negação doutro em detrimento de si e da elevar a categoria "humano" como dimensão ontológica para além dos sistemas associativos com a natureza, levando, inclusive, elementos da linguística. Expandindo essa ideia, Klein (2008) enfatiza a necessidade de quebrar barreiras disciplinares, a fim de promover uma colaboração eficaz e inovadora:

> A origem intelectual do conceito de interdisciplinaridade subjacente, no entanto, é muito mais antiga. No Ocidente, as ideias fundamentais de ciência unificada, síntese e integração do conhecimento foram desenvolvidas pela filosofia antiga. Com o passar do tempo, o processo geral de especialização na sociedade resultou em um número crescente de disciplinas e profissões distintas. Entretanto, as ideias de unidade, integração e síntese persistiram como valores filosóficos, sociais, educacionais e pessoais (Klein, 2008, p. 110).

Ou seja, o saber interdisciplinar, de acordo com Klein (2008), manifesta-se historicamente e encontra-se no cerne da humanidade e, portanto, a partir das intencionalidades humanas via seus contextos, necessidades e experiências mútuas com os ambientes e paisagens. Para exemplificar, observemos a ideia de "origem intelectual do conceito de interdisciplinaridade" (Klein, 2008, p. 110): essa associação dualista é bastante suscitada com o que é descrito como um saber "pensamento selvagem", como na interpretação que Lévi-Strauss faz desse termo.

Desta feita, observa-se:

> De tais exemplos, que se poderiam retirar de todas as regiões do mundo, concluir-se-ia, de bom grado, que as espécies animais e vegetais não são conhecidas porque são úteis; elas são consideradas úteis ou interessantes porque são primeiro conhecidas (Lévi-Strauss, 1989, p. 24).

Segundo Lévi-Strauss, a compreensão das espécies animais e vegetais precede e condiciona a percepção de sua utilidade ou interesse sem, no entanto, desconsiderar os saberes agregados reciprocamente por meio das experiências, entre erros e acertos. O "pensamento selvagem", de Lévi-Strauss (1989), refere-se à compreensão e sentidos de mundo, articulados aos diversos saberes que, em uma linguagem científica formal e, portanto, de forma fragmentária, seriam as bases da Botânica, Física, Antropologia e outras formas de tentar explicar[8] o *cosmo*. Em outras palavras, não é a utilidade prática que leva à compreensão destas espécies, mas sim o fato de existirem que permite atribuir-lhes valores utilitários ou estéticos.

Assim, essa visão torna-se adequada, refletindo o ponto de vista em que o conhecimento é a base sob a qual todos os outros atributos e significados são construídos. Como Merleau-Ponty (1999, p. 235) observa, "a percepção, acima de tudo, também é uma compreensão do mundo e de nós mesmos como parte dele", sugerindo, através de uma análise fenomenológica, que a base da nossa interação com o mundo é uma previsão que estrutura e dá sentido à nossa experiência, como também observa Cassirer (2001).

A filosofia de Gaston Bachelard (2006), então, apoia essa ideia reconhecendo o fato de conhecimento antes de utilitarismo e afirmando que o conhecimento científico muda radicalmente a interação do homem com o mundo, tornando o conhecimento prioritário da mera utilidade. Relacionando com as ideias desenvolvidas por Lévi-Strauss, portanto, as espécies são consideradas valiosas ou interessantes não porque tenham um valor intrínseco inicial, mas sim porque aprendê-las abre novas possibilidades para o seu atributo de valor e significado.

---

[8] "Explicar", para Nietzsche (2008), é "descrever", uma proposta honesta de envolvimento com o todo. No entanto, "explicar", para ciência moderna ocidental, tem conotação da causa final para análises categóricas.

Em outras palavras, ao (re)conectar "ciência" com saberes e práticas locais, a interdisciplinaridade permite que pesquisadores/as reflitam e, inclusive, formulem autocríticas. A fundamentação possível, portanto, do pensar-fazer ciência, em sua pluralidade e de base interdisciplinar, poderia estar mais bem alinhada ao que Lévi-Strauss (1989) desenvolveu como "ciência do concreto".

A interdisciplinaridade, nesse sentido, igualmente não apenas "enriquece" o conhecimento científico como o torna aplicável e relevante em diferentes contextos culturais, inclusive, em termos de políticas públicas em prol do bem viver, conforme demonstram a pesquisa de Simonian, Patrício e Pezo-Diaz (2019). Outro especialista, Japiassu (1976) demonstra como a interdisciplinaridade na ciência é essencial, ao possibilitar uma melhor percepção e resolução de problemáticas sociais e ambientais, enfim, em suas complexidades, inclusive, complexidades imagéticas.

Educação e ciência: a interdisciplinaridade na formação e produção científica

> *Uma imagem pregnante que atrai o olhar inocentado de conceitos, no livre jogo da contemplação estética. Olhar acumulado de memória, reconhecimento, vidência e afeto. Uma intuição visível. Imagem na glória de si mesma, sem outra mediação que não seja o que ela mesma é.*
> *(Loureiro, 2007, p. 1)*

Até aqui, pode-se ter, mesmo que minimamente, uma ideia do sentido de "interdisciplinaridade" analisado como ponto de (in)reflexões e autocríticas, em meio a esse entendimento epistêmico e, de certo modo, ontológico, pois envolve aspectos inerentes ao "ser" e suas manifestações enquanto "ser-no-mundo". Esse "*Dasein*", ou "ser-aí", conforme Heidegger (1988), isto é, as formas essenciais das experiências humanas, instituem, nelas mesmas, uma convergência de perspectivas, sejam elas do "mundo da vida" (*Lebenswelt*) — nas palavras de Husserl (2006) — ou na "experiência científica" — situando Chalmers (1994).

À vista disso, torna-se interessante perguntar: quais as relações entre educação e ciência, e como essas dimensões podem contribuir, de forma interdisciplinar, para produção científica? De um modo geral, Chalmers (1994) ao desenvolver um percurso da "ciência", traz em evidência análises sobre os mais variados mecanismos de análises, métodos, filosofias, sistemas de pensamentos, ideias e práticas que, muitas vezes, estavam fortemente associados à conjuntura social e política. De Aristóteles, passando por Isaac Newton à Paul Feyerabend, Chalmers (1994) chama atenção para determinadas estratégias do positivismo categórico e indutivo para o que se refere à hegemonização das ideias, pensamentos e métodos.

Todavia, o importante aqui, neste momento, é notar que Chalmers (1994), ao se referir à história e filosofia da ciência, refere-se à "ciência moderna-ocidental" e suas reverberações para a produção científica e seus métodos dominantes, o que, de certo modo, respinga nos sistemas educacionais, reproduzindo, em certa escala, a ciência e tudo que se possa "comprovar racionalmente" como verdade absoluta (princípio categóricos e apriorísticos). Evidentemente que as ideias de Chalmers (1994) não podem se generalizar, mas podem, como uma espécie de eremita com uma lamparina, iluminar caminhos densos nos quais o racionalismo e o dualismo (essência/existência, subjetividade/objetividade, corpo/alma, por exemplo) foram e ainda são presentes no pensar-fazer científico.

Nas sociedades ocidentais, as quais fazemos parte, a cultura, no geral, o "pensar-fazer", refere-se diretamente aos sistemas educacionais, como base de organização curricular, materiais didáticos etc. Pode-se notar esse processo ao observar e analisar a formatação de educação básica (Gonçalves, 1996), em que, por exemplo, materiais didáticos são reproduções verticalizadas, nas quais ciência e política (geopolítica do saber) surgem como empreendimento "organizado" por meio de "grades curriculares" e "disciplinas", o que já pressupõe, ao menos etimologicamente, "dividir ou cercar algum lugar; prisão" e "cordas ou correntes utilizadas durante uma flagelação", respectivamente, conforme o dicionário *Aurélio*.

Desta feita, pensadores como Feyerabend (2011), dedicaram-se a considerar que todas as metodologias e, por conseguinte, suas bases epistemológicas, possuem "limitações", sugerindo a compreensão da ciência a partir do "pluralismo" metodológico. Essa perspectiva remete às estruturas clássicas da ciência, nas quais o racionalismo é questionável. Feyerabend (2011), considerando as limitações metodológicas, transcende a lógica formal da ciência, conduzindo ao patamar dos diálogos com outros sistemas metodológicos/epistemológicos na tentativa de evidenciar as consequências negativas da "ciência dogmática".

Nesse sentido, Chalmers (1994) e Feyerabend (2011), cada um à sua maneira, referem-se à importância da pluralidade metodológica na produção científica, conduzindo-nos à importância da interdisciplinaridade. Em consonância, Morin (2002a) remete-se à ideia de uma "consciência" em que pesquisadores/as possam considerar a necessidade de reformas no pensamento, para uma reforma nas bases do ensino.

Fala-se em interdisciplinaridade no campo acadêmico/científico, mas, em muitos casos, banalizam-se os diálogos interdisciplinares na base educacional, o que acaba se tornando, em termos de discurso e prática, uma contradição. Dessa forma, a perspectiva de Piaget (1978) remete a importância da interdisciplinaridade para produção científica e, antes de qualquer coisa, para as bases do campo pedagógico, educacional e cognitivo, aproximando-nos de alguns documentos redigidos sob essa perspectiva, como os PCNs:

> Na prática pedagógica, interdisciplinaridade e transversalidade alimentam-se mutuamente, pois o tratamento das questões trazidas pelos Temas Transversais expõe as inter-relações entre os objetos de conhecimento, de forma que não é possível fazer um trabalho pautado na transversalidade tomando-se uma perspectiva disciplinar rígida. A transversalidade promove uma compreensão abrangente dos diferentes objetos de conhecimento, bem como a percepção da implicação do sujeito de conhecimento na sua produção, superando a dicotomia entre ambos. Por essa mesma via, a transversalidade abre espaço para a inclusão de saberes extra-escolares, possibilitando a referência a sistemas de significado construídos na realidade dos alunos (Brasil, 1998, p. 30).

Não se trata de desconsiderar as disciplinas em suas particularidades metodológicas, mas de um processo dialógico entre as disciplinas, em que cada uma, em suas particularidades, contribuiriam, não como mera justaposição, mas para compreensão de fenômenos diversos (Yus, 1998), desvelando a necessidade, conforme Morin (2002b) de uma "*religare*" entre os saberes. Como compreender a história da ciência, sem considerar as filosofias que as sustentam? É um questionamento que Nietzsche (2008, p. 142), em meados do século XIX, já caracterizava ser importante, como forma de se evitar a "ciência dos venenos", ou seja, a percepção enganosa de que Biologia, Geografia e Física, por exemplo, são atividades "exercidas e sustentadas separadamente".

A "moral científica", na época de Nietzsche (2008), não nos parece distante ao tratarmos da relação, hoje, entre educação e ciência, como relação limiar para repensar a importância da interdisciplinaridade para produção científica, na medida em que as práticas pedagógicas e didáticas no ensino (Martins; Soldá; Pereira, 2017) sob bases interdisciplinares, ainda parecem um mistério em nossas bases educacionais. Por conseguinte, antes de qualquer teoria e prática no ensino superior, há, portanto, a necessidade fundamental de considerar essa problemática no ensino básico (Drake; Reid, 2018).

Esse é um exercício desafiador por diversas razões, sobretudo pelas bases mencionadas em relação à história e filosofia da ciência moderna ocidental que, inclusive, em uma leitura de Freire (2005), flertam com sistemas hegemônicos-mercadológicos e, não raro, como se não fosse suficiente na educação básica, tais práticas e discursos tendem a ecoar, também, para as salas universitárias (Drake; Reid, 2018).

Há necessidade, portanto, de realização de autocríticas em prol de repensar a importância da interdisciplinaridade para produção científica, considerando, neste processo de (in)reflexão, as bases de nossa formação educacional. Os debates sobre essas dimensões conectivas, educação, ciências e suas reverberações na produção científica, sob o horizonte interdisciplinar, vêm se tornando tema de debates em várias escalas e, sobretudo, a partir de perspectivas que evocam a ancestralidade, relações originárias com a Terra, como ícone referenciais, como Krenak (2019) e Munduruku (2011).

Krenak (2019) e Munduruku (2011), cada um em sua particularidade compreensiva de mundo, desvelam, de um modo geral, a emergência de uma educação que retorne à origem, na teoria e prática, das interconexões que, no âmago da existência humana, já existe, porém, é negada pela educação colonizadora do ser, do saber, o que, nas perspectivas dos autores, inibe o diálogo entre os saberes. Nesse mergulho, a emergência dos diálogos em torno de uma "pedagogia decolonial latino-americana", conforme Mota Neto (2018), faz-se necessária.

Nesse mergulho epistemológico, Borda (2022) contribui de forma crítica e emancipatória entre os saberes, considerando ser fundamental para a produção científica, que visa não apenas analisar a realidade, mas compreender e, por fim, contribuir para sua transformação em prol da vida digna, como orientam há décadas Krenak (2019) e Munduruku (2011).

Borda (2022) desenvolve várias técnicas e metodologias que podem ser utilizadas para alcançar esse objetivo, enfatizando a relevância de uma abordagem criativa, contextualizada e holística.

Nesse contexto, Paulo Freire, base dessa perspectiva pedagógica, compreendeu que a educação formal, ao agregar valores do mercado financeiro, manifesta problemas sistemáticos, inclusive, na fragmentação entre os saberes, tornando-se uma "educação bancária", "em que a única margem de ação que se oferece aos educandos é a de receberem os depósitos, guardá-los e arquivá-los" (Freire, 2005, p. 33). Nesse formato de educação formal-mercadológica, denunciado por Paulo Freire, qual é o lugar da interdisciplinaridade?

Mediante isso, se a educação possui esses moldes colonizadores, mercadológico e imediatista, a interdisciplinaridade não tem muito sentido enquanto prática na educação básica e, inclusive, superior, haja que sua proposta é integrada ao fator *tempo*: para ler, pensar e produzir; e *tempo*, para o mercado, é dinheiro. Dentro desses moldes, é pertinente lembrar que a "moral científica", conforme Nietzsche (2008) que, em alguma medida persiste nas práticas disciplinares de forma viciante, também é, em sua essência, síntese de organização social e cultural de uma época.

Quando se observa essa necessidade, a consciência é que a interdisciplinaridade é sempre uma novidade que, muitas vezes, espanta, justamente por, muitas vezes, não fazer parte de nossa mais tenra formação educacional[9]. Percebe-se, por exemplo, que as disciplinas, separadas por "grades curriculares", em essência, inclusive, de forma etimológica, sugerem a fragmentação da totalidade em parte supostamente explicáveis pela compartimentação (Martins; Soldá; Pereira, 2017). Desta feita, retoma-se a pergunta anterior: como analisar a importância da interdisciplinaridade, sem considerar que essa demanda se apresente ou não na educação básica?

Qualquer disciplina a ser ministrada, da educação básica ao ensino superior, que lance reflexões a respeito e/ou com bases da/na "interdisciplinaridade", precisa fazer o exercício histórico e filosófico a partir de que, naquele momento, está na condição de estudante/aluno/a. Essa prática é importante e conecta-se com a didática (Santos; Praia, 1992), na qual

[9] Tornar-se-á fundamental considerar a interdisciplinaridade não como mera prática associativa entre disciplina, forçando uma compreensão que, como resultado, pode provocar o não entendimento de relacionarmos nas análises entre Geografia, História e Biologia, por exemplo.

pontos de idas e vindas precisam ser evidentemente articulados com as ideias e experiências cotidianas, em um movimento complexo a quem se dispõe a exercitar.

Entende-se essa problemática como uma espécie de crise, ou melhor, "crise cognitiva", conforme diria Morin (2013), em prol da "hiperespecialização", em que "o tecido complexo do real, o primado do quantificável oculta a realidade afetiva dos seres humanos", subtraindo a capacidade de pensar de forma integrada. Pensando nisso, há necessidade de pensar em estratégias de ensino que incentivem o pensamento e práticas científicas. No campo da Geografia, por exemplo, a pesquisa de campo, com enfoque etnográfico, como sugere Claval (2002), é muito importante para descrição e análise das paisagens, lugares e pessoas. Como forma de registrar essas dinâmicas, pode-se utilizar de caderno de anotações e, até mesmo, o uso de fotografias como instrumento de detalhamento da paisagem (Figura 1).

Figura 1 – Cozinha colorida em uma comunidade ribeirinha de Muaná, Marajó

Fonte: acervo pessoal (2024)

O que significa esse espaço na vida à beira rio? Conforme algumas experiências em campo (Silva, 2020), no município de Muaná, a cozinha, para além de um espaço de mero preparo dos alimentos familiares e comunitários, é um lugar, ou melhor, um encontro de lugares. A perspectiva é que cada pessoa, ao se juntar à mesa, evoca uma certa verbalização de sentidos de estar ali, de modo que somente os mais "chegados" têm esse privilégio.

A cozinha na vida ribeirinha em questão torna-se um espaço quase que sagrado, onde quem tem acesso precisa entender que foi selecionado a dedo. Quem comanda esse ritmo da vida é a mulher e, de tal maneira, possui um valor muito importante para o ordenamento dos afetos lugarizados ao redor da mesa, mas, antes disso, da percepção estrutural e simbólica em-comunidade que permite o acesso.

O colorido não é à toa. Refere-se à situacionalidade do corpo, ou dos corpos, em seus respectivos comportamentos morais e, inclusive, na valorização dos sentidos de pertencer em-comunidade. Da natureza circundante à valorização das aquarelas de vívidas cores do ambiente local. Estabelece-se, de forma silenciosa, uma quietude exigente do respeito e da solidariedade, de onde se aprende desde a infância.

Há a consciência que o café não é somente café, e que o ato da escuta, mais do que falar, precisa ser valorizado. Por fim, a organização da cozinha é estrategicamente modelada por geografias de vida que transcendem a lógica imediatista e puramente material da ciência (geográfica). Na cozinha contam-se histórias e memórias vivas; lucidez do viver como experiência geográfica na fortificação de um lugar da casa ainda pouco compreendido...

A partir dessa imersão, compreende-se:

> A fotografia é a fixação de um instante. Ela suspende o tempo, recorta-o, afirmam, documenta-o. Capta a imagem essencial da contingência de cada agora. Busca uma forma de verdade para mostrá-la não como verdade, mas como sonho, através da percepção visual e alegórica do tempo, sem propriamente imobilizá-lo (Loureiro, 2007, p. 3).

Geografias em imagens que, nelas mesmas, fazem-se existir sem exigir, necessariamente, a denominação "geografia", mas, apenas, assim sendo...

É uma ideia muito próxima à desenvolvida por Maffesoli (1995), quando o sociólogo se refere a necessidade contemporânea da "contemplação", da busca por "estéticas" e "sensibilidades" coletivas —

sem, necessariamente, a "perda" das individualidades — em suas múltiplas faces e perspectivas, sendo estas importantes dimensões em um "mundo" cada vez mais acelerado, (re)produtivista e imediatista.

Podemos, inclusive, aproximar-nos do princípio da "descrição densa" (Geertz, 1989) focalizada em um espaço da casa de suma importância para a vida ribeirinha-marajoara[10], nesse caso, ribeirinha do município de Muaná, Marajó. Para além da "modernidade burguesa", emprestando um termo de Maffesoli (1995), identifica-se que a interdisciplinaridade precisa estar em consonância com o cotidiano, com o "mundo da vida" (Husserl, 2006), em um movimento que percorre as sensibilidades humanas, com a consciência disso e, por fim[11], a produção científica como dimensões indissociáveis.

É justamente assumir para si, enquanto pesquisa/professor/ educador, em contexto amazônico, que há possibilidades frutíferas de metodologias ativas que percebem na interdisciplinaridade uma base para educação nesta perspectiva e, nela mesma, buscando desenvolver didáticas de ensino e experiências pedagógicas em prol de não somente da produção científica em si, mas o pensar-fazer para além da rigidez (re) produtivista de ciência moderna, ratificando a criatividade como base da produção científica (Marradi, 2002).

A fotografia surge como uma dessas possibilidades, sobretudo aqui, na região amazônica, onde a imagética, conforme Simonian (2006, p. 10), "é muito presente na realidade regional e se confunde com a natureza, a história e a cultura da região, desde os tempos pré-coloniais". A mobilização das ideias, mediadas pelas paisagens, exalam cores capazes de nos fazer repensar a retórica do discurso científico-moderno, agregando valores correspondentes a sentidos de vida e lugar como experiências científicas na prática do ensino e pesquisa. Conforme Simonian (2006), a fotografia, como abertura do pensar científica amazônico, carrega consigo o semblante da sensibilidade, das relações não isoladas dos saberes.

Dessa forma, a interdisciplinaridade, mediada por instrumentos sensoriais, por exemplo, teria um grande potencial de agregar em seu rio de ideias diversos afluentes de disciplinas diversas. A Geografia com análise da paisagem e do lugar, Filosofia com os sentidos morais e de

---

[10] O hífen em "ribeirinha-marajoara" refere-se à inseparável relação entre os processos de identificação mediante o habitar e, portanto, fazer-se consciente enquanto parte constituinte de uma das realidades, neste caso, de Marajó.

[11] Reforça-se a ideia de que não se trata de um processo linear, mas, fenomenologicamente, devem ser compreendidas como dimensões que coexistem simultaneamente na produção científica.

vida de habitar este espaço, a Biologia preocupando-se com as relações ecossistêmica deste habitar e suas influências na dinâmica desta paisagem, a Matemática com a geometria elaborada pelo saber cotidiano das formas estruturais da casa e assim por diante. Essa análise da fotografia como um dos instrumentos de análise interdisciplinar para produção científica-amazônica é uma forma de fazer presente a memória de saberes e histórias de vida, conforme nos orienta Ricoeur (2007).

Esse seria um ponto essencial para, então, iniciar-se práticas de ensino interdisciplinares e, por conseguinte, em um processo de fluidez, debater a respeito de sua importância em termos de produção científica. Em vista disso, só se produz ciência ou, só se pensa cientificamente dentro das salas universitárias? Mediante essa pergunta — que requer, portanto, um conjunto de orientações basilares, nas quais a nascente desse rio surge nos primeiros ciclos, nesse caso, da educação escolar/formal (Oliveira; Santos, 2022; Alves; Silva, 2023; Costa; Perreira; 2023) — faz-se fundamental à consciência de metodologia, alinhada a sistemas epistemológicos, que possa promover estratégias de ensino e do pensar cientificamente os problemas complexos (Morin, 2002a). Se nossas bases educacionais são "fragmentadas" — usando uma expressão de Morin (2002b) — consequentemente, nossas ações posteriores tendem a ser, no campo científico, "fragmentadas", onde o debate interdisciplinar renasce em sua estranheza e desafios constantes. É uma problemática na qual Frigotto (1993), em seus levantamentos a partir de uma necessidade social, nos faz pensar.

As realidades humanas, em si, envolvem uma série de "signos"[12] capazes de nos interligarmos a multiplicidade cultural no qual estamos inseridos. De um modo geral, trata-se de considerar dimensões que envolvem, por exemplo, a percepção, consciência, intencionalidades e modos de ser-no-mundo. Todas essas dimensões compõem partes da existência humana e, numa perspectiva mais prática do cotidiano, podem ser identificadas, analisas e descritas a partir dos contextos escolares.

O sistema escolar brasileiro está organizado de acordo com a Lei de Diretrizes e Bases da Educação Nacional (LDB), Lei n.º 9.394/96, que também especifica suas fases e modalidades. Nesse sentido, a educação escolar divide -se em dois níveis principais: o ensino básico e o ensino

[12] Com base em Lévi-Strauss (1989, p. 33), ao dizer que: "Ora, existe um intermediário entre a imagem e o conceito: é o signo, desde que sempre se pode defini-lo da forma inaugurada por Saussure a respeito dessa categoria particular que formam os signos linguísticos, como um elo entre uma imagem e um conceito, que, na união assim estabelecida, desempenham respectivamente os papéis de significante e significado".

superior. A educação básica está estruturada em três fases, enquanto a educação superior é ministrada em programas de graduação, pós-graduação e cursos de extensão (Brasil, 1996).

Mediante isso, Raynaut (2014), quando discute os desafios contemporâneos à forma de produzir conhecimento, chama a atenção para o fator interdisciplinar. Afinal, segundo Raynaut (2014, p. 5), "face à complexidade dos problemas atuais, a resposta é, todavia, necessariamente pluridisciplinar, interagindo numerosas disciplinas científicas, ampliando frequentemente a seus territórios respectivos".

Entretanto, apesar de pesquisas desenvolvidas neste âmbito e, no caso da educação básica brasileira, a LDB, sancionada pela lei 9.394/96, junto aos Parâmetros Curriculares Nacionais (PCNs), acionarem a necessidade da interdicisplinaridade e, portanto, o mínimo de equidade educacional, na prática, isso deixa a desejar. A necessidade desse debate nos conduz para a ideia de que, de fato, precisamos repensar a importância da interdisciplinaridade — enquanto uma das bases da equidade educacional — para além do campo cientificista e elitista.

De um modo geral, estudos como de Drake e Reid (2018), Martins e Souza (2022), Lopes e Ferreira (2022), Oliveira e Santos (2022), Alves e Silva (2023), Costa e Pereira (2023), cada um à sua maneira e contextos, apontam para a necessidade da reformulação curricular na educação (ocidental) básica onde a interdisciplinaridade possa, efetivamente, estar presente. À vista disso, trata-se de analisar a imprescindibilidade desse percurso na formação educacional como ícone referencial para repensar a interdisciplinaridade da educação básica ao ensino superior e, por conseguinte, sua importância para produção científica.

CONSIDERAÇÕES FINAIS

> *E quão longe estamos ainda de ver juntar-se ao pensamento científico as faculdades artísticas e a sabedoria prática da vida, de ver formar-se um sistema orgânico superior em relação ao qual o sábio, o médico, o artista e o legislador, como os conhecemos agora, apareçam como insuficientes antiguidades!*
> *(Nietzsche, 2010, p. 142)*

A interdisciplinaridade é fundamental para a produção científica, proporcionando uma abordagem integrada e holística. Os meios tecnicistas de produção da ciência moderna modelaram sistemas onde a fragmentação dos saberes tornou-se um mantra, estabelecendo fendas entre as experiências científicas. Apesar disso, do campo da Filosofia, Geografia à Antropologia, assim como Nietzsche (2010), já denunciavam o hiato existente no "pensamento científico", propondo experiências do saber para além da moral disciplinar rígida.

No entanto, é algo que depende de uma formação básica no ensino, o que desvela a necessidade de uma ressignificação curricular e prática. Do ensino fundamental ao ensino superior, a integração de diversos rios de saberes pode preparar os estudantes para enfrentar desafios complexos, estimulando a inovação para uma sociedade mais equitativa e sustentável.

Por outro lado, LaFlamme (2011) elucida os conceitos por trás da interdisciplinaridade, enfatizando como esta abordagem vai além da mera cooperação e necessita de uma verdadeira sinergia de métodos e teorias. No mundo de hoje, no qual os desafios são multifacetados e complicados, a interdisciplinaridade torna-se crucial para a produção de conhecimento científico (Japiassu, 1976).

Por esse motivo, a interdisciplinaridade é inovadora; ela é um catalisador necessário para desenvolver qualquer solução significativa que valorize e use plenamente a diversidade do conhecimento adquirido. LaFlamme (2011) abordam a questão da interdisciplinaridade em extensão; os artigos oferecem uma combinação de perspectivas e pontos complementares. Mediante isso, um outro ponto interessante, com enfoque preliminar em Maffesoli (1995), é a ideia cartesiana de ciência e modernidade em que subjetividade e objetividade são dimensões tratadas como opostos na produção científica. O que, segundo Maffesoli (1995), precisa ser superado, no sentido de abarcar perspectivas diversas, inclusive, a imaginação, como bases para pensar a realidade em suas complexidades.

Quando a interdisciplinaridade ganha seu foco no conjunto de disciplina e suas respetivas relações, em si, não demonstra sinergia suficiente para mobilizar a criatividade, o pensamento crítico, mas, apenas reprodutor. A herança científica, em sua rigidez metodológica, engendra relações superficiais com as problemáticas de estudo. Esse pensamento, conforme diversas pesquisas citadas, contribui para a necessidade da interdisciplinaridade desde a educação básica, em um processo dialógico com o ensino superior, em que a produção científica esteja nessas diferenças escalas do ensino.

O diálogo entre diversas disciplinas deve ter como finalidade essencial preparar os estudantes para perceber e administrar os desafios complexos. Consideram-se todos os processos de adoecimentos contemporâneos (Han, 2015), inclusive, nos espaços acadêmicos, onde as dinâmicas sociais são latentes e dizem respeito, em muitos casos, ao produtivismo intenso, o que pode acarretar para a desvalorização da produção científica, de forma interdisciplinar, desde a educação básica, como um problema complexo que ecoa para os debates e práticas universitárias em diversas dimensões.

Desta feita, considera-se como fundamental os esforços e o compromisso institucional para possíveis mudanças da cultura educacional, no sentido de superar os desafios da implementação da interdisciplinaridade de forma efetiva, da educação básica como ponto de partida para reflexões acadêmicas e, em contrapartida, esta última contribuindo com qualificação profissional aos espaços da educação básica. São mudanças culturais precisas que se retroalimentam e, portanto, coexistem. Uma arqueologia da interdisciplinaridade na educação básica, nesse caso, brasileira, faz-se necessária para o entendimento de sua importância para produção científica.

REFERÊNCIAS

ALVES, L. P.; SILVA, R. F. Práticas interdisciplinares e a formação do estudante na educação básica. **Educação em Revista,** Belo Horizonte, v. 38, n. 2, p. 1-20, 2023. Disponível em: https://www.scielo.br/j/edur/v38n2. Acesso em: 28 maio 2024.

BACHELARD, G. **A formação do espírito científico**. 7. ed. Rio de Janeiro: Contraponto, 2006.

BAUMAN, Z. **44 cartas do mundo líquido moderno.** Rio de Janeiro: Jorge Zahar Editor, 2011.

BORDA, O. F. Por la praxis: el problema de cómo investigar la realidad para transformarla. **Espacio Abierto,** Maracaibo, v. 31, n. 1, p. 193-221, 2022.

BRASIL [1996]. Ministério da Educação. Secretaria de Educação Fundamental. **Parâmetros curriculares nacionais:** introdução aos parâmetros curriculares nacionais. Brasília, DF: MEC/SEF, 1997.

BRASIL. **Parâmetros Curriculares Nacionais:** 3.º e 4.º Ciclos: apresentação dos temas transversais. Secretaria de Educação Fundamental. Brasília, DF: MEC/SEF, 1998.

CASSIRER, E. **A Filosofia das Formas Simbólicas**. 2. ed. São Paulo: Martins Fontes, 2001.

CHALMERS, A. F. **A fabricação da ciência**: a perspectiva histórica e filosófica. 1. ed. São Paulo: Editora Unesp, 1994.

CLAVAL, P. "A volta do cultural" na Geografia. **Mercator,** Fortaleza, v. 1, n. 1, 2002.

COSTA, J. R.; PEREIRA, S. A. A interdisciplinaridade como instrumento de inovação pedagógica na educação básica. **Educação e Pesquisa**, São Paulo, v. 48, n. 4, p. 1-14, 2023. Disponível em: https://www.scielo.br/j/ep/v48n4. Acesso em: 28 maio 2024.

DRAKE, S. M.; REID, J. L. Interdisciplinary learning: Professional development for the 21st century. **Teaching and Teacher Education,** Oxford, v. 69, p. 1-15, 2018. Disponível em: https://www.sciencedirect.com/science/article/pii/S0742051X18300672. Acesso em: 28 maio 2024.

FEYERABEND, P. **Contra o método**. São Paulo: Editora Unesp, 2011.

FREIRE, P. **Pedagogia do oprimido**. Rio de Janeiro: Paz e Terra, 2005.

FRIGOTTO, G. A interdisciplinaridade como necessidade e como problema das cięncias sociais. **Educação e Realidade,** Porto Alegre, v. 18, n. 2, jul./dez. 1993.

GEERTZ, C. **A interpretação das culturas**. Rio de Janeiro: LTC, 1998.

GONÇALVES, M. A. S. Interdisciplinaridade e educação básica: Algumas reflexões introdutórias. *In:* **Educação Básica e o básico em educação**. Porto Alegre: Sulina, 1996.

HAN, B.-C. **Sociedade do cansaço**. São Paulo: Vozes, 2015.

HEIDEGGER, M. **Ser e Tempo**. 2. ed. Tradução de Márcia de Sá Cavalcanti. Petrópolis: Editora Vozes, 1988.

HUSSERL, E. **Ideias para uma fenomenologia pura e para uma filosofia fenomenológica**. São Paulo: Ideias & Letras, 2006.

JAPIASSU, H. **Interdisciplinaridade e patologia do saber**. Rio de Janeiro: Imago, 1976.

KLEIN J. Ensino interdisciplinar: didática e teoria. *In*: FAZENDA IC. Didática e interdisciplinaridade. São Paulo: Ed Papirus, 1998.

KRENAK, A. **Ideias para adiar o fim do mundo**. São Paulo: Companhia das Letras, 2019.

LAFLAMME, S. Recherche interdisciplinaire et réflexion sur l'interdisciplinarité. NPMS, v. 7, n. 1, p. 49-64, 2011. Disponível em: https://www.erudit.org/fr/revues/npss/2011-v7-n1- npss1827471/1007081ar/. Acesso em: 18 fev. 2025.

LÉVINAS, E. **Entre Nós**: Ensaios sobre a Alteridade. São Paulo: Editora Perspectiva, 1997.

LÉVI-STRAUSS, C. (1908). **O pensamento selvagem.** Tradução: Tânia Pellegrini. Campinas, SP: Papirus, 1989.

LISPECTOR, C. **Aprendendo a viver**. Editora Rocco, 2021.

LOPES, A. M.; FERREIRA, T. H. Implementação de práticas interdisciplinares na educação básica: um estudo de caso. **Revista Educação e Sociedade,** Campinas, v. 43, n. 5, p. 1-15, 2022. Disponível em: https://www.scielo.br/j/edsoc/v43n5. Acesso em: 28 maio 2024.

LOUREIRO, J. de J. P. Epifanias e Encantarias na Fotografia de Luiz Braga. *In:* KAWHAGE, C.; RUGGERI, S. (org.). **Imagens e pesquisa:** ferramentas de compreensão da realidade amazônica. Belém: Editora do NAEA, 2007. p. 168-183. ISBN: 978-85-7143-061-7.

MAFFESOLI, M. **A contemplação do mundo**. Porto Alegre: Artes e Ofícios, 1995.

MARRADI, A. Método como arte. **Papers,** Barcelona, 67, p. 107-127, 2002.

MARTINS, E. F.; SOUZA, M. C. Desafios e perspectivas da interdisciplinaridade no currículo da educação básica. **Cadernos de Pesquisa,** São Paulo, v. 52, n. 3, p. 1-18, 2022. Disponível em: https://www.scielo.br/j/cp/v52n3. Acesso em: 28 maio 2024.

MARTINS, F. J.; SOLDÁ, M.; PEREIRA, N. F. F. Interdisciplinaridade: da totalidade à prática pedagógica. **INTERthesis**, Florianópolis, v. 14, n. 1, p. 1-18, jan. 2017. ISSN 1807-1384.

MATTA, R. L. da. Interdisciplinarité dans une perspective antropologique: quelques réflexions du travail. *In:* PORTELLA, E. (org.). **Entre savoirs.** L' Interdisciplinarité em acte: enjeux, obstacles, perspectives. Toulouse: Éres/UNESCO, 1991.

MERLEAU-PONTY, M. **Fenomenologia da percepção.** 3. ed. São Paulo: Martins Fontes, 1999.

MORIN, E. **A ciência com consciência**. 6. ed. Rio de Janeiro: Bertrand Brasil, 2002a.

MORIN, E. **A religação dos saberes:** o desafio do século XXI. São Paulo, Bertrand Brasil, 2002b.

MORIN, E. **A via para o futuro da humanidade**. Rio de Janeiro: Bertrand Brasil, 2013.

MOTA NETO, J. C. Paulo Freire e Orlando Fals Borda na genealogia da pedagogia decolonial latino-americana. **Fólios,** Rio de Janeiro, n. 48, p. 3-13, 2018.

MUNDURUKU, D. **O banquete dos deuses**. São Paulo: Global Editora, 2011.

NIETZSCHE, F. **A Gaia Ciência**. Tradução de Paulo César de Souza. São Paulo: Companhia das Letras, 2008.

NIETZSCHE, F. **Vontade de Potência**. Tradução de Antônio Carlos Braga e Ciro Mioranza. São Paulo: Editora Escala, 2010.

NUNES, B. Heidegger e a poesia. **Natureza humana,** São Paulo, v. 2, n. 1, p. 103-127, 2000.

OLIVEIRA, M. C.; SANTOS, F. S. Interdisciplinaridade na educação básica: desafios e possibilidades. **Revista Brasileira de Educação,** Rio de Janeiro, v. 27, n. 1, p. 1-16, 2022. Disponível em: https://www.scielo.br/j/rbeduc/v27n1. Acesso em: 28 maio 2024.

PAYETTE, M. Interdisciplinarité: clarification des concepts. **Interactions**, v. 5, n. 1, p. 19- 34, 2001. Disponível em: https://www.usherbrooke.ca/psychologie/fileadmin/sites/psychologie/espaceetudiant/Revue_Interactions/Volume_5_no_1/V5N1_PAYETTE_Maurice_p19-36.pdf. Acesso em: 20 fev. 2025.

PIAGET, J. **A Epistemologia Genética**. São Paulo: Martins Fontes, 1978.

RAYNAUT, C. Os desafios contemporâneos da produção do conhecimento: o apelo à interdisciplinaridade. **INTERthesis**, Florianópolis, v. 11, n. 1, p. 1-22, 2014. Disponível em: https://periodicos.ufsc.br/index.php/interthesis/article/view/33919 . Acesso em: 20 de fevereiro de 2025.

RICOEUR, P. **A memória, a história, o esquecimento**. Campinas, SP: Editora da Unicamp, 2007.

SANTOS, B. de S. **Um discurso sobre as ciências.** 5. Ed. São Paulo: Cortez, 2008.

SANTOS, M. E.; PRAIA, J. F. Percurso de mudança na Didáctica das Ciências. Sua fundamentação epistemológica. *In:* **Ensino das Ciências e Formação de Professores**. Projecto MUTARE/Universidade de Aveiro, 1992. p. 7-34.

SILVA, F. K. R. da. **Memória, Percepção & Experiência**: a geopoética do habitar ribeirinho na Amazônia-Marajoara (Pará). Curitiba: CRV, 2020.

SIMONIAN, L. T. L. Uma relação que se amplia: fotografia e ciência sobre e na Amazônia (Paper 196). **Papers do NAEA,** Belém, v. 1, n. 1, [n. p.], 2006.

SIMONIAN, L. T. L.; LOPES; PATRICIO, M; PEZO-DÍAZ, R. O buen vivir como possibilidade de sustentabilidade na Pan-Amazônia a partir das reservas Cajari e Alpahuayo Mishana. **Amazonia Investiga,** Letícia, v. 8, n. 24, p. 579-591, 2019.

YUS, R. **Temas transversais**: em busca de uma nova escola. Tradução de Ernani F. da F. Rosa. Porto Alegre: Artmed, 1998.

ANÁLISE DOS IMPACTOS AMBIENTAIS NA SUB-BACIA DO CANAL DA MARGEM DIREITA, BELÉM – PA

Bianca Rafaela Leite da Costa
Ana Valéria dos Reis Pinheiro

INTRODUÇÃO

Para um melhor desenvolvimento urbano, deve-se levar em consideração uma postura séria diante dos usos dos recursos naturais e as ocupações dos espaços. O ideal seria um reconhecimento das áreas mais aptas à exploração e outras para a conservação dos recursos naturais, que implicam diretamente na qualidade de vida da população.

Com os avanços das tecnologias, a cartografia digital atualmente se apresenta como um essencial instrumento de auxílio para o estudo do meio, possibilitando a melhor visualização espacial do objeto estudado. Através dela é possível obter informações espaciais, com elaborações de mapas, cartas e plantas topográficas, a fim de auxiliar os profissionais na busca de soluções para planejamentos, projetos, implantação e acompanhamento de empreendimentos de engenharia (Sebusiani; Bettine, 2011).

Em Belém do Pará, a partir da década de 1970, a expansão urbana desordenada que se deu nos limites da Segunda Légua Patrimonial ocorreu devido a um fenômeno conhecido como ocupações espontâneas ou invasão de terras ociosas (Luz; Rodrigues, 2014).

As inundações são exemplos de impactos ambientais com maior ocorrência no mundo. Diferente da cheia, que é definida pela alta das águas que permanecem no leito menor do curso d'água, a inundação ocorre quando o leito não é mais capaz de conter o escoamento e transborda, espalhando-se pelo leito maior (Veyret, 2013). Em uma área urbana, muitas vezes o leito maior de um córrego abriga dezenas de residências, e esse processo impacta diretamente a população.

As ocupações de áreas que seriam originalmente pertencentes às matas ciliares, com a função de proteger o córrego, agravam o processo natural de infiltração no solo e geram consequências, como as inundações e muitos outros impactos ambientais. Da mesma maneira, deixa os habitantes das áreas sob constante alerta de risco pela ocupação de superfícies impróprias para residir.

Outro tipo de impacto que pode ser agravado ou provocado pela atividade humana e pela ocupação do território é a erosão do solo. Esse processo pode ocasionar deslizamentos, e outros processos físicos que prejudicam a área e a população do entorno. A poluição do ar, da água e dos solos também pode ocasionar outros impactos ambientais.

A subdivisão de uma bacia hidrográfica em sub-bacias permite a pontualização de problemas difusos, tornando mais fácil a identificação de focos de degradação de recursos naturais, por exemplo (Fernandes; Silva, 1994). Assim, muito se utiliza uma bacia como unidade fundamental para análises ambientais, pois ela permite a integração de componentes (geológicos, geomorfológicos, climatológicos, hidrológicos, entre outros), e com isso pode-se compreender a paisagem como um todo (Lollo *et al.*, 2018).

Nesse contexto, historicamente as cidades surgem próximas a leitos de rios, e estes fazem parte e configuram bacias hidrográficas. Por elas serem consideradas uma excelente unidade de análise, este trabalho possui como objeto a análise da Sub-Bacia do Canal da Margem Direita (Figura 1), que pertence à Bacia do Una, a maior bacia hidrográfica urbana de Belém – PA.

Figura 1 – Localização da sub-bacia do Canal da Margem Direita

Fonte: a autora, a partir de imagem Ikonos (2006) no QGIS

Observou-se que devido à supervalorização de boa parte da área onde se encontra a sub-bacia do Canal da Margem Direita, ocorre um médio a alto padrão de ocupação, com condomínios, residências horizontais, e outros tipos de empreendimentos comerciais.

Este estudo compreende uma análise através de imagem de satélites que auxiliaram na visualização do processo de ocupação da área desde o ano de 2004 até 2022, e de visita in loco para a visualização do cenário atual de ocupação. Além de identificar os possíveis impactos ambientais gerados devido à urbanização da área, visando buscar alternativas de preservação e/ou revitalização do canal.

REVISÃO DE LITERATURA

Diante de vários conceitos de ambiente debatidos entre estudiosos, segundo Sánchez (2008) o conceito de ambiente oscila entre dois polos: o fornecedor de recursos e o meio de vida, que são duas faces de uma só realidade.

A ideia de "impacto ambiental" se consolidou ao longo dos anos 1970, depois do conceito de "poluição" se tornar insuficiente para dar conta da complexidade da abordagem. Entende-se como poluição a condição do entorno dos seres vivos (ar, água, solo) que lhes possa ser danosa. As suas causas são as atividades humanas, que, no sentido etimológico, "sujam" o ambiente (Sánchez, 2008)

Na Constituição Brasileira (Brasil, 1990), a definição de poluição é igualada à degradação ambiental, ficando muito ampla e subjetiva. Por exemplo, existem processos de degradação ambiental que não estão relacionados com emissão de poluentes, como o caso de alteração da paisagem. Por isso, o conceito de poluição foi sendo substituído ou complementado pelo conceito de impacto ambiental que é mais abrangente (Sánchez, 2008).

Com o conceito de impacto ambiental ocorre a mesma situação: dentre a variedade de definições, é consequência da ação humana através da alteração de componentes do meio ambiente (Moreira, 1992). Tal definição acaba por se assemelhar à própria definição de poluição, mas, diante da comparação dos dois conceitos, identifica-se que impacto ambiental é um conceito mais amplo; várias ações humanas causam significativo impacto ambiental sem que estejam fundamentalmente associadas à emissão de poluentes; a poluição é uma das causas de impacto ambiental, mas os impactos podem ser ocasionados por outras ações além do ato de poluir, e toda poluição causa impactos ambientais, mas nem todo impacto ambiental tem a poluição como causa (Sánchez, 2008).

Portanto, o impacto ambiental é resultado da ação humana, que é a sua causa. Mas não se deve confundir causa e consequência, por exemplo: uma rodovia não é um impacto ambiental, mas ela *causa* impactos.

Segundo Tucci (2005), a tendência da urbanização é de ocorrer no sentido jusante-montante, na macrodrenagem urbana, devido ao relevo. Quando o poder público não controla a urbanização, nem amplia a macrodrenagem, podem aumentar, por exemplo, as ocorrências de enchentes, com perdas tanto sociais quanto econômicas. Ainda segundo esse autor, existem medidas de controle de inundações que podem ser estruturais e não-estruturais. Nas estruturais, o homem modifica o rio através de obras hidráulicas, tais como barragens, diques, canalizações etc. Nas não-estruturais, o homem convive com o rio, apresentando medidas protetivas como: zoneamento de áreas de inundação, alerta e seguros.

Para Japiassú e Lins (2014), existem três formas do território se expandir: 1) soma de novas áreas ao perímetro urbano; 2) ampliação da mancha edificada; e 3) parcelamento de áreas não ocupadas. As duas primeiras estão relacionadas ao ato de morar no espaço, mas a última não se caracteriza unicamente pela ocupação do solo. Quando o solo é parcelado, pode haver lotes sem serem ocupados; o proprietário pode estar se apropriando do espaço para fins especulativos.

As atividades humanas não respeitam critérios ou limites físicos, como limites geológicos, pedológicos ou de bacias hidrográficas. Porém, é universalmente aceito o uso de uma bacia hidrográfica como unidade de planejamento, pois ela é um sistema natural, delimitado e de fácil caracterização, possuindo interações internas. Além disso, as bacias podem ser subdivididas em unidades menores, o que facilita o seu planejamento e estudo (Santos, 2004).

Há uma diversidade de impactos ambientais gerados a partir da ação antrópica em corpos d'água no meio urbano. Um deles está relacionado com a disposição do esgoto: geralmente é utilizada a fossa séptica em cidades com pequena densidade populacional, e à medida que a cidade cresce e o poder público não investe no sistema, a saída do esgoto de cada propriedade é ligada à rede de esgotamento pluvial sem nenhum tratamento. O escoamento converge para os rios urbanos, comprometendo a qualidade da água (Tucci, 2002).

Ainda segundo Tucci (2002), tal impacto resulta nas doenças de veiculação hídrica que podem ocorrer devido: à falta de água segura para o abastecimento da população; às doenças relacionadas com o ambiente e à disposição da água, como a malária, dengue e esquistossomose, entre outros; e às doenças relacionadas com as inundações, como a leptospirose; o que também pode ser analisado como impacto social e questão de saúde pública.

A produção de materiais sólidos na drenagem urbana também é muito frequente. Esta possui alguns estágios: o inicial é quando ocorre a retirada da proteção natural da cobertura da bacia, e o solo fica desprotegido, aumentando assim a erosão, principalmente no período chuvoso, que consequentemente aumenta a produção de sedimentos; identifica-se uma pequena produção de lixo. O estágio mediano ocorre quando a população já está estabelecida e intensifica as obras de construção para ocupação da área, aumentando assim a produção de sedimentos e de lixo. Por fim, no último estágio, a ocupação encontra-se consolidada, resultando em um aumento da produção do lixo urbano, diminuindo a produção dos sedimentos limitada apenas a algumas áreas (Tucci, 2002).

O escoamento pluvial também pode produzir impactos em áreas urbanas e está associado a dois processos: as inundações de áreas ribeirinhas, que ocorrem quando a população ocupa o leito maior do rio, ficando sujeita à inundação, e as inundações devido à urbanização, que ocorrem devido à impermeabilização do solo com as ocupações intensas, favorecendo as enchentes.

Nas inundações ribeirinhas observa-se um processo natural do ciclo hidrológico, quando ocorre a ocupação do leito maior, que são áreas de risco, os impactos são frequentes. Como consequência, geram impactos na população, como: prejuízos de perdas materiais e humanas; interrupção de atividades econômicas; contaminação por doenças de veiculação hídrica, entre outros.

Já as inundações devido à urbanização geram impactos relacionados ao aumento das vazões máximas e da sua frequência devido ao aumento da capacidade de escoamento de condutos e canais, e impermeabilização das superfícies, favorecendo as enchentes. Também ocorre o aumento da produção de sedimentos devido à desproteção das superfícies e à produção de resíduos sólidos. A qualidade da água superficial e subterrânea também fica comprometida, devido à lavagem das ruas, transporte de material sólido e às ligações irregulares de esgotos, levando à contaminação de aquíferos (Tucci, 2002).

Dentre outros impactos ambientais produzidos pela urbanização, também se observa o aumento de temperatura, devido às superfícies impermeáveis que produzem ilhas de calor na parte central dos centros urbanos, onde predominam o concreto e o asfalto. Esse aumento da temperatura pode criar também condições de movimento de ar ascendente que podem gerar aumento de precipitação, o que contribui para agravar enchentes urbanas.

Outro fator agravante de desequilíbrio ambiental é a falta de áreas verdes no meio urbano, sendo elas conceituadas como um tipo especial de espaços livres onde o elemento fundamental de composição é a vegetação (Nucci; Cavalheiro, 1999). A cobertura vegetal está relacionada pela maioria dos cidadãos mais como uma função de satisfação psicológica e cultural do que com funções físicas (Nucci, 2008).

Segundo Lombardo (1990), a vegetação é de suma importância para as áreas urbanas no que se refere à qualidade ambiental, trazendo benefícios à população, como: estabilização de superfícies por meio da fixação do solo pelas raízes das cidades; proteção da qualidade da água, pois impedem que substâncias poluentes escoem para os rios; filtração do ar, diminuindo a poeira em suspensão; redução do barulho; abrigo da fauna; estabilização da temperatura do ar; entre outros.

METODOLOGIA

Para a execução deste estudo foram realizadas etapas fundamentais, como: revisão bibliográfica acerca das temáticas que envolvem o estudo; trabalho de campo para o reconhecimento da área de estudo, através do qual foi realizada a coleta de dados primários como fotografias e entrevistas com os residentes; trabalho de laboratório e sistematização dos dados.

Para a realização do mapeamento da área estudada foram utilizadas imagens de satélites do programa Google Earth Pro, no qual foi possível visualizar imagens da série histórica do processo de ocupação na área dos anos 2004, 2006, 2009 e 2022; além de uma imagem do ano de 2006 – IKONOS, para delimitar a área da sub-bacia e produzir o mapa de localização no software QGis, assim como uma base cartográfica contendo: curvas de nível, drenagem, limites das bacias urbanas de Belém e limites dos bairros e municípios (Belém, 2022).

A delimitação da sub-bacia se deu de forma manual e tomou como referência os divisores de água do mapa hipsométrico da Bacia do Una. Após, também foi vetorizada a drenagem presente dentro da área delimitada, que corresponde ao Canal da Margem Direita.

RESULTADOS E DISCUSSÃO

Observou-se que devido à supervalorização da área da sub-bacia estudada, com ênfase no médio e baixo curso do canal urbano, ocorre um médio para alto padrão de ocupação, no qual predominam condomínios, residências horizontais e outros tipos de empreendimentos comerciais, levando ao comprometimento da mata ciliar que deveria cumprir sua função de proteger o Canal da Margem Direita, a cobertura vegetal da área total da sub-bacia e outros impactos ambientais.

O processo de expansão urbana ocorre por diversos motivos, mas um deles é a apropriação do espaço urbano pelo homem em função de sua necessidade de moradia. Na área de estudo deste trabalho, percebe-se que o processo de ocupação ao longo dos anos se deu de forma lenta e pontual, e que ainda atualmente a área se encontra com o processo de ocupação em desenvolvimento.

Os primeiros registros de ocupação da área se deram como consequência de um inchaço populacional no centro urbano de Belém – PA, em meados da década de 1970. A atual Avenida Augusto Montenegro se apresentou como um importante eixo de expansão urbana e ocupação em direção ao norte da capital. Devido à cidade apresentar diversos córregos que cortam sua malha territorial, estes foram impactados em função da intensificação da ocupação na área.

Através da série histórica de imagens de satélites, observou-se o avanço da ocupação na área estudada. A imagem mais antiga, aqui utilizada, é do ano de 2004 (Figura 2) devido ao próprio programa que estava auxiliando na visualização não possuir imagens de anos anteriores com uma resolução aceitável. Nesse ano, observa-se a presença da ocupação pioneira da área, que foi o condomínio de residências horizontais, ocupando o lado esquerdo do médio curso do Canal da Margem Direita. Também é possível identificar a presença de um condomínio vertical próximo da atual Avenida Augusto Montenegro.

Figura 2 – Sub-bacia do Canal da Margem Direita no ano de 2004

Fonte: a autora, a partir de imagem do Google Earth (2004)

Nesse período, a sub-bacia apresentava grande parte da sua vegetação preservada, juntamente com a mata ciliar resistente. O arruamento ainda não estava consolidado, e não apresentava asfalto ou concreto que poderiam agravar a impermeabilização do solo. Nessa fase da ocupação, os impactos ambientais estão relacionados à retirada da proteção natural da cobertura vegetal de alguns pontos da sub-bacia, desprotegendo o solo e intensificando a erosão, aumentando, assim, a produção de sedimentos e resíduos sólidos no local. Devido ao escoamento pluvial, a qualidade da água superficial e subterrânea pode ser comprometida, através de transporte de materiais sólidos e até mesmo ligações clandestinas de esgoto.

No ano de 2006 (Figura 3), o processo de ocupação continuou em desenvolvimento na segunda etapa das obras de construção das residências horizontais, intensificando os processos apontados anteriormente.

Até o ano de 2009 (Figura 4), o cenário de ocupação avançou bastante. A área das residências horizontais ainda estava crescendo; houve a implantação de dois condomínios com várias torres, na margem direita do canal. Em outros pontos da sub-bacia também se observou grandes áreas que perderam sua cobertura vegetal e estavam em processo de ocupação de novos empreendimentos.

Nessa fase, os impactos ambientais estavam mais intensos, e a retirada da cobertura vegetal seguiu avançando, gerando consequências como: aumento da impermeabilidade do solo, da temperatura, da erosão, da produção de resíduos sólidos, entre outras. Com crescimento demográfico nessa área, chama a atenção a disposição do esgoto das residências ao entorno do Canal da Margem Direita. Geralmente quando não existe investimento do poder público em um sistema de tratamento de esgoto, a saída dos esgotos das propriedades é ligada à rede pluvial, comprometendo a qualidade da água após seguir caminho para os canais urbanos.

Uma moradora da área, mais especificamente das residências horizontais, confirmou na visita de campo que todos os esgotos dessas residências são ligados à rede geral.

A partir do último ano citado até atualmente (Figura 5), a chegada de vários empreendimentos na área ficou cada vez maior. Houve a finalização das obras dos dois condomínios relatados anteriormente e, posteriormente, outros condomínios se instalaram, além de um grande empreendimento comercial. Todas essas ocupações citadas ocorreram na margem direita do canal.

Figura 3 – Sub-bacia do Canal da Margem Direita no ano de 2006

Fonte: a autora, a partir de imagem do Google Earth (2006)

Figura 4 – Sub-bacia do Canal da Margem Direita no ano de 2009

Fonte: a autora, a partir de imagem do Google Earth (2009)

Figura 5 – Sub-bacia do Canal da Margem Direita no ano de 2022

Fonte: a autora, a partir de imagem do Google Earth (2022)

Já na margem esquerda, onde se encontram as residências horizontais, observou-se a retirada de toda a cobertura vegetal do médio e baixo curso do Canal da Margem Direita, para a instalação de mais um condomínio de alto padrão de casas horizontais que ainda está em processo de construção, atualmente. Da mesma forma, na outra margem foi identificada a implantação de outro condomínio vertical.

O córrego urbano foi o elemento que mais sofreu diante de toda essa dinâmica de ocupação da área da sub-bacia. Sem dúvida, um dos principais impactos ambientais observados na área estudada foi o relacionado à qualidade da água devido à falta de tratamento de esgoto, que acaba escoando para os rios urbanos ligados à rede de drenagem pluvial.

O aumento de temperatura foi significativo no local, confirmado por uma moradora, devido ao aumento das superfícies impermeáveis que absorvem parte da energia solar elevando a temperatura, principalmente após a chegada do arruamento com camadas asfálticas. Outro fator que contribui com a elevação da temperatura é a verticalização, pois aumenta a superfície de concreto, que possui alta capacidade térmica, e com isso diminui a evaporação.

Nesse processo de desenvolvimento urbano da sub-bacia, o aumento dos sedimentos e materiais sólidos produzidos é significativo devido às construções, limpezas de terrenos para novos loteamentos, construção de ruas, entre outros. Observa-se a erosão das superfícies desprotegidas (solo exposto), intensificadas pelo escoamento superficial. Também podem gerar assoreamento no canal urbano, reduzindo a capacidade de escoamento, e ainda podem favorecer a contaminação das águas por transportar poluentes agregados ao sedimento. Entretanto, os problemas de manutenção nos sistemas de drenagem não podem deixar de ser citados, pois várias ocorrências de assoreamento se dão em função da falta de limpeza dos sistemas de drenagens.

As áreas urbanas têm uma variedade muito grande de poluentes, desde compostos orgânicos a metais tóxicos. A fuligem, por exemplo, resultante da emissão de gases dos veículos e/ou de queimas de resíduos, pode se depositar na superfície e no escoamento até o córrego urbano, contribuindo na contaminação da água.

Na visita de campo, observou-se que o médio curso do Canal da Margem Direita (Figura 6) se encontra bastante impactado, pois sua mata ciliar está quase toda suprimida.

Figura 6 – Médio curso do Canal da Margem Direita

Fonte: a autora (2022)

Identificou-se também intervenções de obras de engenharia, devido à presença de pontes e galerias pluviais que desaguam diretamente no corpo hídrico (Figura 7).

Figura 7 – Intervenções antrópicas no Canal da Margem Direita

Fonte: autora (2022)

Na transição do médio para baixo curso do canal (Figura 8), o corpo hídrico se encontrava com vegetação nas margens, porém se tratava da vegetação secundária em entorno do córrego. Observou-se a falta de manutenção e o acúmulo de resíduos sólidos no entorno, que comprometem o escoamento natural do canal. O mau odor e a aparência dão destaque para a ausência de uma boa qualidade da água, que necessita de estudos mais profundos para medir a sua propriedade. Os registros fotográficos foram feitos em um dia sem precipitação, por isso o nível da água estava relativamente baixo.

Figura 8 – Médio curso do Canal da Margem Direita

Fonte: a autora (2022)

CONSIDERAÇÕES FINAIS

Os impactos ambientais gerados pela ocupação na área estudada são facilmente identificados, principalmente relacionados à impermeabilização do solo, aumento da densidade demográfica e qualidade da água do canal urbano. Como consequência, tem-se uma sobrecarga na rede viária, de esgoto, de água, coleta e disposição de lixo etc. Elas não se limitam apenas à área onde ocorre, podendo influenciar na qualidade de vida de toda área ao redor, principalmente à jusante do rio, pois o Canal da Margem Direita é um afluente do Canal São Joaquim, que faz ligação com o restante da Bacia do Una.

A relação entre as atividades antrópicas e a natureza nos espaços urbanizados sempre resultou na intensificação ou surgimento de impactos nos cursos d'água, alguns positivos e outros muitos negativos. Apesar do conhecimento popular de que a água é um elemento vital, é frequente o descaso com esse recurso natural, principalmente aqueles situados em áreas urbanas em situação imprópria para o uso, consequência dos impactos sofridos.

Este estudo, que precisa ser aprofundado na área da sub-bacia, revelou-nos o quanto não só o corpo hídrico, mas toda a área da sub-bacia do Canal da Margem Direita foi impactada devido às consequências da urbanização e das intervenções humanas. Com isso, não há um equilíbrio da temperatura através do conjunto hídrico e vegetal (mata ciliar), possuindo a vegetação um papel de suma importância em auxiliar na manutenção da forma dos rios e melhorar a infiltração da água no solo, fazendo com que o escoamento se equilibre e evitando alagamentos e enchentes (Rezende; Araujo, 2015).

REFERÊNCIAS

BELÉM. **Bacias Hidrográficas.** Belém, PA: Codem – Companhia de Desenvolvimento e Administração da Área Metropolitana de Belém, [ca. 2022]. Disponível em: https://codem.belem.pa.gov.br/mapas/bacias-hidrograficas/. Acesso em: 05 out, 2022.

FERNANDES, M. R.; SILVA, J. C. **Programa estadual de manejo de sub-bacias hidrográficas: fundamentos e estratégias.** Belo Horizonte: Emater, 1994.

JAPIASSÚ, L. A. T.; LINS; R. D. B. As diferentes formas de expansão urbana. **Revista Nacional de Gerenciamento de Cidades,** Tupã-SP, v. 2, n. 13, p. 15-25, 2014.

LOLLO, J. A.; NEVES, M. P.; ARANTES, L. T.; LIMA, C. G. R.; LORANDI, R. Mudanças de uso e cobertura da terra e degradação ambiental em bacias hidrográficas. *In:* AMÉRICO-PINHEIRO, J. H. P.; BENINI, S. M. (org.). **Bacias hidrográficas**: fundamentos e aplicações. 1 ed. Tupã-SP: ANAP, 2018.

LOMBARDO, M. A. Vegetação e clima. *In:* Encontro Nacional sobre Arborização Urbana, 3, 1990, Curitiba. **Anais [...]**. Curitiba: FUPEF, 1990, p. 1-13.

LUZ, L. M.; RODRIGUES, J. E. C. Análise do índice da cobertura vegetal em áreas urbanas: estudo de caso da cidade de Belém/PA. **Boletim Amazônico de Geografia**, Belém, n. 1, v. 01, p. 43-57, jan./jun. 2014.

MOREIRA, I. V. **Origem e Síntese dos Principais Métodos de Avaliação de Impactos Ambientais (AIA)**. *In:* MANUAL de Avaliação de Impactos Ambientais – Maia. Curitiba: Surehma/GTZ, 1992.

NUCCI, J. C; CAVALHEIRO, F. Cobertura vegetal em áreas urbanas – conceito e método. **GEOUSP,** São Paulo, n. 6, p. 29-36, 1999.

NUCCI, J. C. **Qualidade Ambiental e adensamento urbano:** um estudo de ecologia e planejamento da paisagem aplicado ao distrito de Santa Cecília (MSP). 2. ed. Curitiba: O Autor, 2008. 150 p.

REZENDE, G. B. M.; ARAÚJO, S. M. S. Rios urbanos: reflexões sobre os aspectos ambientais e urbanos de suas margens rumo a uma perspectiva integradora e participativa. **Revista ESPACIOS**, [*s. l.*], v. 36, n. 23, p. 3, 2015.

SÁNCHEZ, L. E. **Avaliação de impacto ambiental:** conceitos e métodos. São Paulo: Oficia de Textos, 2008.

SANTOS, R. F. **Planejamento Ambiental:** teoria e prática. **São Paulo: Oficina de Textos, 2004. 184p.**

SEBUSIANI, H. R. V.; BETTINE, S. C. Metodologia de análise do uso e ocupação do solo em microbacia urbana. **Revista Brasileira de Gestão e Desenvolvimento Regional**, Taubaté, v. 7, n. 1, p. 256-285, jan./abr. 2011.

TUCCI, C. E. M. Gerenciamento da Drenagem Urbana. **Revista Brasileira de Recursos Hídricos,** [*s. l.*], v. 7, n. 1, p. 5-27, jan./mar. 2002.

TUCCI, C. E. M. **Gestão de Águas Pluviais Urbanas.** Ministérios das Cidades. Global Water Partnership – World Bank – Unesco, 2005.

VEYRET, Y. **Os riscos:** o homem como agressor e vítima do meio ambiente. 2. ed. São Paulo: Contexto, 2013.

MEIO AMBIENTE: CONSTRUÇÃO DE SABERES POR MEIO DAS PRÁTICAS EDUCATIVAS

Diana Regina Carmo de Carvalho
Ana Valéria dos Reis Pinheiro

INTRODUÇÃO

A partir das alterações do meio natural, que estão cada vez mais presentes no cotidiano da sociedade, sobretudo porque geram problemas ambientais em várias dimensões, tornou-se imperativo promover debates sobre o meio ambiente em sala de aula. Os temas ambientais apresentados na educação básica são de grande importância em todos os níveis do processo educativo. Quanto mais cedo os alunos tiverem contato com os assuntos relacionados ao meio ambiente e suas alterações, mais fácil será instruí-los do seu papel sobre as questões ambientais que estão desestabilizando o planeta Terra.

Para Mello (2017), o papel dos educandos na conservação do ambiente natural se manifesta quando as crianças, bem informadas sobre os problemas ambientais, se tornam adultos mais preocupados com o meio ambiente, além de serem potenciais transmissoras dos conhecimentos sobre as questões ambientais em suas casas, na família e com os vizinhos.

Partindo desse pressuposto, a presente pesquisa consiste de um relato de experiência das observações de algumas características do trabalho docente e das escolas que foram campo de pesquisa no período de 2018 a 2021, durante os estágios supervisionados. Teve como objetivos verificar como a educação ambiental é feita pelos professores de geografia, bem como apontar metodologias capazes de facilitar o ensino sobre meio ambiente, para despertar nos alunos o sentimento de pertencimento ao contexto das transformações do meio natural.

Diante das observações das aulas de geografia, inicialmente, buscou-se refletir a perspectiva de como as práticas educativas poderiam mostrar para os alunos não somente os aspectos objetivos dos fenômenos socionaturais (o que eles representam, como se originam, quais impactos eles ocasionam no ambiente, dentre outros), mas, também, a subjetividade que se oculta quando se valoriza apenas as relações aparentes (os processos naturais em si). Para Alves (2012), as práticas educativas podem ser consideradas ótimos instrumentos para verificação de aprendizagem, tanto de conteúdos específicos como das habilidades desenvolvidas pelos alunos, indispensáveis para a avaliação formativa.

Nessa perspectiva, a pesquisa se preocupou em responder, através da opinião dos alunos, qual a importância das práticas educativas na educação ambiental? Essa questão parte do pressuposto de que o debate sobre educação ambiental pode orientar os alunos a entenderem para além da geografia do seu cotidiano. Mas, no caso da inexistência do empirismo, da contextualização prática, os temas ambientais tornam-se distantes dos alunos e isso pode levar ao fracasso da aula.

Em razão dos alunos terem avaliado a educação ambiental como muito importante quando ensinada na prática, coube apontar metodologias capazes de facilitar o ensino-aprendizagem sobre o tema "meio ambiente", para provocar nos alunos um olhar mais atento e cuidadoso com o lugar de suas vivências cotidianas, no contexto das transformações naturais. Para isso, tratou-se de dar apoio ao professor de Geografia, para mitigar os entraves relacionados ao ensino do meio ambiente, visto que ao professor de Geografia cabe o papel de facilitar a imersão no conhecimento, mas sem esquecer das dificuldades encontradas na escola para oferecer uma educação de qualidade aos alunos, que são o centro do processo educacional.

Uma vez que a resposta da questão levantada foi avaliada como positiva, se objetivou apontar metodologias capazes de facilitar o ensino-aprendizagem sobre o tema meio ambiente, para despertar nos alunos o sentimento de pertencimento e o cuidado com o lugar de suas vivências cotidianas, no contexto das transformações naturais.

Como já foi dito anteriormente, esse trabalho tratou de verificar como a geografia se relaciona com a educação ambiental em sala de aula, e como as práticas educativas podem facilitar a aprendizagem, tendo em vista que a construção dos saberes é feita sobre o tripé que sustenta o ensino (planejamento, didática e avaliação). Quando uma parte desse tripé apresenta falhas alguns problemas surgem, e o problema dessa pesquisa foi identificado quando os conteúdos curriculares foram avançando durante o ano letivo e os planejamentos das aulas de geografia não incluíam práticas educativas dos temas ambientais. Isso instigou além de observações mais atentas dos conteúdos ensinados, como também do ambiente escolar.

Uma característica marcante nas escolas pesquisadas foi a abordagem dos temas ambientais ocorrerem de forma aleatória, sempre ilustrando alguma discussão, nunca sendo objeto central de análise. Isso impedia estudos mais aprofundados, em propostas de aulas práticas para os educandos fixarem os conteúdos através do real, do visual. Após verificada essa lacuna, entendeu-se ser relevante a criação de um plano de trabalho voltado à aplicação de práticas educativas sobre meio ambiente que pudessem facilitar a apreensão de conhecimentos através de eventos extraclasse, ou estimulando a construção de materiais com base na pesquisa científica.

Na figura 1 tem-se a localização das escolas que funcionaram como campos de pesquisa. Todas as quatro estão localizadas em municípios vizinhos a Belém – PA, sendo duas em Ananindeua e duas em Marituba, a saber: Escola Estadual de Ensino Fundamental e Médio (EEEFM) Maria Araújo de Figueiredo e Escola Adventista do Coqueiro, em Ananindeua; EEEFM Nossa Senhora do Rosário e EEEM Fernando Ferrari, em Marituba. Nesses municípios ainda existem áreas rurais, mas com predominância de áreas urbanas, amplo crescimento populacional e ocupação dos espaços por atividades econômicas que mudaram o modo de vida das pessoas e promoveram alterações nos espaços terrestres e aquáticos.

Figura 1 – Mapa das duas áreas de localização das escolas campos de pesquisa no período de 2018 a 2021

Fonte: as autoras, a partir de imagem de satélite obtida do Google Earth (2022)

O crescimento demográfico nas áreas pesquisadas, com alterações na paisagem e a relação desses fenômenos com impactos no meio ambiente, poderia justificar debates no plano da educação ambiental mais incisivos nas escolas, mas essas questões, quando abordadas em sala de aula, faziam parte de um contexto mais econômico e menos ambiental.

A relação de pesquisa com essas escolas se fazia em decorrência dos estágios supervisionados do curso de Licenciatura em Geografia do IFPA Campus Belém, por essa razão a permanência nelas ocorreu em diferentes períodos. Com isso, não houve a possibilidade de elaborar e aplicar planos de ação em todas quatro, mas sim na escola onde o tempo de permanência foi maior, e isso ter possibilitado maior envolvimento nos eventos curriculares.

No Projeto Político e Pedagógico (PPP, 2020), encontrou-se pouca definição dos métodos que poderiam ser utilizados a fim de contextualizar as aulas teóricas e foi identificada nos conteúdos curriculares a prevalência das aulas expositivas e dialogadas de geografia. Avaliou-se essa situação como uma falha de planejamento de um documento que norteia as atividades e funções da escola, sendo que as metodologias do PPP (PPP, 2020) poderiam desestimular o planejamento de práticas educativas em todas as disciplinas. Segundo Morais (2011), p. 195 "entende-se que o sentido da Geografia no currículo do ensino básico seja sua potencialidade para a formação de cidadãos críticos, autônomos e conscientes para atuarem em sociedade". A partir dessas divergências, os procedimentos metodológicos seguiram planos de ação para construção de saberes com vistas a cooperar na relação professor-aluno e na prática docente, como será visto no tópico a seguir.

MATERIAIS E MÉTODOS

Diante das observações iniciais das aulas de geografia, buscou-se analisar a perspectiva de como as práticas educativas poderiam mostrar para os alunos não somente os aspectos objetivos dos fenômenos socionaturais (o que eles representam, como se originam, quais impactos eles ocasionam no ambiente, dentre outros), mas, também, a subjetividade que se oculta quando se valoriza apenas as relações aparentes (os processos naturais em si). Para Alves (2012), as práticas educativas podem ser consideradas ótimos instrumentos para verificação de aprendizagem, tanto de conteúdos específicos, como as habilidades desenvolvidas pelos alunos, que são indispensáveis para a avaliação formativa.

Verificou-se que a ausência de ações eficazes no trabalho docente, no que concerne ao estudo do meio ambiente, incorreu em desobediência ao art. 225 da Constituição Federal de 1988 (CF/88), que dentre outras determinações estabelece a promoção da "educação ambiental em todos os níveis de ensino e a conscientização pública para a preservação do meio ambiente" (Brasil, 2005, p. 157). A lei 9.795/1999, no seu art. 2.º, corrobora com a CF/88, ao dispor que "A educação ambiental é um componente essencial e permanente da educação nacional, devendo estar presente, de forma articulada, em todos os níveis e modalidades do processo educativo, em caráter formal e não formal." (Brasil, 1999, art. 2.º). Em vista disso, coube incluir neste trabalho essa breve análise documental do art. 225 da Constituição Federal de 1988 e do art. 2.º da lei 9.795/1999, além de uma revista no projeto político pedagógico da escola.

A revisão de literatura foi direcionada para autoras que dialogam sobre as práticas educativas em aulas sobre o meio ambiente: Alves (2012), Mello (2017), Moraes (2011) e Nogueira *et al.* (2011), dentre outros textos utilizados para embasar os planos de aula. A pesquisa foi norteada pelo método empírico, pois "a primeira atividade do cientista é observar os fatos" (Severino, 2007, p. 102) e por Libâneo (1998, p. 4) que postulou sobre "[...] o compromisso de ajudar os alunos a tornarem-se sujeitos pensantes, capazes de construir elementos, categorias de compreensão e apropriação crítica da realidade.". Nisso, consistiu a elaboração das práticas educativas imbuídas na ideia de o aluno ser protagonista na produção do seu próprio conhecimento.

Nesta pesquisa problematizou-se a falta de integração de aulas práticas e teóricas de educação ambiental em quatro escolas da região metropolitana de Belém – PA. Dentre elas, a EEEM Fernando Ferrari, de Marituba, foi a escolhida para fazer parte deste trabalho, por nela a vivência no estágio supervisionado ter sido de 18 meses (o maior dentre todas as outras) e ser observada maior carência da Educação Ambiental. Nesse período, verificou-se que os professores não abordavam as questões relacionadas ao meio ambiente com profundidade, mesmo a escola se localizando em um município duramente apropriado por atividades econômicas que alteraram consideravelmente o modo de vida das pessoas, e não proporcionaram benefícios significativos que pudessem torná-las atividades aceitáveis do ponto de vista ambiental, como a construção do aterro sanitário e vários cemitérios, por exemplo (Peixoto; Conceição;

Moraes, 2020). Com base nessa compreensão, buscou-se investigar a opinião dos alunos sobre qual seria a importância das práticas educativas na educação ambiental.

Para o bom êxito dos planos de ação, a colaboração do professor de Geografia foi fundamental para aplicação das aulas, pois ele disponibilizou alguns horários para os debates sobre meio ambiente e também forneceu recursos da escola, como: *data show*, pincéis, quadro, impressões e cópias dos materiais textuais para os alunos acompanharem as aulas.

As aulas expositivas sobre educação ambiental ocorreram na sala do primeiro ano do ensino médio, do turno da manhã, no primeiro horário das quartas-feiras, entre setembro de 2018 e junho de 2019. Durante o período das aulas foi aplicada uma avaliação diagnóstica para saber o nível de compreensão dos alunos acerca dos conteúdos de educação ambiental estudados em geografia e a importância de serem contextualizados com práticas educativas ligadas ao meio ambiente e com o lugar de vivência desses alunos. A avaliação apontou pouca assimilação dos conteúdos e muito interesse dos alunos em participarem de aulas práticas.

Para atender aos interesses dos alunos foi solicitado à escola, através do professor, um transporte para conduzi-los a um trabalho de campo, que veio a acontecer em dezembro de 2018. Nessa ocasião, o interesse era de explorar problemas ambientais a partir de pelo menos um elemento da natureza. Também se planejou organizar uma oficina de solos, na própria escola, para os alunos produzirem uma maquete da formação de um solo. Com base em Moraes (2011), entendeu-se que o papel da Geografia escolar é de contribuir para que o estudante compreenda seu cotidiano com base no *aprender-fazendo*.

Assim, a exposição dos conteúdos abrangeu temas das áreas da Geografia e das Geociências desde a origem e formação do planeta, escala geológica, tipos de minerais e rochas, agentes de deformação do relevo até a constituição dos solos. O planejamento foi de expor inicialmente os processos de formação dos elementos naturais essenciais, para depois discorrer sobre o atual processo de degradação ambiental.

A escolha do solo como um elemento da educação ambiental se deu por este apresentar em algumas regiões de Marituba características específicas e de grande valor científico para informar aos educandos. Com isso, procurou-se dar outros sentidos à metodologia de ensino para se avaliar, em primeira instância, o envolvimento dos alunos nas atividades e como essas práticas os ajudariam a entender os problemas ambientais.

O trabalho de campo se realizou na Unidade de Conservação Ambiental (UCA), localizada em Marituba, que consistiu em uma trilha ecológica organizada com a parceria do professor titular e a direção e coordenação pedagógica da escola. O evento não se limitou somente aos alunos do primeiro ano; a direção estendeu o convite a todos os alunos do turno da manhã, e aqueles que aceitaram puderam participar da atividade. O plano de aula para esse evento foi sobre temas relacionados ao solo com a perspectiva de estes serem aprofundados em um segundo momento.

A segunda prática foi uma oficina de solos que ocorreu no ano seguinte, quando os alunos já estavam no segundo ano do ensino médio. Foi realizada em 2019, na data em que se comemora o Dia Mundial do Meio Ambiente (5 de junho). Essa atividade não pôde ser estendida para todas as turmas por se tratar de uma aula prática que contextualizava conteúdo de geografia ministrado nas turmas do segundo ano. A oficina foi realizada no laboratório multidisciplinar, para onde os alunos levaram alguns materiais coletados no interior da própria escola, como: solos, restos de telhas, um pouco de seixo e água; assim como outros materiais que eles levaram de casa, como: papel 40k, canetinhas, garrafas pet, figuras/impressões de tipos de solo. A coordenação pedagógica forneceu caixas de papelão e fita para fixação dos cartazes, dentre outros materiais necessários à elaboração de cartazes e criação da maquete.

Após as aulas de revisão dos conteúdos de Geologia e Geomorfologia foi solicitado para os alunos pesquisarem mais sobre o processo de formação dos solos, para realização da oficina. A pesquisa os ajudou na identificação dos principais estágios de desenvolvimento do solo, desde a rocha matriz até o solo maduro. Além da maquete, os alunos elaboraram cartazes com recorte e colagem de informações sobre o solo. Depois, observaram a permeabilidade de dois solos em presença de água para perceberem as diferenças de porosidade.

Essas duas estratégias de ensino foram valiosas para os alunos, porque a trilha teve caráter exploratório das características de um espaço natural ainda conservado, e a oficina deu continuidade ao estudo do solo, que foi um dos elementos da natureza alvo de observação na trilha. Assim sendo, o resultado dos planos de ação atingiu seu objetivo ao ensinar a educação ambiental dentro de um contexto amplo, mas que valorizou o entorno da escola, conforme já destacado em Silva *et al.* (2015).

RESULTADOS E DISCUSSÃO

Alguns temas e conceitos quando estudados na prática podem produzir um efeito transformador. Permitem criar nos alunos um olhar mais crítico para o mundo que os cerca. O diálogo entre as aulas teóricas e práticas, de forma articulada e constante, atua como um agente facilitador do trabalho docente e na aprendizagem dos educandos. Destarte, as atividades aplicadas foram abrangentes, mas o escopo central foi evidenciar a importância do solo para o meio ambiente e como o seu mau uso pode torná-lo um elemento natural ameaçado.

Na escola constatou-se que para o professor de Geografia organizar aulas de campo extraclasse, multidisciplinares, com demanda de recursos humanos e financeiros, demorava meses. Tempo suficiente para o ano letivo avançar com outros eventos curriculares, e estes se sobreporem ao planejamento de campo inicial.

Contudo, a escola Fernando Ferrari (Figura 2) tem uma boa estrutura física e possui bons espaços para o planejamento de aulas práticas no seu interior. Nela há vinte salas de aula, biblioteca, laboratório multidisciplinar, quadra de esporte, além de áreas de socialização dos alunos. Nas proximidades existe um aterro sanitário, uma Unidade de Conservação Ambiental, o rio Uriboca (em estado de degradação) e o Quilombo Abacatal. Todos esses espaços são passíveis de estudos ambientais importantes para produção de conhecimento.

Figura 2 – Interior da escola Fernando Ferrari, em Marituba – PA

Fonte: acervo da autora (2020)

Dentre as possibilidades de visitação aos espaços predispostos à educação ambiental, a primeira prática educativa organizada foi uma visita exploratória, para os alunos conhecerem o Refúgio de Vida Silvestre (Revis), que é uma Unidade de Conservação Ambiental – UCA, localizada em Marituba, distante cinco quilômetros da escola. O projeto foi aprovado na coordenação pedagógica após três meses de avaliação, e com isso foram fornecidos transporte, alimentação e recursos para o pagamento dos ingressos dos alunos. A figura 3, a seguir, registrou a concentração dos alunos que participaram da trilha na UCA.

A aula teve duração de quatro horas, preencheu todo o período da manhã do dia 4 de dezembro de 2018 e contou com a participação de: um professor de Geografia, duas professoras — uma de Educação Física e outra da Educação Especial —, oito estagiários, uma coordenadora pedagógica, uma condutora ambiental e quarenta alunos, aproximadamente, sendo que o número de alunos da turma do primeiro ano que participavam do projeto de Educação Ambiental foi de dezessete.

O momento foi de percorrer a unidade de conservação por uma trilha que apresentava muitas curiosidades, que alguns alunos só conheciam na teoria, como: perfil de solo exposto, vegetação de igapó e várzea, extração de látex diretamente da seringueira. Eles aprenderam sobre o uso adequado do solo, dos corpos hídricos, a conservação da vegetação e a relação de todos esses elementos naturais com o equilíbrio dos ecossistemas.

Figura 3 – Registro fotográfico dos alunos, que antecedeu o início da trilha na Revis

Fonte: acervo da autora (2019)

Além do contexto histórico e simbólico daquele espaço e dos elementos identitários e afetivos da pequena população remanescente que ainda vive no lugar, destaca-se que "O estudo in loco de alguns conteúdos melhora o aprendizado pelo fato de colocar o aluno diretamente em contato com seu objeto de estudo. O tocar, perceber e sentir o espaço modifica a visão de cuidar e preservar" (Nogueira *et al.*, 2011, p. 5).

Considerou-se pertinente abordar o solo na Educação Ambiental, por ser um elemento que apresenta em Marituba características bem específicas e de grande valor científico para informar aos educandos. Ferrarini, Saheb e Torres (2019, p. 5) afirmam que aprender de forma ativa envolve a atitude e a capacidade mental do aluno buscar, processar, entender, pensar, elaborar e anunciar, de modo personalizado, o que aprendeu; muito diferente da atitude passiva de apenas ouvir e repetir os modelos prontos.

A figura 4 reúne três imagens de alguns momentos na trilha, com registro da parada em uma parede de latossolo amarelo, onde os alunos puderam conhecer alguns processos que ocorrem na natureza relacionados ao solo, como: a origem e o tempo de formação do solo, e como o seu mau uso pode impactar o meio ambiente.

Figura 4 – Registros fotográficos dos alunos durante a trilha, observando um perfil de latossolo amarelo

Fonte: acervo da autora (2019)

Os alunos que participaram da trilha na UCA apresentaram relatórios em que eles expressaram suas opiniões sobre a organização e importância da aula, o tempo de duração, o lugar escolhido e como eles entenderem a questão da preservação dos ambientes naturais.

A segunda prática foi feita pelos alunos com base nos conteúdos estudados nas aulas expositivas e nas pesquisas que foram solicitadas. Coube à professora tirar dúvidas e orientar os alunos na realização das tarefas, para depois avaliá-los.

A avaliação consistiu em uma roda de conversa, após a oficina, para os alunos manifestarem o sentimento de cada um sobre a construção da maquete da formação de um solo e como as atividades humanas podem prejudicar as pessoas que dependem dele para viver.

Consideraram-se adequadas as avaliações planejadas para os dois tipos de práticas, por possibilitarem maior transparência da opinião dos alunos e pelo tipo de construção de conhecimento, que foi pautada em fenômenos da vida real, e que primou por tirá-los do contexto da sala de aula e introduzi-los em uma *cultura maker*[13] para fixação de conteúdo.

Entende-se que repetir os modelos prontos na aprendizagem seria tomar como verdade uma única perspectiva da realidade, sem ter a oportunidade de questioná-la, ou conhecê-la por trás de outras lentes mais objetivas. Assim sendo, alguns momentos da oficina foram registrados (Figura 5) para serem apresentados à comunidade escolar, com o objetivo de valorizar o exercício de aulas práticas na escola e estimular outros professores a participarem de projetos que agregam valor ao trabalho docente.

Figura 5 – Registro da realização da aula prática sobre meio ambiente (construção de solo), desde a concepção dos cartazes para decorar o laboratório pelo dia do meio ambiente, até os produtos finais: maquete e experimento

[13] A origem do movimento está no conceito DIY (em inglês *Do It Yourself*), que significa: faça você mesmo (Zylbersztajn, 2015).

Fonte: acervo da autora (2019)

Na avaliação desses alunos as respostas foram as mais diversas possíveis, mas algumas foram direcionadas para o cuidado que a sociedade deve ter com a água e com o solo, a relação entre árvores-água-solo e a importância dessa relação para a vida das pessoas. Outros perceberam os impactos negativos das ações humanas, que em um contexto histórico estão degradando o meio ambiente. Além disso, a maioria dos alunos reportou que eles gostariam de ter mais aulas voltadas para o meio ambiente para aprenderem na prática e com isso desenvolverem habilidades para outros saberes. Isso evidenciou que o *aprender-fazendo* precisa fazer parte do planejamento escolar, para os alunos se integrarem ao processo prático que busca o caminho para potencializar as possibilidades e os resultados da aprendizagem.

CONSIDERAÇÕES FINAIS

As aulas de Geografia, quando se articulam com a Educação Ambiental, podem abordar diversos temas cujos resultados vão sempre apontar para conceitos como conservação, sustentabilidade e cuidado com a natureza, além de vários outros que estimulam a mudança de comportamento em relação aos recursos naturais. Os resultados acima são exemplos de possíveis formas de articular teoria e prática no ensino do meio ambiente, em diferentes contextos dentro ou fora da escola, sendo que ambas apresentaram bons resultados.

Estima-se que as metodologias de aulas práticas devem obedecer a dois critérios fundamentais: incentivar a pesquisa e aplicar avaliação com base técnica, para que eles possam se manifestar de forma crítica sobre os temas apresentados. Com isso, avaliou-se: desempenho dos alunos, criatividade, participação nas ações individuais e coletivas, assimilação dos conteúdos e principalmente a forma como os alunos aprenderam. Esse último critério possibilita ao professor planejar novas aulas cada vez mais focadas em metodologias que facilitem o ensino. Esses aspectos, quando avaliados satisfatórios, atingem as expectativas em relação às metodologias, e isso faz com que a disciplina de Geografia cresça, os alunos se desenvolvam e o professor ateste um trabalho de qualidade para a comunidade.

Espera-se que esta experiência contribua com outras pesquisas e provoque discussões no campo da Educação Ambiental, principalmente no contexto das escolas públicas, onde se verificou maior defasagem dos temas ambientais em sala de aula. Dessa forma, a função social da escola e a educação de qualidade podem se tornar realidade e a área do conhecimento científico da Geografia pode dar sua plena contribuição com o respeito ao meio ambiente.

REFERÊNCIAS

ALVES, Adriana Olivia. Estratégias de ensino e mobilização dos conteúdos do clima na Geografia escolar: possibilidades de ação didática por meio de materiais didáticos. **Revista Anekumene,** Bogotá, n. 4, p. 107-122, 2012. Disponível em; https://repositorio.bc.ufg.br/items/7a8d99cd-ee81-4de4-979e-e6495a964868. Acesso: em 23 dez. 2022.

BRASIL. **Constituição da República Federativa do Brasil.** São Paulo: Saraiva, 2005.

BRASIL. **Lei nº 9.795, de 27 de abril de 1999**. Dispõe sobre a educação ambiental, institui a Política Nacional de Educação Ambiental e dá outras providências. Política Nacional de Educação Ambiental. Brasília: Presidência da República, 1999. Disponível em: https://www.planalto.gov.br/ccivil_03/leis/l9795.htm. Acesso em: 7 mar. 2025.

FERRARINI, Rosilei; SAHEB, Daniele; TORRES, Patrícia Lupion. Metodologias ativas e tecnologias digitais: aproximações e distinções. **Revista Educação em Questão**, Natal-RN, v. 57, n. 52, p. 1-30, abr./jun. 2019. Disponível em: https://periodicos.ufrn.br/educacaoemquestao/article/view/15762/11342. Acesso em: 20 mar. 2022.

LIBÂNEO, José Carlos. Adeus professor, adeus professora: novas exigências educacionais e profissão docente. São Paulo: Cortez, 1998. **Revista Perspectiva,**

Erechim. v. 41, n. 156, p. 103-106, 2017. Disponível em: https://www.uricer.edu.br/site/pdfs/perspectiva/156_683.pdf . Acesso em: 14 fev 2022.

MELLO, Lucélia Granja de. A importância da Educação Ambiental no ambiente escolar. **EcoDebate**, 14 mar. 2017. Disponível em: https://www.ecodebate.com.br/2017/03/14/importancia-da-educacao-ambiental-no-ambiente-escolar-artigo-de-lucelia-granja-de-mello/. Acesso em: 6 jan. 2022.

MORAIS, Eliana Marta Barbosa de. As temáticas físico-naturais no ensino de geografia e a formação para a cidadania. **Revista Anekumene virtual – Geografía, cultura y educación**, Bogotá, p. 194-204, n. 2, 2011. Disponível em: http://nepeg.com/artigos/as-tematicas-fisico-naturais-no-ensino-de-geografia-e-a-formacao-para-a-cidadania/. Acesso em: 23 maio 2022.

NOGUEIRA, Bárbara Gabriele de Souza. *et al.* Educação ambiental: a relação entre as aulas de campo e o conteúdo formal da biologia. *In*: CONGRESSO NACIONAL DE EDUCAÇÃO – EDUCERE, 10., Curitiba. **Anais** [...]. Curitiba: PUC-PR, 2011, p. 12.714-12.718.

PPP (Projeto Político Pedagógico). Marituba-PA: Escola Estadual de Ensino Médio Fernando Ferrari, 2020 (documento interno não publicado).

PEIXOTO, Rodrigo Corrêa Diniz; CONCEIÇÃO, Suelen Reis da; MORAES, Fabrício Tavares de. Fórum Permanente Fora Lixão: ação coletiva no município de Marituba (PA). **NAEA,** UFPA, Belém, v. 1, n. 2, 2020. Disponível em: https://www.periodicos.ufpa.br/index.php/pnaea/article/download/10130/7010. Acesso em: 28 jun. 2022.

SEVERINO, Antônio Joaquim. **Metodologia do Trabalho Científico**. 23. ed. (revisada e atualizada). São Paulo: Cortez, 2007.

SILVA, Raullyan Borja Lima e; *et al.* Projetos de educação ambiental nas redes de ensino estadual e municipal na cidade de Macapá, Amapá, Brasil. **Revista Biota Amazônia**, Macapá, v. 5, n. 4, p. 102-109, 2015.

ZYLBERSZTAJN. Moisés Alberto. Cultura maker na escola: porque faz sentido. **Bookess,** Florianópolis, v. 1, p. 189-208, 2015. Disponível em: http://www.arede.inf.br/cultura-maker-na-escola-por-que-faz-sentido. Acesso em: 15 fev. 2022.

EDUCAÇÃO AMBIENTAL E PERCEPÇÃO DO MEIO AMBIENTE: CONTRIBUIÇÕES A PARTIR DO ENSINO DE GEOGRAFIA NA EMEF RAPOSO TAVARES, SÃO FRANCISCO DO PARÁ

Elisângela Ferro Sousa
Dulcidéia da Conceição Palheta
Enilson da Silva Sousa

INTRODUÇÃO

O desenvolvimento do neoliberalismo enquanto expressão de um modo de vida global, conforme Harvey (2005), vem afetando consideravelmente os ecossistemas, sobretudo, aqueles considerados mais vulneráveis a rápidas mudanças de ordem antrópica, promovidas, no caso da região amazônica, pela expansão urbana desregular e por atividades econômicas vinculadas ao agronegócio (Cruz, 2007).

A região amazônica, historicamente, vem passando por esse intenso processo de transformações que, por sua vez, exige da natureza e das populações a capacidade de resiliência, sob o qual está fortemente ligada às práticas cotidianas e, inclusive, na capacidade de emancipação social em prol da dignidade humana (Loureiro, 2002).

Mudanças essas que são classificadas como irreversíveis, justamente pelo seu teor de desmatamento nunca antes presenciado. De tal maneira, há necessidades de estudos que possam evidenciar tais problemáticas e, neste caso, partindo da percepção, atitudes e valores de estudantes da rede municipal de ensino de São Francisco do Pará. O referido município se localiza no nordeste paraense, distanciando da capital Belém em 85 km, e 20 km de Castanhal, em linha reta. São Francisco do Pará possui, em média, 15.418 mil habitantes, segundo o IBGE (2021).

O terceiro setor da economia, isto é, o setor dos serviços (educação, transporte, saúde...) se destaca como principal fonte de renda dos habitantes locais, ao lado dos serviços públicos, agronegócio e setores industriais. Um pouco dessa caracterização do município contribui, grosso modo, para um entendimento da realidade local e suas necessidades de se criar estratégias para a conscientização ambiental.

O fortalecimento, portanto, de práticas educativas que busquem por melhor relação entre sociedade-natureza são fundamentais, sobretudo hoje. Em nosso caso, os caminhos trilhados emergem pela educação básica, no município de São Francisco do Pará, região do nordeste paraense, onde, a partir da percepção do meio ambiente e a noção de Educação Ambiental (EA), trabalharemos o ensino de geografia como base para essa melhor relação com os elementos da natureza, trazendo em seu âmago o sentido existencial na relação cultura-meio ambiente, conforme Marandola Jr. (2017).

Algumas pesquisas na realidade amazônica voltadas para a educação geográfica, sob o foco humanista, estimulam-nos a pensar em uma perspectiva dialógica onde sociedade é, ao mesmo tempo, natureza e vice-versa (Silva, 2018; 2020a). Sob essa perspectiva, não há como separar nossas "atitudes e valores" (Tuan, 2012) dos impactos negativos gerados para natureza e, inclusive, para nós mesmos enquanto sociedade. Há, portanto, necessidade de dialogarmos com realidades locais a fim de propormos estratégias que, aparentemente simples, são capazes de produzir consciência e respeito com o ambiente no qual estamos inseridos.

Os atuais desafios ambientais exigem cada vez uma preparação metodológica, de pensamentos sistematicamente organizados em prol do melhor entendimento e análise referentes ao uso, conservação visando o bom funcionamento dos meios. Dessa maneira, Marconi e Lakatos (2003) indicam a busca bibliográfica, capaz de nos auxiliar em virtude dos objetivos e problemática de pesquisa. Godoy (1995) nos traz a importância da análise qualitativa a partir dos processos descritivos da realidade como ela é, pontuando questões e a importância da observação-participativa do trabalho, em parte, da realidade a partir da perspectiva dos sujeitos da pesquisa.

Nesse sentido, trabalharemos com uma turma de nono ano do ensino fundamental II, com o objetivo de analisar e descrever suas percepções ambientais e noções básicas de Educação Ambiental, partindo, por assim dizer, das experiências à escrita científica. Foram aplicados dez questionários semiestruturados, em que os estudantes puderam desenvolver respostas objetivas e de caráter subjetivo, com a presença de desenhos como forma de representação da realidade.

Por conseguinte, o presente artigo é fruto de inquietações como educadora, as quais, há tempo, vêm ganhando forma em pesquisas e eventos, a partir de minha formação em Licenciatura Plena em Geografia

(UEMA/2007) e em Química (UFPA/PARFOR/2012-2015). Oportunidades estas que me fizeram, deste então, desenvolver interesse por estratégias que possam auxiliar os estudantes à consciência e importância da conservação ambiental e o respeito pelo ambiente em que se vive, seja em uma escala local ou global.

Por essas vias, podemos refletir da seguinte maneira: de que forma a Educação Ambiental (EA), aliada à percepção e experiências locais, pode contribuir para o desenvolvimento de metodologias de conscientização no ensino de geografia? A partir daí, podemos destacar uma problemática referente à baixa carga/horária da disciplina Educação Ambiental. O Decreto n.º 4.281, de 25 de junho de 2002, que institui sobre a Educação Ambiental, em seu art. 5.º propõe que a inclusão da Educação Ambiental esteja presente em todos os níveis e modalidades de ensino; esta poderia, de forma interdisciplinar, dialogar com a Geografia.

Sentido do ensino de Geografia e percepção

Visto que a Terra é a mãe de tudo o que vive, de tudo que é, um laço parentesco une o homem a tudo que o cerca, às árvores, aos animas, até às pedras.
(Dardel, 2015)

Neste momento, cabe a descrição, de um modo geral, do que entendemos por Geografia e percepção, considerando e partindo de uma abordagem humanista de base fenomenológica. Na História do Pensamento Geográfica, ou seja, na constituição da Geografia enquanto ciência, podemos associar alguns fatores relevantes para nossa primeira reflexão: 1) um primeiro ponto é a demarcação histórica estabelecida pela dita "geografia científica", conforme Dardel (2015); 2) em um segundo momento, refere-se ao que vem "antes" da Geografia ser consolidada ciência, isto é, antes do século XIX.

Segundo Dardel (2015):

> Mas antes do geógrafo e de sua preocupação com uma ciência exata, a história mostra uma geografia em ato, uma vontade intrépida de correr o mundo, de franquear os mares, de explorar os continentes. Conhecer o desconhecido, atingir o inacessível, a inquietude geográfica precede e sustenta ciência objetiva. O amor ao solo natal ou busca por novos

> ambientes, uma relação concreta liga o homem à terra, uma *geograficidade* (*géographicité*) do homem como modo de sua existência e de seu destino (Dardel, 2015, p. 1-2).

Logo, procuramos partir de uma análise em que a Geografia não é puramente ciência, mas, antes de assim ser, é experiência vivida por homens e mulheres que, pelos diversos cantos da Terra, anunciam suas preocupações, inquietações e, portanto, declamam sua existência e amor à terra natal. A isso Dardel (2015, p. 1), geógrafo francês, chamaria de "geograficidade", ou seja, antes do/a geógrafo/a e de sua preocupação com uma ciência precisa, "a história mostra uma geografia em ato". É desse princípio fenomenológico que partimos para dialogar com o sentido de percepção.

Conforme o filósofo francês Merleau-Ponty (1994):

> A percepção não é uma ciência do mundo, não é nem mesmo um ato, uma tomada de posição deliberada; ela é o fundo sobre o qual todos os atos se destacam e ela é pressuposta por eles. O mundo não é um objeto do qual possuo comigo a lei de constituição; ele é o meio natural e o campo de todos os meus pensamentos e de todas as minhas percepções explícitas. A verdade não "habita" apenas o "homem interior", ou, antes, não existe homem interior. Quando volto a mim a partir do dogmatismo do senso comum ou do dogmatismo da ciência, encontro, não um foco de verdade intrínseca, mas um sujeito consagrado ao mundo (Merleau-Ponty, 1994, p. 6).

Trabalhando com essa ideia de percepção, tendo como norte a fenomenologia, geógrafos como E. Relph e Yi-Fu Tuan começaram a trabalhar em prol dos sentidos atribuídos aos lugares e, de forma interdisciplinar, contribuíram para que a Geografia avançasse em seus estudos humanistas, tendo em vista o contraponto a toda generalização de verdades categóricas (Holzer, 2003).

No Brasil, Lívia de Oliveira (2017, p. 79), destaca que "a abordagem usada pela geografia sempre foi dicotômica" e, sabendo disso, precisamos, conforme a geógrafa, precisamos nos desprender desta dualidade, onde Geografia Física e Geografia Humana, possam ser compreendidas como partes indissociáveis em nossos estudos, pesquisa e, neste caso, no ensino de geografia. É nesse momento que a Geografia, como primado da percepção, dialoga com as experiências vividas (Tuan, 2012).

Conforme Silva (2018):

> O ensino de geografia deve ser caracterizado por uma ementa teórica e prática que estimule ao estudante pensar e conhecer sua realidade enquanto potencialidade de seu ser, por meio do cotidiano [...] O princípio da incerteza, como sugere Edgar Morin, deve ser o motor para pensar o ensino de geografia na medida em que o mundo se constitui dentro da complexidade das coisas. As "coisas" ou "objetos" estão no mundo no cambiante fluxo de diferentes interpretações humanas sobre estes. É necessário considerar, mediantes as aulas de geografia, as aventuras cósmicas e telúricas dos estudantes como ícones referenciais (Silva, 2018, p. 401).

A percepção, nesse sentido, que não é somente algo exclusivo do sentido ocular, mas, como diria Merleau-Ponty (1994), do "corpo em sua totalidade", demonstra, via experiências, a importância da geografia para além das dicotomias, ou seja, para além da separação entre sujeito-objeto, em que a percepção do *signo*, a exemplo do rio, é mediação entre sujeito cognoscente e objetivo cognoscível, a saber, conforme Santaella (2012, p. 84):

> Desse modo, o signo representa o objeto porque, de algum modo, é o próprio objeto que determina essa representação. Porém aquilo que está representado no signo não corresponde ao todo do objeto, mas apenas a uma parte ou aspecto dele. O signo é sempre incompleto em relação ao objeto.

Um exemplo simples é quando mergulhamos em um rio. Esse *signo* da natureza pode despertar no corpo que ali mergulha sensação de frio ou algo refrescante, dependendo do dia, e, ao mesmo tempo, não deixa de ser um elemento físico importante para o bom funcionamento da dinâmica daquele ambiente. Em outras palavras, uma coisa não anula a outra, mas, na verdade, estão simultaneamente, de uma forma ou de outra, estabelecendo uma comunicação mútua (Dardel, 2015).

Associado a isso, a Geografia, nesse sentido, busca contemplar um aspecto chamado por Oliveira (2017) de "horizontalidade", o que, segundo a geógrafa, remete a uma certa "beleza intrínseca" à ciência geográfica, mas que, ainda hoje, precisa ser mais valorizada. Para além das camisas de força da ciência moderna, a Geografia Humanista[14], sob o viés feno-

[14] "A expressão Geografia Humanista foi sugerida por Tuan, em 1972, e Relph, em 1976, sugeria Geografia Fenomenológica, com base na Psicologia e na Percepção, e nos estudos de Merleau-Ponty e Bachelard. Mas esta última não vingou, sendo, hoje, mas aceita e usada a Geografia Humanista" (Oliveira, 2017, p. 96).

menológico, busca trazer a importância da percepção do meio ambiente como todo espaço no qual habitamos e, por conseguinte, as significações ali existentes enquanto lugar de origem. Segundo Oliveira (2017):

> O Humanismo em geografia sempre esteve na vanguarda da crítica e negação das tiranias acadêmicas, como o cientificismo, o positivismo e o economicismo, apregoando como valor para ciência o homem em sua condição humana, tanto como indivíduo (Ser), quanto como coletividade (Cultura). Por esse caminho, a geografia se abre para as humanidades, as artes e uma perspectiva humana e social da relação homem-meio e sociedade-natureza. Os valores éticos da preservação do ambiente e da justiça social são requalificados enquanto valores humanistas, que só fazem sentido de ser na medida em que estão sintonizados com uma visão holística e abrangente do homem e do mundo (Oliveira, 2017, p. 82).

A Geografia Humanista nos possibilita estreitar alguns laços interdisciplinares, dialogando com outras formas de conhecimento e perceber um mesmo fenômeno. O Humanismo, nessa perspectiva, representa, conforme Oliveira (2017, p. 82), "parte essencial do pensamento sobre o espaço e o homem, mas ainda é marginalmente conhecido tanto entre geógrafos quanto entre cientistas". Lívia de Oliveira levanta uma problemática referente ao conhecimento do Humanismo em Geografia, o que, por sua vez, reflete-se nos materiais de ensino de Geografia e, inclusive, na própria formação do/a geógrafo/a para atuar na educação básica.

Essa base interdisciplinar, que percorre da Filosofia à Psicologia, direciona-nos para uma Geografia Humanista, em que imaginação, incertezas e potencialidades — dimensões próprias da existência — começam a fazer parte das práticas de ensino. Essa ludicidade interdisciplinar, alinhada ao sentido humanista, sugere, antes de qualquer coisa, o autorreconhecimento referente à Geografia não somente como ciência, mas como filosofia para o entendimento de nossa existência, entendimento da vida compartilhada e de que, enquanto prática de ensino, possui responsabilidades, de modo que somos, segundo Sartre (2014), nossos agentes decisivos de nosso destino[15].

[15] Conforme o filósofo: "Humanismo, porque lembramos ao homem que não há outro senão ele mesmo, e que é no desemparo que ele decidirá por si mesmo; e porque mostramos que não é voltando-se para si mesmo, mas sempre buscando fora de si um fim que consiste nessa liberação, nesta realização particular, que o homem se realizará precisamente como humano" (Sartre, 2014, p. 23).

A partir desse entendimento, cabe esclarecer que o Humanismo, como base de nossas ações de ensino e ludicidade pedagógica, é uma proposta que se vincula às problemáticas ambientais do tempo atual. Trata-se de dizer que, enquanto educadores(as), há necessidade de um retorno às nossas bases, uma espécie de arqueologia de/em nós mesmos, não somente no sentido acadêmico e científico, mas, sobretudo, de um retorno ao íntimo aspecto do *pertencimento* que habita cada um de nós de que, por fim, compartilhamos um espaço em comum, a Terra.

Geografia e percepção do meio ambiente em contexto escolar

Duas pessoas não veem a mesma realidade.
(Tuan, 2012)

Nesta parte do artigo vamos dialogar com o sentido de Geografia e percepção já trabalhados, mas, agora, trazendo algumas experiências em contexto escolar. A reação desse encontro entre Geografia e percepção já renderam alguns frutos de pesquisas, porém, ainda muito tímido no cenário amazônico. Podemos destacar, nesse contexto, pesquisadores como Figueiredo Filho (2013); Pantoja (2015); Moreira (2017); Ferreira (2017); e Silva (2020a; 2020b), que são alguns nomes que podemos citar da Geografia que há um certo tempo se propõem a este mergulho humanista sob bases fenomenológicas e, com isso, associando essa perspectiva a práticas de ensino.

Nesse sentido, segundo Silva (2020a):

> Isso implica em falarmos de uma formação educacional que in(corpo)re o trato sensível dos primeiros passos antes do lançar-se ao mundo da educação formal e do trabalho, rompendo, em certa medida, com as perspectivas educacionais em geografia apressadas que, como é de costume, lançam rapidamente o ser para o mundo. Portanto, é preciso falar sobre a formação geológica, a influência climática, a formação fitogeográfica da várzea, mas é também fundamental dialogar – dentro do processo de formação do Professor – sobre a importância da dimensão dos "espaços íntimos" que, segundo Bachelard (1984), são essenciais para a formação primeira de uma consciência de responsabilidade com o espaço do outro, lembrando aquilo que Lévinas (1997) definiu como "alteridade" (Silva, 2020a, p. 285).

O tema de pesquisa, aqui proposto, refere-se, a partir dessa perspectiva de ensino de Geografia, às problemáticas ambientais atuais que, conforme Marandola Jr. (2021), são, ao mesmo tempo, problemas referentes ao nosso sentido de existência. Silva (2020a) e Marandola Jr. (2021) referem-se ao debate por perspectivas que avancem muito mais em termos de uma salutar relação entre sociedade-natureza do que meramente mercadológica.

É necessário, portanto, tomar consciência da diferenciação epistemológica e prática entre o uso comum dos recursos naturais e recursos naturais de livre acesso, de acordo com Ostrom (2000), considerando, nessa visão, o respeito e valorização dos saberes locais como base para melhor gestão, políticas públicas e planejamento socioambiental. Trazendo para a realidade amazônica, conforme descrevem Rocha *et al.* (2016), podemos entender da seguinte maneira:

> A participação social é condição básica e indispensável para o alcance do desenvolvimento. A participação social consiste em um processo de envolvimento coletivo que emergiu a partir dos anos 90 e está associado, por um lado, à abertura externa, ao processo de globalização e à integração e de crise dos Estados Nacionais; associa-se, por outro lado, aos movimentos de abertura interna, de democratização no Brasil que promoveram a reforma político-administrativa e a descentralização das ações públicas (Rocha *et al.*, 2016, p. 18).

Ostrom (2000), ao tratar o que Rocha *et al.* (2016) denominam "participação social", lança-nos aos desafios de repensar possíveis soluções para os problemas socioambientais, envolvendo, sobretudo, o uso irresponsável dos recursos naturais. Ostrom (2000), economista norte-americana, relata que as experiências e os saberes locais, pautados na tradição e, muitas vezes, pela oralidade, podem contribuir de forma significativa para tais problemáticas:

> Quando as unidades de recursos são altamente valorizadas e muitos atores se beneficiam apropriando-se (colhendo-os) para consumo, troca, ou como fator de um processo de produção, as apropriações feitas por um indivíduo são prováveis para criar externalidades negativas para os outros. Recursos não renováveis, como óleo, pode ser retirado em uma descoordenada corrida que reduz a quantidade das unidades de recursos que podem ser retiradas e aumentando muito o custo de apropriação. Recursos renováveis, como a

> pesca, podem sofrer administração dentro de um período de tempo, mas também pode ser tão colhido que o estoque gerando um fluxo de unidades de recursos está destruído. Um desregulado, recurso de uso comum de acesso aberto gerando unidades de recursos altamente valorizadas é provável que seja usado em excesso e pode até ser destruído se o uso excessivo destruir o estoque ou a instalação que gera o fluxo de unidades de recursos[16] (Ostrom, 2000, p. 30, tradução nossa).

Essa perspectiva é trabalhada por muitos/as pesquisadores/as amazônicos/as, como Rocha *et al.* (2016) e Moraes (2015), que, cada um à sua maneira, trazem a importância da análise e descrição das práticas do cotidiano e dos saberes tradicionais nos diálogos a respeito dos problemas socioambientais. Aliado a isso, alguns princípios da EA, conforme Dias (2013), podem nos auxiliar nesse processo, entendendo que, a partir de uma análise local, podemos desenvolver estratégias para conservação ambiental, de forma que "os grupos locais podem ser muito mais eficientes que o Estado na 'fiscalização' do cumprimento de um determinado acordo e no controle do uso de bens públicos ou dos recursos naturais", segundo Marcatto (2002, p. 12). Não se trata de excluir ou negar as responsabilidades do Estado, mas de trazer ao debate suas implicações práticas com o neoliberalismo e como essa parceria público-privado vem administrando os recursos naturais de uso comum para vida, conforme Farias *et al.* (2012):

> É neste contexto de superexploração da natureza que afloram problemas socioambientais de toda ordem. Desde as mudanças climáticas globais onde podem ser situados os furacões cada vez mais violentos na América Central e do Norte, secas na parte ocidental da Amazônia, passando por conflitos entre citadinos, ribeirinhos, índios, além de outros atores sociais e empreendimentos hidrelétricos no Brasil e no mundo. Do mesmo modo que tem se estabelecido um difícil combate ao desmatamento e crimes cometidos pela posse de terras [...] (Farias *et al.*, 2012, p. 12).

[16] Original: "When resource units are highly valued and many actors benefit from (harvesting them) for consumption, option, exchange, or as a factor in a production process, appropriations made by one individual are likely to create externalities for others. Non-renewables, such as oil, can be withdrawn in an amount of resources that can be withdrawn and increase the cost of ownership. Renewables such as fisheries can undergo management within a period of time, but they can also be harvested so much that the stock generating a flow of resource units is destroyed. An open-access common resource pool or open-flow resource can be used in excessively destructive or recurring resource-flow resources". Disponível em: https://onlinelibrary.wiley.com/doi/epdf/10.1002/j.1662-6370.2000.tb00285.x. Acesso em: 20 set. 2022.

Trata-se de uma crítica ao atual modelo de desenvolvimento que, ao invés de gerar o que se idealiza, faz da natureza e das populações degraus para o fortalecimento da exploração desenfreada e, muitas vezes, ilegal dos recursos naturais. A partir disso, o município de São Francisco do Pará torna-se nosso lócus de pesquisa por duas razões específicas: 1) por conta de minha atuação enquanto professora da rede municipal de ensino, no fundamental II e, por essas vias, conhecedora de problemáticas de cunho socioambiental que afetam diretamente os espaços escolares; 2) por conta dos avanços de atividades econômicas que podem acelerar significativas transformações ambientais, em destaque para questão climática, já percebida, nesse caso, nos espaços escolares.

A Geografia, aliada à ideia de percepção, é uma importante base para o entendimento das dimensões anteriormente citadas como pressupostos de problemas socioambientais. Evidentemente, os problemas são diversos e incluem diversões que fogem do espaço e do tempo deste breve estudo, mas, com destaque para a Escola Municipal de Ensino Fundamental (EMEF) Raposo Tavares, no município de São Francisco do Pará, podemos citar a questão do conforto térmico, onde as salas, principalmente durante a tarde, são quentes e, portanto, desconfortáveis para um bom rendimento de estudos.

Logo, as experiências, desde as sensações de variações térmicas ao desmatamento de áreas verdes, podem ser consideradas em nossas análises. A partir do vasto campo da Geografia em sua interface com os estudos ambientais, podemos destacar a interdisciplinaridade como importante instrumento para o melhor entendimento e sistematização das problemáticas ambientais. De tal maneira, o geógrafo sino-americano Yi-Fu Tuan (2012) nos leva a considerar, pelo menos, quatro dimensões, importantes à consciência de elo afetivo com paisagens e lugares, que ele vai chamar de “topofilia” (Figura 1).

Figura 1 – Desenho de um estudante de 15 anos de idade, nono ano

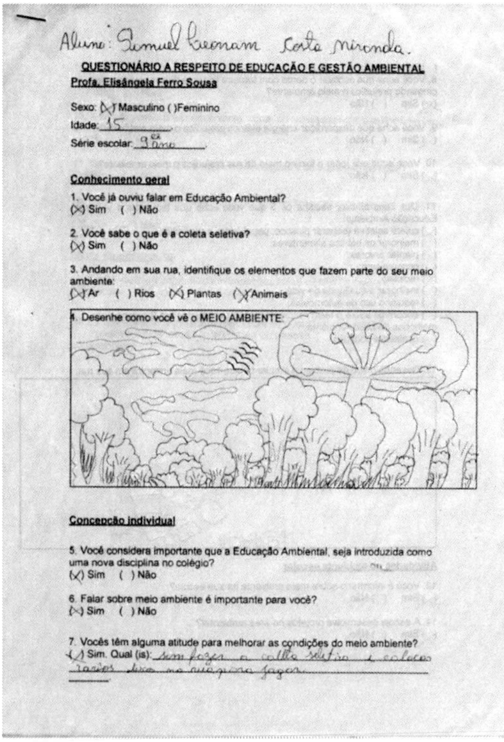

Aluno: Samuel Leonam Costa Miranda.

QUESTIONÁRIO A RESPEITO DE EDUCAÇÃO E GESTÃO AMBIENTAL
Profa. Elisângela Ferro Sousa

Sexo: (X) Masculino ( )Feminino
Idade: 15
Série escolar: 9º ano

Conhecimento geral

1. Você já ouviu falar em Educação Ambiental?
(X) Sim ( ) Não

2. Você sabe o que é a coleta seletiva?
(X) Sim ( ) Não

3. Andando em sua rua, identifique os elementos que fazem parte do seu meio ambiente:
(X) Ar ( ) Rios (X) Plantas (X) Animais

4. Desenhe como você vê o MEIO AMBIENTE:

Concepção individual

5. Você considera importante que a Educação Ambiental, seja introduzida como uma nova disciplina no colégio?
(X) Sim ( ) Não

6. Falar sobre meio ambiente é importante para você?
(X) Sim ( ) Não

7. Vocês têm alguma atitude para melhorar as condições do meio ambiente?
(X) Sim. Qual (is):

Fonte: estudante da EMEF Raposo Tavares, São Francisco do Pará-PA

A preocupação de Tuan (2012) é com a "formação e a natureza das atitudes e valores positivos", de tal maneira que, ao se propor que o estudante desenhasse o que ele entende por "meio ambiente", ele, imediatamente, representa uma espécie de floresta densa, típica de nossa região, com árvores de grande porte e folhas largas. Uma floresta é desenhada como sinônimo de "meio ambiente".

Os valores desse estudante referente à floresta podem positivos, no sentido de ser algo importante de se manter e respeitar. Por outro lado, pode demonstrar a simplificação do entendimento referente ao que é "meio ambiente". Segundo Tuan (2012), meio ambiente é tudo que está a nossa volta, cerca-nos e permite-nos uma certa "visão de mundo". Logo, há necessidade de uma explanação mais aprofundada a respeito de meio ambiente na perspectiva humanista proposta, por exemplo, por Tuan (2012). O geógrafo, em relação à percepção do meio ambiente, nos diz:

> Percepção é tanto a resposta dos sentidos aos estímulos externos como a atividade proposital, na qual certos fenômenos são claramente registrados, enquanto outros retrocedem para a sombra ou são bloqueados. Muito do que percebemos tem valor para nós, para a sobrevivência biológica, e para propiciar algumas satisfações que estão enraizadas na cultura (Tuan, 2012, p. 18).

A percepção, segundo Tuan (2012, p. 18), está fortemente ligada à "atitude" que, conforme o geógrafo, seria "uma postura cultural, uma posição que se toma frente ao mundo". Partindo desse princípio, o referido estudante desenvolve um outro desenho, referente aos problemas socioambientais que ele percebe no cotidiano (Figura 2):

Figura 2 – Desenho de um estudante de 15 anos de idade, nono ano

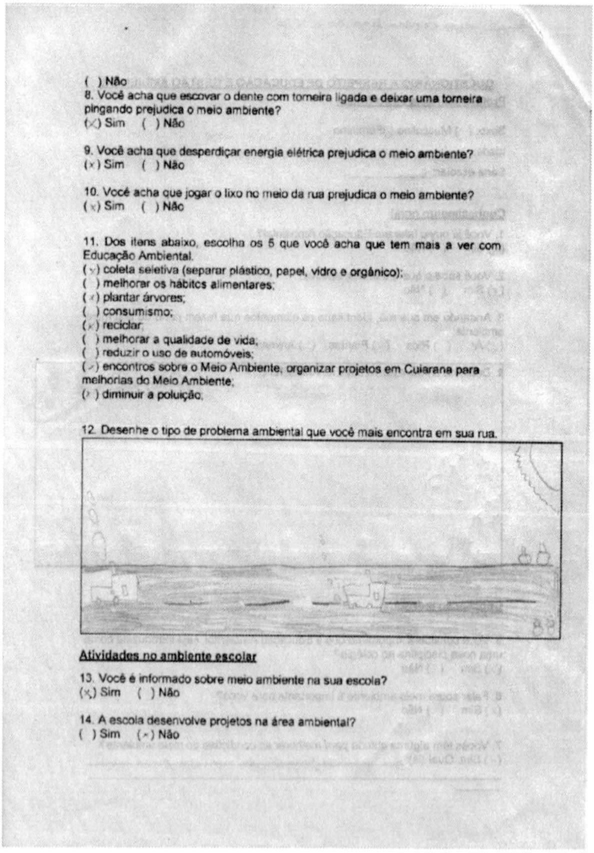
( ) Não
8. Você acha que escovar o dente com torneira ligada e deixar uma torneira pingando prejudica o meio ambiente?
(x) Sim ( ) Não

9. Você acha que desperdiçar energia elétrica prejudica o meio ambiente?
(x) Sim ( ) Não

10. Você acha que jogar o lixo no meio da rua prejudica o meio ambiente?
(x) Sim ( ) Não

11. Dos itens abaixo, escolha os 5 que você acha que tem mais a ver com Educação Ambiental.
(x) coleta seletiva (separar plástico, papel, vidro e orgânico);
( ) melhorar os hábitos alimentares;
(x) plantar árvores;
( ) consumismo;
(x) reciclar;
( ) melhorar a qualidade de vida;
( ) reduzir o uso de automóveis;
(x) encontros sobre o Meio Ambiente, organizar projetos em Cuiarana para melhorias do Meio Ambiente;
(x) diminuir a poluição;

12. Desenhe o tipo de problema ambiental que você mais encontra em sua rua.

Atividades no ambiente escolar

13. Você é informado sobre meio ambiente na sua escola?
(x) Sim ( ) Não

14. A escola desenvolve projetos na área ambiental?
( ) Sim (x) Não

Fonte: estudante da EMEF Raposo Tavares, São Francisco do Pará-PA

A arborização precária, o crescimento urbano desordenado e a poluição liberada pelos veículos são alguns problemas percebidos pelo jovem estudante. Problemas esses que chamam sua atenção e o fazem representar não somente um desenho em si, mas a sua "visão de mundo", como diria Tuan (2012), referente às problemáticas que afetam a cidade onde ele mora. Em certo sentido, o estudante sente aversão, não diretamente ao lugar, mas de como esta paisagem é organizada contendo esses problemas.

Lívia de Oliveira diz:

> Daí, em nossa visão ambiental, desenvolvermos um elo efetivo profundo, indissociável, que Tuan, com base em Bachelard, denominou de topofilia. Esse conceito foi difundido entre todos aqueles que lidam com meio ambiente, experienciado e conceitualizado, mediante uma visão do mundo. A topofilia é uma atitude, um valor, um atributo tanto individuais quanto coletivo. Assim, como as pessoas desenvolvem elos positivos em relação ao lugar, também se relacionam com ele negativamente (Oliveira, 2017, p. 90).

Lívia de Oliveira, ao trabalhar com relação percepção do meio ambiente, desenvolvimento cognitivo e geografia, reforça a ideia de Yi-Fu Tuan sobre o neologismo "topofilia", com importantes bases da psicologia em prol "de melhorar as condições da qualidade de vida, de compreender os mecanismos perceptivos e cognitivos com que o homem [...] relaciona-se com seu meio" (Oliveira, 2017, p. 90). Por conseguinte, o que se trata aqui não é o *porquê*, mas, sim *como* se percebe o meio ambiente, isto é, a partir da contextualização cultural, seja do indivíduo, seja do coletivo. Nesse sentido, vejamos um outro desenho (Figura 3):

Figura 3 – Desenho de uma estudante de 14 anos de idade, nono ano

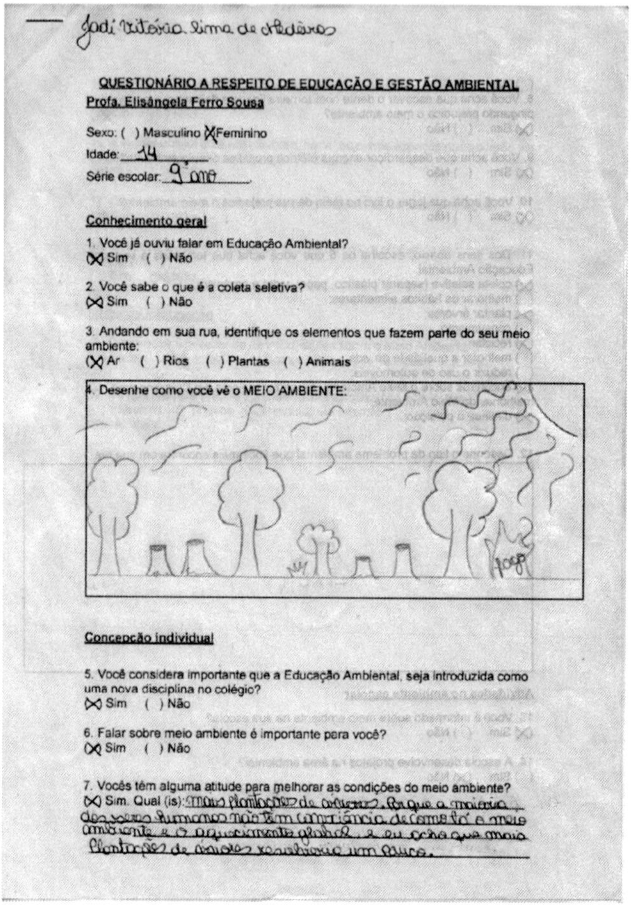

QUESTIONÁRIO A RESPEITO DE EDUCAÇÃO E GESTÃO AMBIENTAL
Profa. Elisângela Ferro Sousa

Sexo: ( ) Masculino (X) Feminino
Idade: 14
Série escolar: 9º ano

Conhecimento geral

1. Você já ouviu falar em Educação Ambiental?
(X) Sim ( ) Não

2. Você sabe o que é a coleta seletiva?
(X) Sim ( ) Não

3. Andando em sua rua, identifique os elementos que fazem parte do seu meio ambiente:
(X) Ar ( ) Rios ( ) Plantas ( ) Animais

4. Desenhe como você vê o MEIO AMBIENTE:

Concepção individual

5. Você considera importante que a Educação Ambiental, seja introduzida como uma nova disciplina no colégio?
(X) Sim ( ) Não

6. Falar sobre meio ambiente é importante para você?
(X) Sim ( ) Não

7. Vocês têm alguma atitude para melhorar as condições do meio ambiente?
(X) Sim. Qual (is): Mais plantações de árvores. Porque a maioria dos seres humanos não têm consciência de como tá o meio ambiente e o aquecimento global. E eu acho que mais plantações de árvores resolveria um pouco.

Fonte: estudante da EMEF Raposo Tavares, São Francisco do Pará-PA

A jovem estudante, diferentemente de seu colega, representa uma floresta, mas com problemas ligados ao desmatamento e queimadas. A estudante, conforme Tuan (2012) e Oliveira (2017), está trazendo sua percepção do meio ambiente, ou seja, sua relação via experiência para a consciência de que, sobretudo hoje, a floresta sofre com grandes situações que atingem sua própria realidade geográfica. O meio ambiente mais uma vez é a floresta, mas recheado por valor negativo, de aversão não à floresta, mas ao que está acontecendo com ela. Em um outro desenho, podemos confirmar que o meio ambiente está quase sempre ligado à ideia de floresta (Figura 4).

Figura 4 – Desenho de uma estudante de 16 anos de idade, nono ano

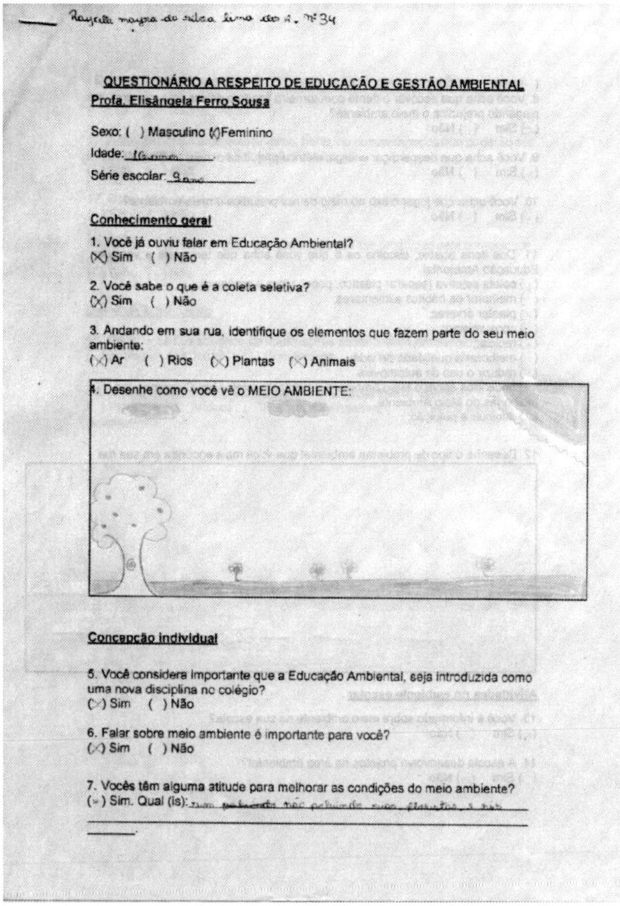

QUESTIONÁRIO A RESPEITO DE EDUCAÇÃO E GESTÃO AMBIENTAL
Profa. Elisângela Ferro Sousa

Sexo: ( ) Masculino (X)Feminino
Idade: 16 anos
Série escolar: 9 ano

Conhecimento geral

1. Você já ouviu falar em Educação Ambiental?
(X) Sim ( ) Não

2. Você sabe o que é a coleta seletiva?
(X) Sim ( ) Não

3. Andando em sua rua, identifique os elementos que fazem parte do seu meio ambiente:
(X) Ar ( ) Rios (X) Plantas (X) Animais

4. Desenhe como você vê o MEIO AMBIENTE:

Concepção individual

5. Você considera importante que a Educação Ambiental, seja introduzida como uma nova disciplina no colégio?
(X) Sim ( ) Não

6. Falar sobre meio ambiente é importante para você?
(X) Sim ( ) Não

7. Vocês têm alguma atitude para melhorar as condições do meio ambiente?
(X) Sim. Qual (is): ______

Fonte: estudante da EMEF Raposo Tavares, São Francisco do Pará-PA

Os desenhos demonstram a necessidade de um trabalho mais apurado acerca do conceito e prática de "meio ambiente", trazendo para os diálogos dentro e fora de sala questões que envolvem as atitudes, valores, visão de mundo e a percepção do meio ambiente, justamente para que os estudantes possam compreender que o meio ambiente não é somente as florestas, os rios, enfim, os elementos físicos da natureza, mas, conforme Tuan (2012), é todo envolvimento do indivíduo e sociedade com o lugar, sendo, portanto, aquilo que provoca preocupação e uma certa "inquietação geográfica", como diria Dardel (2015), em que problemas são evidenciados em prol de soluções (Figura 5).

Figura 5 – Desenho de uma estudante de 16 anos de idade, nono ano

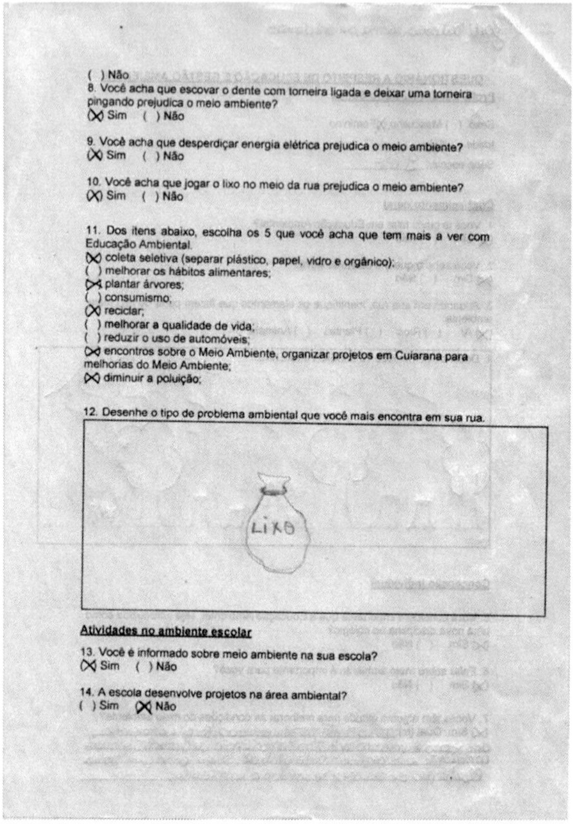
( ) Não
8. Você acha que escovar o dente com torneira ligada e deixar uma torneira pingando prejudica o meio ambiente?
(X) Sim ( ) Não

9. Você acha que desperdiçar energia elétrica prejudica o meio ambiente?
(X) Sim ( ) Não

10. Você acha que jogar o lixo no meio da rua prejudica o meio ambiente?
(X) Sim ( ) Não

11. Dos itens abaixo, escolha os 5 que você acha que tem mais a ver com Educação Ambiental.
(X) coleta seletiva (separar plástico, papel, vidro e orgânico);
( ) melhorar os hábitos alimentares;
(X) plantar árvores;
( ) consumismo;
(X) reciclar;
( ) melhorar a qualidade de vida;
( ) reduzir o uso de automóveis;
(X) encontros sobre o Meio Ambiente, organizar projetos em Cuiarana para melhorias do Meio Ambiente;
(X) diminuir a poluição;

12. Desenhe o tipo de problema ambiental que você mais encontra em sua rua.

Atividades no ambiente escolar

13. Você é informado sobre meio ambiente na sua escola?
(X) Sim ( ) Não

14. A escola desenvolve projetos na área ambiental?
( ) Sim (X) Não

Fonte: estudante da EMEF Raposo Tavares, São Francisco do Pará-PA

A mesma estudante do desenho anterior, da floresta sendo destruída, representa um dos principais problemas de sua realidade, e, ao seu ver, um problema urgente que, se não for sanado de forma eficiente, pode causar outros mais. De fato, o lixo e seu tratamento adequado, em muitas cidades brasileiras, é um problema. As diferenças sobre uma mesma questão envolvem, também, a percepção referente a esse fenômeno, afinal, como diria Tuan (2012, p. 21), "duas pessoas não veem a mesma realidade. Nem dois grupos sociais fazem exatamente a mesma avaliação do meio ambiente".

Em meio a esse contexto, a Geografia, em seu horizonte interdisciplinar, pode dialogar, embora com carga horária reduzida, com a Educação Ambiental, geralmente ministrada pelos/as professores/as de ciências (Biologia, Química e Física), mas que em nada nos impede de realizarmos diálogos frutíferos em prol de uma perspectiva humanista, conforme foi desenvolvido.

CONCLUSÃO

A região amazônica necessita de estudos sob esse viés, de modo que, a partir da realidade de São Francisco do Pará, localizado no estado que mais provoca desflorestamento na região, podemos utilizar fatores locais como norte de medidas menos impactantes para o meio ambiente, com a participação de agentes locais e da população em geral, com o objetivo de implementar alternativas, diagnósticos e avaliação dos resultados:

- Realização de métodos de pesquisa e aulas práticas com os alunos para potencializar os conhecimentos, alunos como os principais produtores de métodos de conscientização;
- Trabalhar o conceito de paisagem com fotografias antigas e atuais da escola e seu entorno, envolvendo a realidade da cidade;
- Produzir uma cartilha informando práticas, saberes, experiências e resultados para um bom funcionamento do meio ambiente local e forma educativas de conservação, no contexto escolar e municipal.

Trata-se de trazer ao debate geográfico uma perspectiva ambiental que incorpore as relações sociais com a dinâmica da paisagem e com o lugar, isto é, com os elementos constituintes do meio ambiente, os recursos naturais e outras formas de apropriação da natureza, bem como gerar diagnósticos, instrumentos e resultados que possam viabilizar uma relação salutar entre sociedade-natureza a partir da percepção do meio ambiente.

A partir de experiências no município de São Francisco do Pará, pode-se observar o avanço de atividade econômicas (agronegócio, por exemplo) que, por vezes, podem prejudicar os ecossistemas locais. Ambientes esses dos quais boa parte da população depende, em diversas áreas, para o sustento ou subsistência familiar. Relações que provocam desequilíbrio ambiental e que, por sua vez, afetam diretamente na qualidade de vida desta população. Esse fenômeno é percebido não somente por quem visita a cidade, mas, evidentemente, pelos que vivem nela e, de forma mais pontual, no caso desta proposta de pesquisa, pelos estudantes da rede municipal de ensino, com destaque para desconforto térmico presente nas escolas.

Trata-se, portanto, de uma avaliação preliminar em um contexto geográfico em que as questões ambientais, por via das diversas percepções, estão fortemente vinculadas à importante noção de preservação e sentido relacional com a natureza. A partir da percepção dos estudantes, podemos observar sentidos diversos que correspondem a práticas educacionais familiares e escolares, de modo que muitos, por sua vez, acabam por associar problemas relacionados ao lixo nas ruas. Uma outra questão a se analisar é o fato de que muitos alunos não se percebem fazendo parte da "natureza", como se fosse algo distante ou tão somente árvores e rios, por exemplo.

São problemáticas que precisamos destacar em nossas aulas de Geografia e, de forma interdisciplinar, agregar diferentes maneiras e estratégias de ensino que possam evidenciar nossa importante relação sociedade-natureza. A leitura crítica do livro didático ou ir para além dessa maneira em diálogos constantes com os estudantes é uma das maneiras que temos para alcançar esses objetivos. Evidentemente que trata-se de uma tarefa árdua, de modo que uma outra proposta seria a organização de grupos de estudos com professores e estudantes interessados por essa temática, elaborando, a partir daí e em conjunto, novas estratégias que tenham como referência a realidade local.

REFERÊNCIAS

CRUZ, V. C. Territórios, identidades e lutas sociais na Amazônia. *In*: Frederico Guilherme Bandeira Araújo; Rogério Haesbaert (org.). **Identidades e Territórios**: questões e Olhares Contemporâneos. 1. ed. Rio de Janeiro-RJ: Access, 2007, p. 93-122.

DARDEL, E. **O homem e a Terra:** natureza da realidade geográfica**.** Tradução de Werther Holzer. São Paulo: Perspectiva, 2015.

FARIAS, A. L. A. *et al.* **Introduzindo o debate sobre Gestão dos Recursos Naturais e Desenvolvimento Local.** *In:* FARIAS, A. L. A. *et al.* (org.) Gestão de recursos naturais e desenvolvimento local. 14. ed. Belém: Numa/UFPA, 2012, v. 1, p. 11-17.

FERREIRA, R. B. Fenomenologia da paisagem: prolegômenos de uma geografia das essências. **Revista do Nufen**, v. 9, n. 2, p. 63-74, 2017.

FIGUEIREDO FILHO, J. B. Mapeamento participativo e a análise de paisagens como instrumento de gestão dos recursos naturais dos manguezais. *In*: SEMANA

DE GEOGRAFIA DA UNICAMP, 9., Campinas, 11-14 nov. 2013. **Anais** [...]. Campinas: Unicamp, 2013, p. 96-100, Disponível em: https://ocs.ige.unicamp.br/ojs/semanageounicamp/article/view/3466/3333. Acesso em: 18 fev. 2025

GODOY, A. S. **Introdução à pesquisa qualitativa e suas possibilidades.** RAE - Revista de Administração de Empresas, São Paulo, v. 35, n. 2, p. 57-63, 1995.

HOLZER, W. O conceito de lugar na geografia cultural humanista. **GEOgraphia** (UFF), Niterói, v. 5, n. 10, p. 113-123, 2003.

INSTITUTO BRASILEIRO DE GEOGRAFIA E ESTATÍSTICA (IBGE). **Cidades.** 2021. Disponível em: https://cidades.ibge.gov.br/brasil/pa/sao-francisco-do-para/panorama/. Acesso em: 12 de março de 2025.

LOUREIRO, V. R. Amazônia: uma história de perdas e danos, um futuro a (re) construir. **Revista de Estudos Avançados**, São Paulo, v. 16, p. 107-121, 2002. Disponível em: https://doi.org/10.1590/S0103-40142002000200008. Acesso em: 18 fev. 2025.

MARCATTO, C. **Educação ambiental: conceitos e princípios** - Belo Horizonte: FEAM, 2002. 64 p.: il.

MARCONI, M. A; LAKATOS, E. M. **Fundamentos da Metodologia Científica**. São Paulo: Editora Atlas, 2003.

MARANADOLA JR., E. **Fenomenologia do ser-situado:** crônicas de um verão tropical urbano. São Paulo: Editora Unesp, 2021.

MERLEAU-PONTY, M. (1994). **Fenomenologia da percepção** (C. Moura, Trad.). São Paulo: Martins Fontes. (Texto original publicado em 1945)

MOREIRA, F. F. Lugares no movimento: experiências estudantis na migração pendular para o Campus X - UEPA/Igarapé-Açu (PA). **Geograficidade**, v. 7, n. 1, p. 89-107, 2 out. 2017.

OLIVEIRA, L. **Percepção do meio ambiente e geografia**: estudos humanistas do espaço, da paisagem e do lugar. São Paulo: Cultura Acadêmica, 2017.

OSTROM, E. Reformulando o comum. **Swiss Political Science Review**, v. 6, n. 1, p. 29-52, 2000. Disponível em: http://dx.doi.org/10.1002/j.1662-6370.2000.tb00285.x, acesso em: 18 fev. 2025.

PANTOJA, W. W. R. Educação do Campo à beira da "Faixa": A (in)existência do lugar como espacialização do fenômeno. **GeoTextos,** [*s. l.*], v. 11, n. 2, p. 195-208, 2015. DOI: 10.9771/1984-5537geo.v11i2.13375. Disponível em: https://periodicos.ufba.br/index.php/geotextos/article/view/13375. Acesso em: 18 fev. 2025.

ROCHA, G. M. *et al.* Aprendizagem territorial. *In:* ROCHA, G. M. *et al.* (org.). **Aprendizagem territorial:** dinâmicas territoriais, participação social e ação local. Belém: NUMA/UFPA, 2016.

SARTRE, J. P. (2014). **O ser e o nada: Ensaio de ontologia fenomenológica** (23a ed.). Petrópolis, RJ: Editora Vozes. (Originalmente publicado em 1943).

SANTAELLA, Lucia. **O papel do lúdico na aprendizagem.** Revista Teias, Rio de Janeiro, v. 13, n. 30, p. 11 pgs., 2012. Disponível em: https://www.e-publicacoes.uerj.br/revistateias/article/view/24277. Acesso em: 13 mar. 2025.

SILVA, F. K. R. da. Educação geográfica entre o rio e a floresta: experiências em uma comunidade ribeirinha na Amazônia-Marajoara (Pará). **Revista Educação e Cultura Contemporânea,** [*s. l.*], v. 17, n. 48, p. 278-298, 2020. Disponível em: https://mestradoedoutoradoestacio.periodicoscientificos.com.br/index.php/reeduc/article/view/7142. Acesso em: 18 fev. 2025.

SILVA, F. K. R. da. Geografia e ensino: um olhar humanista. **InterEspaço**: Revista de Geografia e Interdisciplinaridade, [*s. l.*], v. 4, n. 15, p. 391-405, 2019 Disponível em: https://periodicoseletronicos.ufma.br/index.php/interespaco/article/view/9446. Acesso em: 18 fev. 2025.

SILVA, F. K. R. da. **Memória, percepção e experiência**: a geopoética do habitar ribeirinho na Amazônia-Marajoara (Pará). Curitiba: Editora CRV, 2020b.

TUAN, Y.-F. **Topofilia:** um estudo da percepção, atitudes e valores do meio ambiente. Tradução de Lívia de Oliveira. Londrina: Eduel, 2012.

INTEGRAÇÃO PAISAGEM-SOLO E FORMAÇÃO CIDADÃ NO ENSINO DE GEOGRAFIA

Júlio Rodrigues Matos
Rita Denize de Oliveira
Cristina do Socorro Fernandes de Senna

INTRODUÇÃO

A pedologia é uma ciência recente, que estuda e analisa o processo de formação do solo, considerando seus agentes transformadores, que podem ser internos e externos, buscando classificá-los a partir de seu entendimento e forma, mapeando-os no espaço (Barros, 1990, p. 108; Kämpf; Curi, 2012, p. 8).

No decorrer da história humana, os povos foram acumulando conhecimentos acerca do solo: os egípcios da Antiguidade desenvolveram-se ao redor do Rio Nilo, que, após as cheias, deixava uma ampla porção de terra fértil, e os mesopotâmicos desenvolveram sistemas de irrigação ao redor dos rios Tigre e Eufrates para tornar o solo fértil. No século XIX, cientistas desenvolveram fertilizantes que tornavam o solo fértil para produção em massa de alimentos para atender ao crescimento populacional que a sociedade da época vivia (Lepsch, 2010, p. 15; Nachtigall, 2014, p. 10).

O naturalista e geólogo russo Vasili'evich Dokuchaev (1846-1903), durante os seus estudos no interior da Rússia de solos "chernozéns", foi o primeiro a reconhecer um perfil de solo com camadas com características distintas, superpostas à rocha mãe, identificando os horizontes A, B e C, resultantes da interação com outros elementos da paisagem (Espíndola, 2018, p. 30).

Buting (1965, p. 25) mostra que os elementos constituintes da paisagem são modeladores do solo: o clima local, os materiais de origem, os organismos vivos, o relevo, a altitude e, por fim, a idade de formação das rochas e dos processos de formação dos solos. Ou seja, o solo está inserido na paisagem, relacionando-se com outros elementos por meio dos processos pedogenéticos.

Bertrand (2004, p. 141) define a paisagem como uma porção do espaço resultante da combinação dinâmica e, portanto, instável, de elementos físicos, biológicos e antrópicos que, reagindo dialeticamente uns sobre os outros, fazem da paisagem um conjunto indissociável de elementos em perpétua evolução.

Para Campos (2012, p. 964), a relação solo-paisagem constitui um processo analítico importante para compreender os atributos do solo, bem como mapeá-los, uma vez que atributos topográficos e as classes de solos já conhecidas são úteis para melhorar a predição da ocorrência dos tipos de solos na paisagem.

O conceito de paisagem possui diversas concepções construídas com o avanço das pesquisas geográficas, na perspectiva da relação Homem-Natureza, ao longo do desenvolvimento da sociedade. Na Antiguidade, conforme demonstrado por Maximiano (2004, p. 84), a paisagem possuía um viés mais naturalista, atrelado às forças da natureza, exemplificado pelos egípcios e os romanos, que "organizavam" a natureza se apropriando dos elementos da paisagem, inserindo suas referências cosmológicas. Na segunda metade do século XIX, a paisagem sofre alterações em sua concepção com o advento das Escolas Geográficas, que abordavam o Determinismo e o Possibilismo.

Atualmente, deve-se compreender a paisagem de maneira contextualizada e interdisciplinar, pois, para entendê-la, dialoga-se com diversas áreas de conhecimento, sem que esta deixe de ser objeto do estudo geográfico. Portanto, a ciência geográfica estuda a paisagem, o espaço e suas interações entre os seus variados constituintes, como o clima, relevo, solo e as relações sociais, dialogando com várias áreas do conhecimento, sendo fundamental na formação crítica do discente, possibilitando ao docente o exercício da interdisciplinaridade na transmissão de conhecimento (Souza *et al.*, 2014, p. 9).

O ensino de solos é previsto pela Base Nacional Comum Curricular, documento que norteia o ensino fundamental e médio no Brasil desde 2017, no segundo e no sexto ano do ensino fundamental, destacando a morfologia, o uso e ocupação do solo. A visão interdisciplinar é fundamental para entender essa dinâmica, uma vez que permite aos educandos que assimilem os conhecimentos já existentes por meio de outras disciplinas correlatas (Lima, 2005, p. 391).

O trabalho prático deve ser incorporado como ferramenta importante para o ensino de solos, pois os aspectos físicos são facilmente observados e interpretados com os alunos. Para Compiani e Carneiro (1993, p. 90), o trabalho de campo desempenha na prática educativa quatro funções, conforme citado:

> *Ilustrativa*, cujo objetivo central é ilustrar os vários conceitos vistos na sala de aula; *motivadora*, onde o objetivo é motivar o aluno a estudar o tema; *treinadora*, que visa a orientar a execução de uma habilidade técnica, e *geradora de problemas*, que visa a orientar o aluno a resolver ou propor um problema (Compiani; Carneiro, 1993, p. 90).

Matos (2021) demonstra, a partir da aplicação dos conceitos supracitados, a prática de ensino de solos, por meio de experimentos com materiais de fácil aquisição, como copos e garrafas PET descartáveis, utilizados no trabalho de campo executado nas redondezas da Escola Bosque Eidorfe Moreira, contribuindo para a formação cidadã do aluno, ajudando na preservação da natureza e difundindo a educação ambiental na comunidade.

No experimento realizado durante a Semana de Solos na Escola Bosque, foi mostrado como a vegetação evita a intemperização e erosão do solo, reforçando a importância da vegetação para o solo. Na visita de campo às falésias, foram identificadas as características físicas como cor, estrutura e a textura do solo. As experiências sensoriais foram decisivas no processo de aprendizagem do aluno, uma vez que esses fenômenos são facilmente observados percebido pelos sentidos.

Dessa forma, o objetivo deste trabalho é contribuir com o ensino de solos de uma maneira integradora dentro do estudo da paisagem, discutindo as interações entre a paisagem e o solo, de modo que abranja as suas propriedades físico-químicas inicialmente por meio de experiências sensoriais, seguido posteriormente por análises de laboratório e relacionando com o que é previsto na Base Nacional Comum Curricular, que é o documento que rege a educação brasileira desde 2017.

CARACTERIZAÇÃO DA ÁREA DE ESTUDO

A ilha de Caratateua, popularmente conhecida como ilha do Outeiro, localiza-se a 25 km de Belém, entre as latitudes 1° 12' e 1° 17'S e longitudes de 48° 25' e 48° 29' W. O acesso pela ilha pode ser feito por meio fluvial, por via terrestre ou por meio da ponte Éneas Martins, inaugurada no ano de 1986 e atualmente em reforma. A ilha é margeada pela Baía de Santo Antônio e pelo rio Maguari (Figura 1).

A ilha é constituída por depósitos sedimentares fluviomarinhos do Grupo Barreiras, de idade Mio-Plioceno, inserida na Unidade Geomorfológica Planície Fluviomarinha, que abrange também setores constituído de manguezais, praias, rios e igarapés, com deposição de sedimentos recentes, além de zonas de várzea (Farias, 2006; p. 21). Os terraços pleistocênicos, construídos a partir desses depósitos, são superfícies horizontais ou levemente inclinadas, com alturas chegando até 15 m, sendo modelados pela erosão costeira atual e limitados por declive ao longo de rios e oceanos. Durante o Quaternário, também ocorreram movimentos negativos de recuo das águas e outros positivos com o avanço do nível do mar, sempre modelando esses depósitos (Guerra, 1993, p. 409).

Figura 1 – Mapa de localização da ilha de Caratateua, com destaque para os pontos onde foram efetuadas as coletas de solo

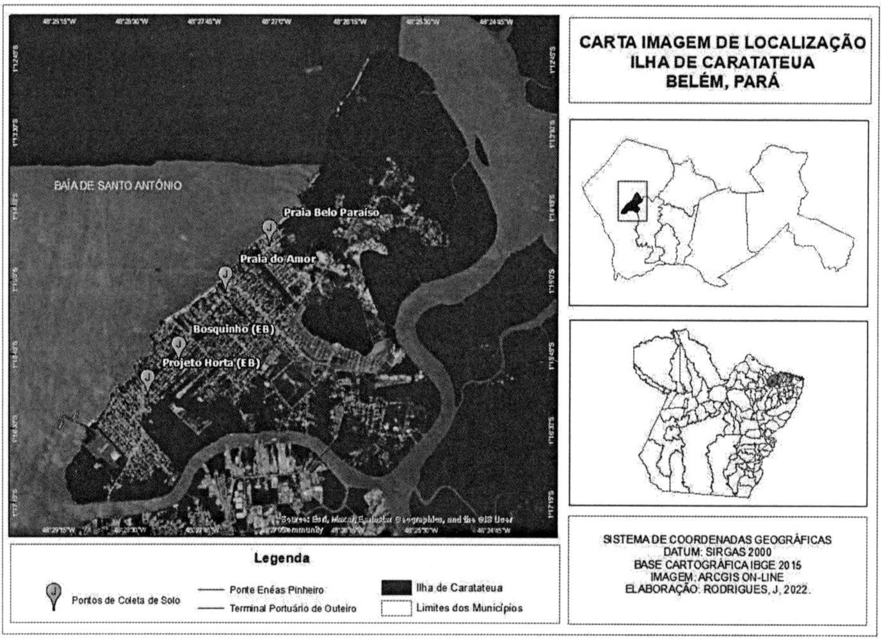

Fonte: os autores (2022)

As falésias ativas atuais (Figura 2) correspondem aos pedimentos pleistocênicos que envolvem a margem direita do estuário do Pará (Franzinelli, 1976; Farias, 2006, p. 24).

Os terraços pleistocênicos esculpidos em sedimentos areno-argilosos do Grupo Barreiras apresentam altimetria privilegiada variando até 15 m, apresentam-se em ambientes atualmente de terra firme com topos planos constituídos por Latossolo Amarelo, que são solos antigos, com baixa fertilidade química, porém, fisicamente bem estruturados, e certa homogeneidade textural ao longo do perfil na Unidade Franco Arenosa, ou textura média (Figura 2).

Figura 2 – Falésias ativas na borda da ilha de Caratateua, na Praia do Amor, evidenciando a classe dos Latossolos e está posicionado nas áreas mais elevadas, denominados Terraços Pleistocênicos

Fonte: a) Sirtoli (2007); b) os autores

Atualmente, a ilha passa por um processo de ocupação desordenada em virtude da expansão urbana da cidade de Belém, refletida por ocupações recentes, como observado na Praia do Belo Paraíso, onde os moradores aterraram ruas e outras áreas para a construção de moradias. Na Praia do Amor, as falésias sofrem intenso processo de erosão decorrentes da dinâmica costeira, além de serem depósitos irregulares de lixo, mostrando a ausência de políticas públicas para a ilha de Outeiro.

PROCEDIMENTOS METODOLÓGICOS

As coletas de solo foram realizadas em três locais da ilha de Caratateua, sendo duas coletas na Fundação Centro de Referência em Educação Ambiental Escola Bosque Professor Eidorfe Moreira, sendo uma coleta na área conhecida como Bosquinho e a outra na área do Projeto Horta. A terceira coleta foi realizada no topo da falésia da Praia do Amor, e a última ocorreu na Praia Belo Paraíso, em uma área de ocupação recente, que possui solo alterado devido aos aterros despejados pelos moradores para estabilizar a área para trânsito e construções de moradias.

As amostras foram coletadas com trado holandês e posteriormente colocadas sobre um suporte plástico horizontal para a montagem do perfil de acordo com a Figura 3, definido por camadas, descrevendo suas características morfológicas, respeitando a ordem das tradagens.

Figura 3 – Perfil montado a partir da coleta realizada com trado holandês na Praia Belo Paraíso, na ilha de Caratateua-PA

Fonte: os autores

As características morfológicas foram anotadas em ficha de descrição do solo, de acordo com Lemos (2006), identificando os seguintes elementos, conforme mostrados na Figura 4:

1. Tradagem;
2. Camada ou Horizonte – neste caso, considerou-se Camada, uma vez que não foi aberta nenhuma trincheira para a descrição de perfil;
3. Distância – o trado utilizado possui 1 m, e cada tradagem equivale a 10 cm;
4. Cor – obedecendo a carta de Munsell[17];
5. Textura – refere-se à composição granulométrica da amostra de solo;
6. Estrutura – refere-se ao arranjo das partículas da amostra de solo;
7. Consistência – refere-se ao grau de coesão baseado no nível de umidade da amostra, neste caso, úmido (pela *friabilidade*) ou quando molhado (pela *plasticidade* e pela *pegajosidade*);
8. Observações de composição, como a presença de raízes, atividades biológicas, presença de mosqueados (outras cores) e outros materiais.

Figura 4 – Imagem da ficha de descrição do solo utilizada durante o trabalho de campo para a caracterização do solo *in loco*

MUNICÍPIO:		**ÁREA:**	
Tradagem:	Camada:	Distância:	Cor do Munsell:
Textura: ( ) Arenosa ( ) Argilosa ( ) Areno-argilosa ( ) Argilo-arenosa ( ) Argilo-siltosa ( ) Areno-siltosa ( ) Silte-arenosa ( ) Silte-argilosa			
Estrutura: ( ) Granular ( ) Blocos angulares ( ) Blocos subangulares ( ) Laminar			
Consistência: ( ) Muito friável ( ) Friável ( ) Firme ( ) Muito firme			
Plasticidade: ( ) Não plástica ( ) Ligeiramente plástica ( ) Muito plástica			

[17] A Carta de Munsell reúne uma série de cores encontrada no solo baseada no matiz, valor e croma, possuindo aberturas para comparação visual em campo, sendo mundialmente utilizada, inclusive no Brasil (Guimarães, 2016, p. 13).

MUNICÍPIO: **ÁREA:**
Pegajosidade: ( ) Não pegajoso ( ) Ligeiramente pegajoso ( ) Pegajoso ( ) Muito pegajoso
Obs.: ( ) Cerâmica ( ) Carvão ( ) Lítico lascado ( ) Lítico polido ( ) Sementes ( ) Louca, metal, vidro
Presença de raízes: ( ) Finas ( ) Médias ( ) Grossas
Atividades biológicas: ( ) Minhocas ( ) Formigas ( ) Cupins

Fonte: adaptado de Lemos *et al.* (2005)

As amostras foram acondicionadas e posteriormente levadas ao Laboratório de Solos localizado no Campus de Pesquisa do Museu Paraense Emílio Goeldi, onde procedeu-se com as seguintes etapas: secagem ao ar e peneiramento com utilização de peneira de 1 mm para a separação de raízes e detritos, facilitando assim a análise das amostras, consecutivamente protocoladas e armazenadas. O arranjo em blocos obedeceu ao ponto de tradagem e profundidade, resultando em 43 amostras de solo (Tabela 1).

A análise granulométrica identificou as frações de tamanho de grão (areia, silte e argila) contidos nas amostras, sendo realizada utilizando o método da pipeta, pesando-se 20 g de TFSA, cuja dispersão é feita com o hidróxido de sódio, decantação por uma noite e agitação no dispersor, posteriormente despejados em tubos de ensaio de 1000 ml mostrados na Figura 5 (Embrapa, 2021).

Foi utilizada uma peneira de 0,212 mm para areia grossa e outra de 0,053 mm para areia fina. Foram coletados 10 ml da solução sobrenadante após o processo de decantação nos tubos de ensaio e despejados em cápsulas de cerâmica, seguindo para a secagem na estufa, juntamente com as amostras de areia, a uma temperatura de até 120 °C. Os recipientes foram pesados sem amostras e com amostras, sendo a diferença entre eles a quantificação das frações areia e argila. A concentração de silte é obtida pela expressão 100- (AF+AG+ARG), em que AF equivale a areia fina, AG a areia grossa e ARG a argila.

Figura 5 – Processo de decantação das amostras após agitação no dispersor. As amostras permanecem em descanso por 3h24min, posteriormente foram colhidos 10 ml do líquido sobrenadante e despejados em cápsulas de porcelana, levando as amostras diretamente para a estufa para o processo de secagem que dura uma noite

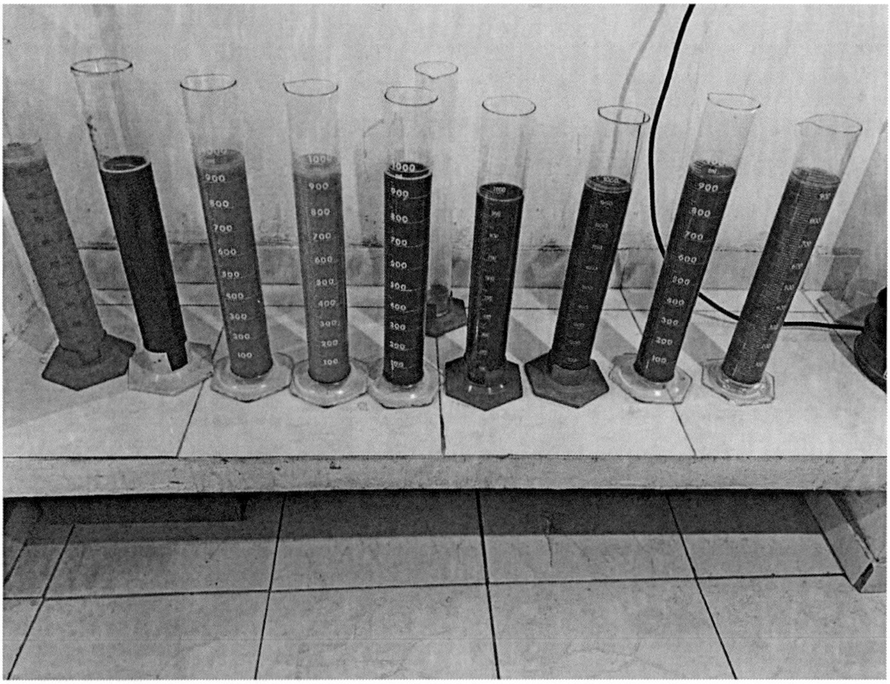

Fonte: os autores

As análises químicas têm por objetivo a determinação dos teores de nutrientes que podem influenciar a disponibilidade destes para as plantas, além de estarem fortemente relacionadas com a coloração do solo. A realização das análises seguiu uma sequência de etapas definidos pela Embrapa (2009), Brazão (2018) e Embrapa (2017a), que envolvem o uso de reagentes e soluções para a sua quantificação, sequenciado da seguinte forma: pH, carbono (C), matéria orgânica (MO), nitrogênio (N), relação carbono/nitrogênio (C/N), alumínio (Al) e acidez potencial. A quantificação de potássio (K), sódio (Na), cobre (Cu), ferro (Fe), zinco (Zn) e manganês (Mn) foi realizada através de absorção atômica de chama em aparelho da marca Thermo, modelo ICE3500; o fósforo (P) foi quantificado em aparelho fotômetro de chama.

Tabela 1 – Classificação das amostras de solo e sua localização

Identificação	Camada	Profundidade
Amostras		**cm**
Tradagem 1 Bosquinho	**C1**	0-7
	C2	7-17
	C3	17-31
	C4	31-40
	C5	40-55
	C6	55+
Tradagem 2 Bosquinho	**C1**	0-7
	C2	7-14
	C3	14-23
	C4	23-44
	C5	45-60
	C6	61+
Tradagem 3 Projeto Horta	**C1**	0-7
	C2	7-16
	C3	19-29
	C4	29-48
	C5	49+
Tradagem 4 Projeto Horta	**C1**	0-7
	C2	7-16
	C3	14-21
	C4	21-30
	C5	30-39
	C6	39-50
	C7	50+
Amostras		**cm**

Identificação	Camada	Profundidade
Amostras		cm
Tradagem 5 Praia do Amor	C1	0-13
	C2	13-26
	C3	26-33
	C4	33-45
	C5	45-61
	C6	61+
Tradagem 6 Praia do Amor	C1	0-9
	C2	9-19
	C3	19-33
	C4	33-45
	C5	45-56
	C6	56-+
Tradagem 7 Praia Belo Paraíso	C1	0-9
	C2	9-16
	C3	16-24
	C4	24-36
	C5	36-47
	C6	47-61
	C7	61+

Fonte: os autores

RESULTADOS

Análise Física

A análise física das amostras reflete os valores qualitativos dos solos. Em campo, é realizada por meio dos sentidos, sendo a visão, o tato e o olfato fundamentais para a caracterizar a estrutura, a textura e a cor. Esta última, por sua vez, foi realizada com o auxílio da Carta de Munsell, conforme mostrado na Tabela 2.

Tabela 2 – Caracterização das amostras realizadas em trabalho de campo

Identificação/ Ponto	Camada	Prof. (cm)	Cor	Textura	Estrutura	Consistência	Percepção
Tradagem 1 Bosquinho	C1	0-7	10YR 3/3	Arenosa	Granular	Friável, não plástica e não pegajosa	Relação da cor mais escura com a MO, textura mais arenosa pode ser sentida em contato com as mãos; material mais friável e cheiro na camada superior de restos vegetais e mesofauna (cupins e formiga); muitas vezes o teor de areia é mascarado pelo húmus; observa-se presença de raízes finas e carvão.
	C2	7-17	10YR 4/2	Areno-argilosa	Blocos subangulares	Friável, ligeiramente plástica e ligeiramente pegajosa	Visualmente observa-se que a cor do solo se torna mais acinzentada, em função da redução gradativa da MO, a textura mantém predomínio da fração areia, pois quando pressionada com os dedos apresenta baixa resistência e apresenta-se ligeiramente plástica e ligeiramente pegajosa; ao ser modelada e dobrada quebra.
	C3	17-31	10YR 4/2				
	C4	31-40	10YR 4/3				
	C5	40-55	10YR 5/4				
	C6	55+	10YR 5/6	Areno-argilosa	Blocos subangulares	Firme, ligeiramente plástica e ligeiramente pegajosa	Visualmente observa-se que o teor de MO reduziu e tons mais amarelados são observados em função da presença de óxidos de ferro no solo; apresenta-se organizado estruturalmente em torrões maiores, conferindo estrutura em blocos subangulares.

Identificação/ Ponto	Camada	Prof. (cm)	Cor	Textura	Estrutura	Consistência	Percepção
Tradagem 2 Bosquinho	C1	0-7	10YR 3/3	arenosa	Granular	Friável, não plástica e não pegajosa	Relação da cor mais escura com a MO, textura mais arenosa pode ser sentida em contato com as mãos; material mais friável e cheiro na camada superior de restos vegetais e mesofauna (cupins e formiga); muitas vezes o teor de areia é mascarado pelo húmus; observa-se presença de raízes finas e carvão.
	C2	7-14	10YR 3/3	Areno-argilosa	Blocos subangulares	Friável, ligeiramente plástica e ligeiramente pegajosa	Visualmente observa-se que a cor do solo se torna mais acinzentada, em função da redução gradativa da MO, a textura mantém predomínio da fração areia, pois quando pressionada com os dedos apresenta baixa resistência e apresenta-se ligeiramente plástica e ligeiramente pegajosa; ao ser modelada e dobrada quebra.
	C3	14-23	10YR 4/2				
	C4	23-44	10YR 5/2				
	C5	45-60	10YR 5/2				
	C6	61+	10YR 5/6	Areno-argilosa	Blocos subangulares	Firme, ligeiramente plástica e ligeiramente pegajosa	Visualmente observa-se que o teor de MO reduziu e tons mais amarelados são observados em função da presença de óxidos de ferro; o solo apresenta-se organizado estruturalmente em torrões maiores, conferindo estrutura em blocos subangulares.

Identificação/ Ponto	Camada	Prof. (cm)	Cor	Textura	Estrutura	Consistência	Percepção
Tradagem 3 Projeto Horta	C1	0-7	10YR 3/2	Arenosa	Granular	Friável, não plástica e não pegajosa	Relação da cor mais escura com a MO; textura mais arenosa pode ser sentida em contato com as mãos; material mais friável e cheiro na camada superior de restos vegetais e mesofauna (cupins e formiga); muitas vezes o teor de areia é mascarado pelo húmus; observa-se presença de raízes finas e carvão.
	C2	7-16	10YR 3/3	Areno-argilosa	Blocos subangulares	Friável, ligeiramente plástica e ligeiramente pegajosa	Visualmente observa-se que a cor do solo se torna mais acinzentada, em função da redução gradativa da MO, a textura mantém predomínio da fração areia, pois quando pressionada com os dedos apresenta baixa resistência e apresenta-se ligeiramente plástica e ligeiramente pegajosa; ao ser modelada e dobrada, quebra.
	C3	16-29	10YR 4/4				
	C4	29-48	10YR 5/4				
	C5	48+	10YR 5/6	Areno-argilosa	Blocos subangulares	Firme, ligeiramente plástica e ligeiramente pegajosa	Visualmente observa- se que o teor de MO reduziu e tons mais amarelados são observados em função da presença de óxidos de ferro; o solo apresenta-se organizado estruturalmente em torrões maiores, conferindo estrutura em blocos subangulares.

Identificação/ Ponto	Camada	Prof. (cm)	Cor	Textura	Estrutura	Consistência	Percepção
Tradagem 4 Projeto Horta	C1	0-7	10YR 3/2	Arenosa	Granular	Friável, não plástica e não pegajosa	Relação da cor mais escura com a MO, textura mais arenosa pode ser sentida em contato com as mãos; material mais friável e cheiro na camada superior de restos vegetais e mesofauna (cupins e formiga); muitas vezes o teor de areia é mascarado pelo húmus; observa-se presença de raízes finas e carvão. Observa-se presença de espécies arbóreas. Solo semelhante fragmentos de borra de café.
	C2	7-16	10YR 3/2	Areno-argilosa	Blocos subangulares	Firme, ligeiramente plástica e ligeiramente pegajosa	Relação da cor mais escura com a MO; textura mais arenosa pode ser sentida em contato com as mãos; material mais friável e cheiro na camada superior de restos vegetais e mesofauna (cupins e formiga); muitas vezes o teor de areia é mascarado pelo húmus; observa-se presença de raízes finas e carvão.
	C3	14-21	10YR 4/2				Visualmente observa-se que a cor do solo se torna mais acinzentada, em função da redução gradativa da MO, a

Identificação/ Ponto	Camada	Prof. (cm)	Cor	Textura	Estrutura	Consistência	Percepção
Tradagem 4 Projeto Horta	C4	21-30	10YR 4/3	Areno-argilosa	Blocos subangulares		textura mantém predomínio da fração areia, pois quando pressionada com os dedos apresenta baixa resistência e apresenta-se ligeiramente plástica e ligeiramente pegajosa; ao ser modelada e dobrada quebra.
	C5	30-39	10YR 5/4				
	C6	39-50	10YR 5/6	Argilo-arenosa		Firme, plástico e pegajoso	Visualmente observa-se que o teor de MO reduziu; tons mais amarelados são observados em função da presença de óxidos de ferro, apresentando-se um solo organizado estruturalmente em torrões maiores, conferindo estrutura em blocos subangulares.
	C7	50+	10YR 6/6				
Tradagem 5 Praia do Amor	C1	0-13	10YR 4/2	Areno-argilosa	Blocos subangulares	Firme, ligeiramente plástica e ligeiramente pegajosa	Por conta de a vegetação ter sido retirada, sendo coberta exclusivamente por gramíneas e poucas árvores, a camada apresenta menor teor de MO demonstrado pela cor, possível indicador de perda do horizonte A. Apresenta argila em sua consistência, o que explica sua firmeza.
	C2	13-26	10YR 4/2				Visualmente observa-se que o teor de MO reduziu; tons mais amarelados são observados em função da presença de óxidos de ferro; o solo apresenta-se organizado estruturalmente em torrões maiores, conferindo estrutura em blocos subangulares. Apresenta consistência firme em virtude do teor de argila apresentado nas camadas.
	C3	26-33	10YR 4/3				
	C4	33-45	10YR 4/4				
	C5	45-60	10YR 5/4				
	C6	60+	10YR 5/6				

Identificação/ Ponto	Camada	Prof. (cm)	Cor	Textura	Estrutura	Consistência	Percepção
Tradagem 6 Praia do Amor	**C1**	0-9	10YR 4/2	Areno-argilosa	Blocos subangulares	Firme, ligeiramente plástica e ligeiramente pegajosa	Por conta de a vegetação ter sido retirada, sendo coberta exclusivamente por gramíneas e poucas árvores, a camada apresenta menor teor de MO demonstrado pela cor, possível indicador de perda do horizonte A. Apresenta argila em sua consistência, o que explica sua firmeza.
	C2	9-19	10YR 4/2				Observou-se que o teor de MO reduziu a tons amarelados em função da presença de óxidos de ferro; apresenta-se organizado estruturalmente em torrões maiores, conferindo estrutura em blocos subangulares. A consistência firme ocorre em virtude do teor de argila apresentado nas camadas.
	C3	19-33	10YR 4/2				
	C4	33-45	10YR 4/3				
	C5	45-56	10YR 5/4				
	C6	56+	10YR 5/6				
Tradagem 7 Praia Belo Paraíso	**C1**	0-9	10YR 4/4	Arenosa	Granular	Friável, não plástica e não pegajosa	Caracteriza-se por uma grande intervenção antropogênica; a primeira camada apresenta menor teor de MO demonstrado pela cor. Possível indicador de perda do horizonte A.
	C2	9-16	10YR 5/4			Friável, não plástica e não pegajosa	Apresentam indicadores de Horizonte antrópicos, resultado de uso de aterros
	C3	16-24	10YR 6/4				
	C4	24-36	10YR 4/2	Areno-argilosa	Granular	Friável, não plástica e não pegajosa	Camada com predomínio novamente da fração arenosa, presença de parte do solo natural. Nesta e nas anteriores percebe-se ao esfregar com as mãos os grãos de areia.
	C5	36-47	10YR 4/3				
	C6	47-61	10YR 5/6				
	C7	61+	10YR 6/8				

Fonte: os autores

As amostras analisadas possuem coloração variada, do bruno acinzentado muito escuro (10 YR 3/2) a amarelo brunado (10 YR 6/8) (Figura 3). A variabilidade da coloração é resultado de processos biológicos, que decrescem com a profundidade. As camadas superiores são ricas em matéria orgânica, enriquecidas com resto de folhas, fragmentos de galhos e excrementos de animais e, portanto, apresentam coloração mais escura, especialmente nas áreas relativamente menos impactadas, como no Projeto Horta e Bosquinho, onde identificou-se algumas espécies arbóreas.

Nos latossolos na Amazônia, dois elementos são cruciais para a coloração dos solos: a matéria orgânica na parte mais superficial e os compostos de ferro nas camadas mais profundas (Figura 6).

Figura 6 – Coleta de solo utilizando trado holandês; nota-se a morfologia do solo com coloração mais escura nas camadas superficiais e coloração em tons mais amarelados na parte mais profunda, que estão relacionados com a presença de matéria orgânica e óxidos de ferro dispersos no solo

Fonte: os autores (2022)

A análise granulométrica realizada em laboratório mostra os teores quantitativos, expressos em percentagem de areia, silte e argila, gerando maior precisão nos valores das amostras analisadas (Tabela 3).

Tabela 3 – Resultado da análise granulométrica das amostras de solo

Identificação	Camada	Profundidade		g/kg	
Amostras		cm	Areia	Silte	Argila
Tradagem 1 Bosquinho	C1	0-7	650	240	110
	C2	7-17	700	210	90
	C3	17-31	730	170	100
	C4	31-40	640	200	160
	C5	40-55	630	200	170
	C6	55+	630	170	200
Tradagem 2 Bosquinho	C1	0-7	650	200	150
	C2	7-14	640	220	140
	C3	14-23	640	210	150
	C4	23-44	620	180	200
	C5	45-60	610	240	150
	C6	61+	610	190	200
radagem 3 Projeto Horta	C1	0-7	600	280	120
	C2	7-16	580	280	140
	C3	19-29	580	240	180
	C4	29-48	580	200	220
	C5	49+	570	210	220
Tradagem 4 Projeto Horta	C1	0-7	610	270	120
	C2	7-16	550	310	140
	C3	14-21	540	300	160
	C4	21-30	560	280	160
	C5	30-39	570	230	200
	C6	39-50	550	240	210
	C7	50+	550	220	230

Identificação	Camada	Profundidade		g/kg	
Amostras		cm	Areia	Silte	Argila
Tradagem 5 Praia do Amor	C1	0-13	770	80	150
	C2	13-26	760	80	160
	C3	26-33	760	70	170
	C4	33-45	760	60	180
	C5	45-61	770	40	190
	C6	61+	760	60	180
Tradagem 6 Praia do Amor	C1	0-9	810	60	130
	C2	9-19	790	60	150
	C3	19-33	780	40	180
	C4	33-45	780	40	180
	C5	45-56	760	50	190
	C6	56-+	780	40	180
Tradagem 7 Praia Belo Paraíso	C1	0-9	880	40	80
	C2	9-16	670	40	290
	C3	16-24	780	80	140
	C4	24-36	830	80	90
	C5	36-47	840	70	90
	C6	47-61	820	100	80
	C7	61+	840	80	80

Fonte: os autores

A análise granulométrica expressa a relação de proporção entre a argila-silte-areia, nas amostras de solo, representando retenção/perda de nutrientes. Assim, verificou-se que as amostras coletadas na ilha de Carateua apresentaram baixos teores de argila em todas as amostras coletadas.

Esse aspecto é facilmente identificado pelos sentidos, uma vez que as camadas superiores possuem estrutura granular com consistência friável, baixa plasticidade e baixa pegajosidade, e as camadas mais profundas possuem estrutura em blocos subangulares refletindo maior agregação dos torrões de solos, com consistência firme, ligeiramente plástica e ligeiramente pegajosa. Na Figura 7 é possível observar que ao ser umedecida e moldada a amostra quebra, demostrando baixa plasticidade em função da baixa concentração de argila.

A concentração de argila sobe conforme aumenta a profundidade de análise das amostras. No entanto, as amostras da Praia Belo Paraíso excetuam-se deste padrão em virtude das interferências antropogênicas que a área sofre.

Figura 7 – Amostra de solo que demonstra a elevada concentração de areia. Quando modelada pela mão, ela não consegue formar a letra U, pois, ao ser contorcido, quebra. Quando há elevada concentração de argila, a amostra tende a moldar-se como uma massa de modelar

Fonte: os autores

O triângulo textural de Lemos *et al.* (2005, p. 21) auxilia a classificação dos solos, seja em campo ou em laboratório. Em campo, a quantificação depende do que o pesquisador sente pelo tato, em laboratório, depende do resultado da análise granulométrica. Para a sua interpretação, deve-se ler primeiro o teor de areia, seguido pelo teor de argila e por fim, o silte. De acordo com a composição das amostras, todas elas podem ser classificadas como franco-arenosas, conforme mostra a Figura 8.

Figura 8 – Triângulo textural utilizado para a classificação dos solos baseados nos percentuais de areia, argila e silte

Fonte: Lemos *et al.* (2005)

Houve uma releitura do triângulo textural, cuja textura das amostras é média-arenosa, em virtude de possuírem mais de 520 g/kg de areia (Tabela 3).

Análise Química

A Tabela 4 mostra o índice do pH, a concentração carbono (C), matéria orgânica, nitrogênio[18] (N), alumínio (Al), acidez, potássio (K), sódio (Na) e fósforo (P).

[18] O nitrogênio, fósforo e potássio são considerados macronutrientes em virtude de as plantas consumirem altas quantidades desses compostos; a deficiência ou excesso de quaisquer destes prejudicam as atividades metabólicas, bem como outras funções fundamentais ao seu crescimento e desenvolvimento.

Tabela 4 – Composição química das amostras de solo, mostrando o nível do pH; C, matéria orgânica, N, expresso em g/kg; relação C/N, Al, acidez, K e Na, expressos em Cmolc/kg, e P, expresso em mg/kg

Identificação	Camada	Prof.	pH	C	MO	N	C/N	Al	Acidez	K	Na	P
Amostras		cm	H2O		g/kg				Cmolc/kg			mg/kg
Tradagem 1 Bosquinho	C1	0-7	3,98	23,18	40	2,22	10,4	1,33	6,08	0,12	0,02	74,41
	C2	7-17	4,04	21,16	36,5	1,25	17	0,8	3,73	0,07	0,06	69,94
	C3	17-31	3,96	4,01	6,92	1,14	3,52	0,8	2,25	0,02	0,05	24,03
	C4	31-40	3,87	5,18	8,93	0,73	7,07	0,71	2,16	0,01	0,06	5,95
	C5	40-55	3,91	3,62	6,25	0,73	4,95	0,71	1,96	0,01	0,03	2,08
	C6	55+	3,9	1,68	2,89	0,52	3,25	0,89	2,16	0	0,06	4,99
Tradagem 2 Bosquinho	C1	0-7	3,85	19,99	34,5	2,01	9,95	1,24	6,67	0,09	0,04	28,27
	C2	7-14	3,77	11,03	19	1,49	7,39	1,24	4,12	0,03	0,05	12,72
	C3	14-23	3,77	6,35	11	0,84	7,55	1,06	2,55	0,01	0,04	0,45
	C4	23-44	3,54	4,4	7,59	1,17	3,77	0,97	1,57	0	0,06	1,71
	C5	45-60	3,81	7,91	13,6	0,76	10,4	0,89	1,86	0	0,06	3,5
	C6	61+	3,95	2,45	4,23	0,9	2,74	0,89	1,67	0,01	0,02	4,61

Identificação	Camada	Prof.	pH	C	MO	N	C/N	Al	Acidez	K	Na	P
Amostras		cm	H2O		g/kg				Cmolc/kg			mg/kg
Tradagem 3 Projeto Horta	C1	0-7	3,29	19,21	33,1	1,74	11,1	2,12	8,82	0,06	0,09	3,35
	C2	7-16	3,3	21,94	37,8	1,63	13,5	2,39	8,24	0,04	0,1	3,13
	C3	19-29	3,51	11,42	19,7	1,22	9,35	1,33	5,39	0,01	0,07	5,13
	C4	29-48	3,64	7,52	13	0,68	11,1	1,15	3,33	0,01	0,09	6,18
	C5	49+	3,75	5,96	10,3	0,95	6,28	0,89	2,45	0	0,08	5,06
Tradagem 4 Projeto Horta	C1	0-7	3,29	19,21	33,1	1,74	11,1	2,12	8,82	0,06	0,09	3,35
	C2	7-16	3,3	21,94	37,8	1,63	13,5	2,39	8,24	0,04	0,1	3,13
	C3	14-21	3,41	14,92	25,7	1,47	10,2	1,42	7,25	0,01	0,07	3,35
	C4	21-30	3,63	12,19	21	1,3	9,36	1,42	5,1	0,01	0,08	5,51
	C5	30-39	3,77	11,42	19,7	0,95	12	1,06	3,53	0	0,06	6,03
	C6	39-50	3,97	3,23	5,58	0,87	3,72	0,89	2,94	0	0,11	5,06
	C7	50+	4,07	4,4	7,59	1,06	4,16	0,89	2,45	0	0,12	4,46
Tradagem 5 Praia do Amor	C1	0-13	4,39	16,48	28,4	1,79	9,2	1,15	4,12	0,06	0,14	2,75
	C2	13-26	4,16	14,92	25,7	1,25	12	0,8	3,43	0,03	0,12	4,39
	C3	26-33	4,19	12,19	21	0,95	12,8	0,89	3,33	0,01	0,11	4,84
	C4	33-45	4,31	8,3	14,3	0,76	10,9	0,89	2,84	0,01	0,09	3,35
	C5	45-61	4,23	2,45	4,23	0,73	3,35	0,71	3,04	0	0,08	1,93
	C6	61+	4,17	3,23	5,58	1,41	2,29	0,62	2,55	0,01	0,09	4,09

Identificação	Camada	Prof.	pH	C	MO	N	C/N	Al	Acidez	K	Na	P
Amostras		cm	H2O		g/kg				Cmolc/kg			mg/kg
Tradagem 6 Praia do Amor	C1	0-9	4,29	17,26	29,8	1,47	11,8	1,01	3,82	0,04	0,14	3,72
	C2	9-19	4,24	13,36	23	1,25	10,7	0,97	3,53	0,03	0,13	2,98
	C3	19-33	4,32	12,97	22,4	1,03	12,6	0,89	2,94	0,02	0,12	3,5
	C4	33-45	4,35	7,52	13	0,76	9,9	0,8	2,25	0	0,12	5,13
	C5	45-56	4,59	1,68	2,89	0,68	2,47	0,44	2,35	0	0,08	5,51
	C6	56-	4,63	0,51	0,87	0,71	0,72	0,44	1,96	0	0,09	4,46
Tradagem 7 Praia Belo Paraíso	C1	0-9	4,61	4,79	8,26	1,03	4,65	0,53	1,27	0,02	0,1	3,35
	C2	9-16	4,34	4,01	6,92	0,73	5,48	0,35	1,18	0,01	0,1	3,94
	C3	16-24	3,96	8,3	14,3	0,84	9,87	0,8	2,94	0,01	0,1	3,79
	C4	24-36	3,8	11,03	19	1,14	9,68	1,33	3,24	0,01	0,1	1,71
	C5	36-47	3,74	6,35	11	0,76	8,36	1,33	3,43	0,01	0,09	1,93
	C6	47-61	3,85	7,13	12,3	0,76	9,39	1,15	2,65	0	0,09	4,24
	C7	61+	3,88	6,74	11,6	0,71	9,55	1,15	1,86	0	0,09	3,5

Fonte: os autores

O pH indica a acidez ativa do solo, que varia conforme o tempo de uso e manejo do solo, variando de 0 a 6,9 – um solo ácido; 7 é um solo neutro e um pH de 7,1 a 14 é um solo alcalino. Para a análise, foram pesados 10 g de solo e adicionados 25 ml de solução de cloreto de cálcio (CaCl2), que foi calibrada para manter o pH neutro. Após repouso de 30 minutos, o pHmetro foi o instrumento utilizado para a determinação da acidez ativa das amostras, que variou de 3,30 a 4,63, o que indica um solo com acidez muito alta (Raij *et al.*, 1997), característico da região amazônica.

De acordo com Gama (1998), a acidez potencial está relacionada ao hidrogênio e ao alumínio que permanecem na fase sólida, não dissociados. Brazão (2018) indica que seu teor é um representante de cargas negativas no solo, que causam ou poderão ocasionar a acidez dos solos. Os índices de acidez potencial variam de alta (ref. 5,01cmolc/kg – 9,00cmolc/kg: C1 – 8,82 cmolc/kg e C2 – 8.24 cmolc/kg, Projeto Horta) e baixa (ref. 1,01 cmolc/Kg – 2,50 cmolc/kg: C2 – 1,18 cmolc/kg e C7 – 1,86 cmolc/kg, Praia Belo Paraíso). O índice de carbono (C) no solo tem relação direta com a concentração de matéria orgânica no solo, resultando numa boa concentração nas camadas superiores que decai conforme aumenta a profundidade das amostras, o que pode ser observado graças a cor escura das camadas superiores. É indicativo de seu potencial produtivo, uma vez que solos com maior teor de matéria orgânica apresentam maior capacidade de fornecimento de nutriente às plantas se comparados a solos que possuem baixo teor de matéria orgânica (Prezotti *et al.*, 2013, p. 30).

O procedimento de análise consistiu na pesagem de 0,5 g de Terra Fina Seca ao Ar (TSFA), acrescendo 10 ml de ácido sulfúrico (H2SO4) e 10 ml de dicromato de potássio (K2Cr2O7), deixando em estufa para resfriar por 30 minutos. Posteriormente, acrescentaram-se 3 ml de ácido ortofosfórico (H3PO4) e dez gotas do indicador difenilamina, obtendo-se uma solução escura, prosseguindo para a titulação com sulfato ferroso amoniacal (Fe(NH4)2(SO4)26H2O), até o líquido obter uma coloração verde, anotando o volume de solução gasto da bureta, evidenciado nas figuras 9 e 10.

Figura 9 – Amostras de solo em solução com K2Cr2O7, H2SO4, acrescidas após 30 min em estufa de 3 ml de H3PO4. O resultado do processo é uma solução de cor amarela, que fica muito escura após adicionar 10 gotas do indicador difenilamina

Fonte: os autores

Figura 10 – Após o processo descrito na figura anterior, titula-se com Fe(NH4)2(-SO4)26H2O até a solução tornar-se um verde permanente, anotando o que foi gasto na bureta. À esquerda, após a titulação e, à direita, antes

Fonte: os autores

Os índices de C nas amostras da Praia Belo Paraíso mostram baixo teor nas camadas superiores e aumentam os valores, conforme aumenta a profundidade, o que indica uma área extremamente alterada e recentemente aterrada, enquanto nas amostras da Escola Bosque Professor Eidorfe Moreira e da Praia do Amor, o índice diminui conforme aumenta a profundidade, visto que nas áreas de coleta há atividade florestal e consequentemente a decomposição da matéria orgânica, que influi a cor escura, com valores mais altos nas camadas superiores. O teor de matéria orgânica no solo está expresso em g/kg e é resultado do índice de C multiplicado pelo fator 1,724.

O nitrogênio (N) no solo está relacionado com a quantidade de matéria orgânica (Embrapa, 1997, p. 11) e tem relação direta com o crescimento das plantas. Estas, por sua vez, não o absorvem diretamente do ambiente: esse processo é realizado por microrganismos heterotróficos[19], anaeróbios e aeróbios[20] presentes no solo, que utilizam os resíduos vegetais como fontes de C, N e energia, atuando diretamente na decomposição da matéria orgânica (Embrapa, 2017b, p. 11) e incidindo na relação C/N.

O método de análise N nas amostragens de solo foi o Kjeldahl, mostrado na Figura 11. Observou-se que as camadas superiores são nitrogenadas e conforme aumenta-se a profundidade, diminui o índice de nitrogênio, com exceção da camada 4 da Praia Belo Paraíso, em virtude das alterações naquela área feitas. Os índices obtidos na relação C/N seguem o mesmo padrão das análises anteriores e indicam a atividade de microrganismos no solo por meio do nível de decomposição da matéria orgânica. As amostras coletadas no interior da Escola Bosque Professor Eidorfe Moreira são as que possuem maior teor de C e N, consequentemente, maiores índices na relação C/N, uma vez que na área há uma densa floresta com intensa atividade biológica. Na Praia do Amor, há cobertura vegetal, no entanto, há também o processo de erosão costeira e escoamento superficial atuantes na área.

[19] Microrganismos heterotróficos são aqueles que não são capazes de produzir seu alimento, dependendo de fontes de material orgânico para a alimentação.

[20] Microrganismos que são aeróbios dependem de oxigênio para a respiração, enquanto os anaeróbios respiram somente na ausência de oxigênio. Esse processo também é conhecido como fermentação. Fungos e bactérias que são utilizados inclusive em alimentos realizam esse processo.

Figura 11 – Biodigestor de nitrogênio. A reação é feita adicionando NaOH ao tubo de ensaio que já contém a solução digestora. O aparelho é ligado e desliga-se após o Erlenmeyer com a solução amarela ficar azul, conforme mostrado. A seguir, titula-se com H2SO4, até virar novamente um amarelo cobre, anotando o valor gasto na bureta

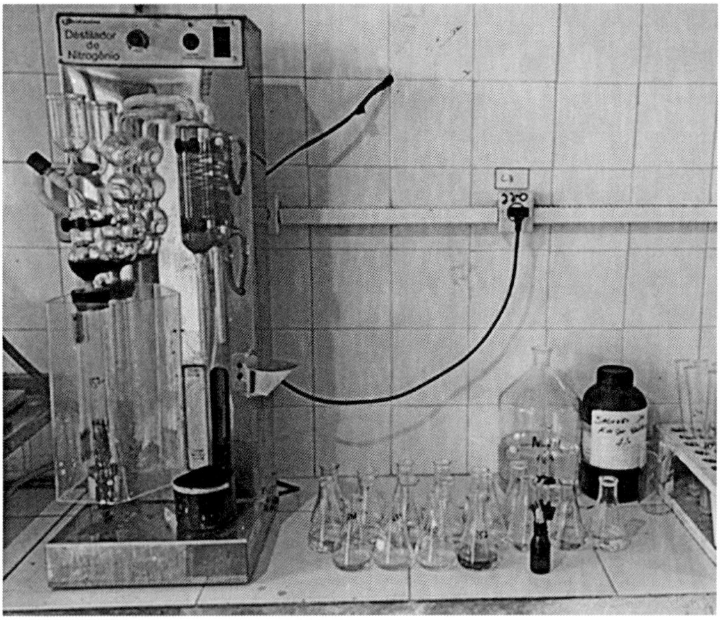

Fonte: os autores

De acordo com Rosolem *et al.* (2006, p. 1033), o potássio (K) é o segundo nutriente mineral indispensável às plantas, possuindo uma ampla mobilidade em seus constituintes, desempenhando funções metabólicas como a fotossíntese. O baixo índice de K no processo de respiração das plantas causa uma deficiência que consequentemente impede a planta de absorver nitrogênio em quantidades que satisfaçam suas necessidades (Embrapa, 2012, p. 10).

As leituras de potássio (K) nas amostras foram muito baixas, não ultrapassando 0,012cmolc/kg e há amostragens, onde sequer seus valores foram detectados como é o caso das amostras coletada nas falésias. A análise de K foi realizada colhendo 2,5 ml de solução sobrenadante da análise anterior, armazenando em tudo de ensaio e direcionado para a análise em absorção atômica de chama. Os índices baixos de K refletem solos com alto índice de intemperismo e erosão, o que foi observado em todos os pontos de coleta (Embrapa, 2015, p. 10).

O fósforo (P) no solo é absorvido pelas plantas e tem relação direta com o seu crescimento e reprodução, no entanto, elas não alcançam seu potencial produtivo sem um suprimento adicional, uma vez que os solos tropicais característicos das amostragens são pobres em P (Oliveira *et al.*, 2001, p. 2). O ponto de coleta do Bosquinho apresentou relativa presença de P na leitura de suas análises, chegando até 74,41 mg/kg, enquanto nos pontos do Projeto Horta e das Praias a leitura de P não ultrapassou 7 mg/kg. A análise foi feita pesando 7,5 g de TFSA, acrescido de solução Mellich (H2SO4+HCl), deixando por 30 minutos no agitador horizontal e em repouso por uma noite. Posteriormente, foi utilizado o fotômetro de chama para a leitura das amostras, após adicionar solução de molibdato de amônia e ácido ascórbico para a leitura das amostras.

Já o índice de alumínio (Al) encontrado no solo equivale ao da sua forma iônica Al^{3+} que causa impactos no desenvolvimento das plantas e raízes por ser a sua forma tóxica, relacionado diretamente com o pH do solo. A toxicidade do alumínio no solo reduz o desenvolvimento de raízes e impacta no crescimento das plantas, uma vez que a absorção de nutrientes e água é comprometida. Os índices obtidos da análise variam de médio (C2 – 0,38, Praia Belo Paraíso/ref. <0,3-1,0) e alto (C2 – 2,39, Projeto Horta/ref. >1,0) (Prezotti *et al.*, 2013).

As amostras apresentam baixas quantidades de sódio (Na), permanecendo entre 0,02 cmolc/kg e 0,014 cmolc/kg. Altas concentrações de sódio indicam um solo salino, que é característico de regiões áridas e semiáridas, o que não é o caso das amostras analisadas (Pereira, 1998, p. 78).

A tabela 5 mostra os índices obtidos por meio do método de absorção atômica, dos micronutrientes[21]: cobre (Cu), zinco (Zn), manganês (Mn) e ferro (Fe), que estão expressos em mg/kg.

[21] Os micronutrientes são compostos minerais que as plantas demandam em menor quantidade, e servem para balancear com outros macronutrientes. São indispensáveis no desenvolvimento metabólico e estrutural das plantas.
Algumas amostras apresentam resultados de Fe como "ND", que significa "não detectado". Isso pode indicar um erro na leitura ou no preparo das amostras, mas considerados os resultados para fins didáticos.

Tabela 5 – Concentração dos micronutrientes Cu, Zn, Mn e Fe, expressos em mg/kg

MICRONUTRIENTES						
Identificação	**Camada**	**Prof.**	**Cu**	**Zn**	**Mn**	**Fe**
Amostras		**cm**		**mg/kg**		
Tradagem 1 Bosquinho	**C1**	0-7	5,5	4,62	7,85	539,94
	C2	7-17	5,01	2,77	2,94	544,04
	C3	17-31	2,45	2,01	1,62	465,66
	C4	31-40	1,17	1,63	0,58	918,59
	C5	40-55	0,71	0,87	0,55	828,14
	C6	55+	0,57	0,52	0,44	1326,09
Tradagem 2 Bosquinho	**C1**	0-7	6,28	4,72	8,93	637,54
	C2	7-14	3,76	1,82	1,87	640,04
	C3	14-23	1,31	2,12	0,66	729,75
	C4	23-44	0,7	1,17	0,48	1103,16
	C5	45-60	0,57	0,63	0,26	1188,48
	C6	61+	0,83	1,16	0,48	1080,74
Tradagem 3 Bosquinho	**C1**	0-7	0,25	0,48	0,64	ND6
	C2	7-16	0,28	0,47	0,23	11,37
	C3	19-29	0,24	0,81	0,25	ND
	C4	29-48	0,26	0,16	0	1,23
	C5	49+	0,24	3	0	ND
Tradagem 4 Projeto Horta	**C1**	0-7	0,25	0,48	0,64	ND
	C2	7-16	0,28	0,47	0,23	11,37
	C3	14-21	0,25	0,24	ND	ND
	C4	21-30	0,3	0,26	0,05	ND
	C5	30-39	0,37	2,82	ND	ND
	C6	39-50	0,98	0,39	0,92	917
	C7	50+	0,82	0,46	0,74	794,28

MICRONUTRIENTES						
Identificação	**Camada**	**Prof.**	**Cu**	**Zn**	**Mn**	**Fe**
Amostras		**cm**		**mg/kg**		
Tradagem 5 Praia do Amor	**C1**	0-13	0,95	1,59	0,87	1110,22
	C2	13-26	0,87	1,05	0,08	1006,71
	C3	26-33	0,48	0,37	ND	1204,35
	C4	33-45	0,6	0,33	0,16	1137,04
	C5	45-61	1,14	0,79	0,19	1149,14
	C6	61+	0,57	0,42	0,41	888,38
Tradagem 6 Praia do Amor	**C1**	0-9	1,05	1,17	0,88	1179,6
	C2	9-19	1,04	1,02	0,29	1077,55
	C3	19-33	0,8	0,81	0,01	858,98
	C4	33-45	0,54	0,49	0,06	1266,11
	C5	45-56	0,74	0,71	ND	1381,58
	C6	56-+	0,7	0,41	ND	1185,26
Tradagem 7 Praia Belo Paraiso	**C1**	0-9	1,1	1,52	1,48	874,99
	C2	9-16	1,17	1,22	0,59	711,5
	C3	16-24	0,78	0,8	0,75	796,16
	C4	24-36	0,59	0,76	0,94	984,96
	C5	36-47	0,5	0,26	0,63	1331,51
	C6	47-61	0,55	0,38	0,54	1395,18
	C7	61+	0,51	0,32	0,45	1490,2

Fonte: os autores

Brady e Weil (2012, p. 489) mostram que os micronutrientes são absorvidos em baixíssimas quantidades pelas plantas, em relação aos macronutrientes, e estão mais relacionados à toxidade causada pelo aumento de qualquer um desses minerais em virtude da diminuição de algum macronutriente. As plantas utilizam pequenas quantidades desses minerais para a manutenção de atividades fundamentais, como o desenvolvimento de mecanismos de defesa e metabólico na produção de enzimas essenciais ao seu crescimento, processo de fotossíntese e fixação de nitrogênio, por exemplo.

As amostras apresentaram baixos índices de micronutrientes que estão em conformidade com os índices padrão definidos pela Embrapa (2020a), resguardando as camadas C1, C2 e C3 superiores da tradagem 1 e 2 do Bosquinho, que apresentou índices consideráveis de Cu, Zn e Mn. Os índices de Fe também estão dentro dos padrões, descartando qualquer sintoma de toxidade à vegetação das plantas residentes nessas áreas. Em suma, os padrões de concentração dos micronutrientes estão em acordo com a Embrapa (2020b) para os solos característicos do presente trabalho.

DISCUSSÃO

O conhecimento, a percepção e a prática são elementos fundamentais para o ensino de solos. De acordo com Melazo (2005, p. 47, 48), necessitamos dos sentidos (visão, tato, olfato, paladar e audição) para compreender o mundo que nos rodeia, no qual a percepção se apresenta como um processo ativo da mente com o auxílio dos sentidos. É por meio da percepção que o ser humano é capaz de interpretar e organizar as informações disponíveis no meio ambiente em que está inserido (Zanini, 2021, p. 2).

Tuan (2012, p. 4) destaca que dos cinco sentidos, o homem depende mais da visão que dos demais para progredir no mundo, o que conclama o ser humano como um animal visual, uma vez que o mundo se abre e permite processar as informações detalhadas e especificas, em relação aos outros sentidos.

Na prática do ensino em solos, a cor é o primeiro aspecto percebido pela visão e está diretamente relacionada a três fatores: concentração de matéria orgânica (que incide sobre os índices de C e N e favorece a cor escura das camadas superiores), conteúdo da sílica e dos compostos de ferro (Brady; Weil, 2013, p. 107; Vieira, 1975, p. 251).

As características texturais e estruturais do solo, como plasticidade, pegajosidade, friabilidade e consistência são sentidos por meio do tato esfregando-se o solo úmido entre os dedos. De acordo com Lemos *et al.* (2005, p. 13), a areia provoca a sensação de aspereza, a silte de sedosidade (como um talco) e a argila, de pegajosidade.

Por sua vez, o trabalho de campo se mostra como uma ferramenta integradora de conhecimento, primeiro porque as características físicas são facilmente observadas e sentidas, segundo porque permite ao aluno observar a aplicação prática dos conceitos vistos em sala de aula. O aprendizado em campo aguça a curiosidade dos alunos e, assim, pode se desenvolver, a partir da realidade, a abstração sobre causas e consequências dos fenômenos observados. Dessa forma, o aluno em campo deixa de ser um agente passivo e torna-se problematizador, questionador e construtor de seu próprio conhecimento (Cioccari, 2013, p. 34).

A Base Nacional Comum Curricular (BNCC) (Brasil, 2017) é o documento que rege a educação e prevê o ensino de solos ao longo do ensino fundamental, especificamente em Ciências e Geografia. O objetivo da BNCC é ser balizadora da educação no Brasil, e sua estrutura de ensino é pautada principalmente na interdisciplinaridade respeitando a individualidade do discente. A tabela 6 a seguir é uma adaptação de como o ensino de solos é definido pelo documento.

Tabela 6 – Ensino de solos de acordo com a BNCC e o respectivo ano

ÁREA DO CONHECIMENTO/ANO	HABILIDADES
Geografia 2.º ano	(EF02GE11). Reconhecer a importância do solo e da água para a vida, identificando seus diferentes usos (plantação e extração de materiais, entre outras possibilidades) e os impactos desses usos no cotidiano da cidade e do campo.
Ciências 3.º ano	(EF03CI07). Identificar características da Terra (como seu formato esférico, a presença de água, solo etc.), com base na observação, manipulação e comparação de diferentes formas de representação do planeta (mapas, globos, fotografias etc.); (EF03CI09). Comparar diferentes amostras de solo do entorno da escola com base em características como cor, textura, cheiro, tamanho das partículas, permeabilidade etc.; (EF03CI10). Identificar os diferentes usos do solo (plantação e extração de materiais, dentre outras possibilidades), reconhecendo a importância do solo para a agricultura e para a vida.
Ciências 5.º ano	(EF05CI03). Selecionar argumentos que justifiquem a importância da cobertura vegetal para a manutenção do ciclo da água, a conservação dos solos, dos cursos de água e da qualidade do ar atmosférico.
Geografia 6.º ano	(EF06GE05). Relacionar padrões climáticos, tipos de solo, relevo e formações vegetais; (EF06GE06). Identificar as características das paisagens transformadas pelo trabalho humano a partir do desenvolvimento da agropecuária e do processo de industrialização.

ÁREA DO CONHECIMENTO/ANO	HABILIDADES
Ciências 7.º ano	(EF07CI07). Caracterizar os principais ecossistemas brasileiros quanto à paisagem, à quantidade de água, ao tipo de solo, à disponibilidade de luz solar, à temperatura etc., correlacionando essas características à flora e fauna específicas.

Fonte: adaptado de Brasil (2017)

A partir do que é previsto pela BNCC quanto ao ensino de solos, Silva *et al.* (2020, p. 25) propõem a prática do ensino usando a percepção. Os autores propõem a caixa sensorial, que consiste em estimular alunos do ensino fundamental a reconhecer características morfológicas básicas do solo, como textura, consistência e estrutura por meio dc tato e da visão.

Figura 12 – Caixa sensorial proposta por Silva *et al.* (2020). Em cada quadrante deposita-se um tipo de amostra de solo, com o objetivo de mostrar os principais conceitos da morfologia do solo, instigando o aluno a reconhecer, por meio do tato e da visão, as características gerais do solo

Fonte: Silva *et al.* (2020)

Conforme mostrado na Tabela 4, o ensino de solos ocorre inicialmente em Geografia. O segundo ano concentra alunos que já vivenciam fenômenos que se configuram como o pontapé inicial para construir saberes a respeito do meio ambiente, seus diferentes usos e formas de conservação. O terceiro ano trabalha a morfologia do solo, propondo uma prática de ensino, que pode ser feita no entorno da escola, mostrando as propriedades estruturais e texturais do solo, por meio dos sentidos — visão, tato e olfato. Ou seja, a percepção pelos sentidos aliada à prática de ensinos contribui para um ensino de qualidade sobre a temática solos.

Matos (2021) demostrou, por meio das atividades práticas desenvolvidas na Semana de Solos que ocorreu na Escola Bosque Professor Eidorfe Moreira e da visita às falésias, a importância da vegetação para o solo, bem como perceber e discutir propriedades morfológicas e preservação das falésias da ilha de Caratateua.

Figura 13 – À esquerda, simulador de erosão, mostrando a importância da vegetação para solo, e, à direita, montagem de perfil de solo, mostrando as diferentes cores encontradas em um perfil

Fonte: o autor (2019)

Figura 14 – Resultado do simulador de erosão. Foi despejado um pouco de água em cada amostra. Na amostra com vegetação, o resultado foi o líquido mais claro na parte superior. Na amostra sem vegetação, o líquido mais escuro. Numa interpretação prática, perda de nutrientes ocorridos por processo de lixiviação ou escoamento superficial

Fonte: o autor (2019)

Cabe ainda o repasse de informações e discussão sobre o desenvolvimento das plantas, fortemente relacionada à composição química do solo, portanto, sua classificação pode ser discutida já nesta etapa, aprofundada nas series superiores, quando se faz a discussão, por exemplo, da identificação da paisagem para o desenvolvimento da agropecuária no sexto ano, conforme previsto pela BNCC.

O ensino de solos no quinto ano mostra a importância da cobertura vegetal, discutindo os impactos de sua remoção e do ciclo biogeoquímico da água. Os experimentos com materiais de fácil aquisição, como garrafas PET e copos descartáveis mostram a importância da vegetação, onde a amostra de garrafa PET com solo sem vegetação se mostrou mais suscetível ao processo de erosão do que a amostra com vegetação (Matos, 2019).

O 6.º e o 7.º ano aprofundam o ensino, identificando paisagens e ecossistemas transformados pelo trabalho humano no desenvolvimento de atividades agropecuárias e industriais, para tanto, já se faz necessário ter conhecimento a respeito dos padrões de relevo, clima, solo e formação vegetal, bem como a disponibilidade de seus recursos naturais, além da discussão dos ciclos biogeoquímicos que têm interferência direta na composição mineral do solo.

O aprofundamento da análise química do solo permite ao professor explicar diferentes contextos aos alunos. A cor, por exemplo, que pode ser relacionada com a quantidade de matéria orgânica e por perdas de óxidos de ferro. Pode, ainda, explicar de que forma as plantas se desenvolvem e quais problemas podem ocorrer a elas em caso de deficiência de algum macro ou micronutriente.

Por exemplo, em um solo em que há ausência de potássio (K), as plantas terão dificuldade de crescimento, além de suas folhas velhas apresentarem coloração amarela em suas bordas. O potássio é importante para as atividades metabólicas para as plantas, sendo elemento fundamental para o seu desenvolvimento, demandando altas quantidades para seu consumo (Embrapa, 2006). O excesso ou ausência de qualquer macro/micronutriente no solo implode diretamente na produção e atividade metabólica das plantas. Essa problemática relaciona-se com a perspectiva ensino prevista na BNCC no quinto ano.

O ensino de solos promove a preservação desse elemento natural, pois seu processo de formação é resultante de vários fatores ambientais, que incidem sobre os processos pedogenéticos; portanto, o solo é um recurso natural lentamente renovável (Kämpf; Curi, 2012, p. 2).

O solo da área dos pontos de coleta das Praia do Amor e Belo Paraíso são os mais fragilizados pelas interferências antropogênicas, com ocupações irregulares e depósitos irregulares de lixo, somados ainda à dinâmica costeira, com forte erosão praial, juntamente com o colapso das falésias. Na Praia do Amor, já é possível observar casas abandonadas em razão da forte erosão que afeta a área, já que o solo ali não possui nenhuma estabilidade. Isso reflete a ausência de políticas públicas que a ilha de Caratateua sofre para inibir esses problemas.

Dessa forma, a interdisciplinaridade somada ao conhecimento, à percepção e à prática de ensino em solos é fundamental na melhoria da qualidade da educação ambiental, pois ela pode desenvolver nos alunos a consciência ambiental quanto à conservação desse recurso natural, devendo ser persistente ao longo de todo o ensino, pois tende a gerar resultados no médio e longo prazo (Leão *et al.*, 2008, p. 61).

A Geografia é a ciência que estuda a paisagem e as interações sociais que nela ocorrem. Ela é constituída por elementos como a geomorfologia, geologia, cobertura vegetal, que estão submetidos às intervenções antropogênicas, o que lhe confere papel crucial na formação crítica do aluno, facilitando ao docente, o debate e a contextualização com outras disciplinas (Melazo, 2005; Souza *et al.*, 2014, p. 9). Para Belo e Ferreira (2012, p. 68), pensar na Geografia como ciência integradora dos currículos escolares é o mesmo que pensar na formação do cidadão.

Portanto, o ensino de solos por meio da prática de ensino e percepção está previsto no ensino de Geografia pela BNCC. A percepção pode ser trabalhada largamente no ensino e constitui-se como uma ferramenta integradora de conhecimentos, enquanto a Geografia é uma ciência interdisciplinar. Essa interdisciplinaridade é percebida pela menção da disciplina de Ciências, na tabela 6, quanto ao ensino de solos.

De acordo com Ferreira *et al.* (2011, p. 3), o trabalho de campo em Geografia objetiva formar cidadãos com consciência de espaço das coisas, valorizando a experiência vivenciada pelos alunos. A prática de ensinos é relacionada diretamente à experiencia pessoal dos discentes, sem desconsiderar sua realidade na interpretação das informações, reconhecendo o papel que o solo desempenha na manutenção do planeta e no sustento dos que nele habitam.

Para Deon e Callai (2018, p. 286) e Callai (2018, p. 12), a educação para a cidadania pelo viés da Geografia constitui o aspecto essencial no processo da aprendizagem, enquanto elemento fundamental do trabalho escolar para o desenvolvimento de uma base conceitual. Nesse sentido, Saviani (2012, p. 8) reitera que, para o pleno exercício da cidadania, é necessário o acesso à cultura letrada, juntamente com a formação de valores morais, éticos e estéticos quanto ao diálogo. Ou seja, é necessário o acesso à escola para o pleno gozo da cidadania, o que é dever do Estado e da família, conforme o artigo 205, que garante, ainda, o padrão de qualidade das escolas no seu artigo 206 (Brasil, 1988).

Nesse processo, a escola torna-se um agente primordial na transmissão de conhecimentos, e, por meio da educação letrada e das relações sociais nela desenvolvidas, transforma os discentes em cidadãos conscientes de seus direitos (Lopes, 2014, p. 24). Savater (2012, p. 37) compara esse processo com uma segunda gestação, uma vez que "não basta nascer, é preciso aprender". Ou seja, é necessário o acesso à escola para o pleno gozo da cidadania.

CONSIDERAÇÕES FINAIS

A proposta de pesquisa mostrada é inovadora quando estabelece um diálogo entre os conceitos de paisagem e análise de solo, enfatizando a prática de ensino baseado no conhecimento sobre os processos de formação dos solos amazônicos, em especial os solos da ilha de Caratateua, desde a coleta, análise e interpretação de dados.

Os resultados mostram ainda que o professor pode dominar técnicas de campo e laboratório, tornando-se um pesquisador da educação aplicada a determinado tema, expandindo seus horizontes profissionais no âmbito do ensino de Geografia, chegando até a educação no campo, atingindo os mais diversos públicos-alvo. Ora, para elaborar aulas, lidar com metodologias que fomentem o caráter crítico dos alunos para formar cidadãos com consciência de espaço das coisas, o professor tem a capacidade de aperfeiçoar metodologias de ensino que aliem o visto em sala de aula com a prática de ensino, objetivada no presente trabalho.

A prática de ensino permite ao aluno perceber o mundo ao seu redor, bem como os conceitos aprendidos em sala de aula, por meio de seus sentidos. Ao professor, cabe aproveitar as metodologias disponíveis para desenvolver a percepção crítica do aluno, mostrando que ele também pode ser um solucionador de problemas. Soma-se ainda ao fato de uma aprendizagem de solos que rompe com a ideia de que o solo é um elemento com recurso infinito; pelo contrário: ele é um recurso que se renova lentamente e requer cuidados como todo recurso natural. A ilha de Caratateua, principalmente, requer cuidados imediatos. Urge a necessidade de políticas públicas para lidar com a erosão e dinâmica costeira que estão em avançado processo.

Ademais, a escola desempenha papel importante enquanto agente transmissor de conhecimento, e é garantido a qualquer pessoa o acesso à escola de qualidade para o exercício da cidadania, garantidos pela constituição. Assim se constrói, continuamente, a Constituição Cidadã.

REFERÊNCIAS

BARROS, O. N. F. Pequena História Pedológica. **Revista Geografia**, Londrina, v. 6, n. 1, p. 108-124, jan. 1990.

BELO, E. M.; FERREIRA, G. H. C. A importância da geografia em sala de aula: o desafio de um ensino capaz de formar o cidadão. **Linguagem Acadêmica,** Batatais, v. 2, n. 2, p. 65-82, jul./dez. 2012.

BRADY, N. C.; WEIL, R. R. **Elementos da natureza e propriedade dos solos.** 3. ed. Porto Alegre: Bookman, 2013. 686p.

BRAZÃO, S. **Análise de solos para Ciências Agrárias.** 2. ed. Belém: Universidade Federal Rural da Amazônia, 2018.

BRASIL. **Base Nacional Comum Curricular** (BNCC). Brasília: Ministério da Educação, 2017. Disponível em: basenacionalcomum.mec.gov.br. Acesso em: 1 out. 2022.

BRASIL. **Constituição da Federativa do Brasil.** Brasília/DF: Senado Federal, 1988. Disponível em: planalto.gov.br/ccvivil_03/constituicao/constituicao.htm. Acesso em: 1 out. 2022.

BERTRAND, G. Paisagem e Geografia física global. **RA'E GA**, Curitiba, v. 8, p. 141-152, 2004.

BUTING, B. T. **The Geography of Soil**. Londres: Hutchinson & Co., 1965.

CALLAI, H. C. Educação geográfica para a formação cidadã. **Revista de Geografia Norte Grande**, Santiago, Chile, n. 70, p. 9-30, set. 2018.

CAMPOS, M. C. C. Relações solo-paisagem: conceitos, evolução e aplicações. **Ambiência,** Guarapuava, v. 8 n. 3, p. 963-982, set./dez. 2012.

CIOCCARI, C. C. **Ensino de geografia e o trabalho de campo:** construindo possibilidades de ensino e aprendizagem sobre o espaço urbano e rural em Júlio de Castilhos, RS. 2013. 93 f. Dissertação (Mestrado em Geografia) – Curso de Geografia, Universidade Federal de Santa Maria, Santa Maria, 2013.

COMPIANI, M.; CARNEIRO, C. D. R. Os papéis didáticos das excursões geológicas. **Rev. de la Enseñanza de las Ciencias de la Tierra**, v. 1, n. 2, p. 90-98, 1993.

DEON, A. R.; CALLAI, H. C. A educação escolar e a geografia como possibilidades de formação para a cidadania. **Contexto & Educação**, Ijuí-RS, v. 33, n. 104, p. 264-290, jan./abr., 2018.

EMBRAPA. **Fixação biológica do nitrogênio na cultura da soja.** Londrina: Embrapa Soja, 1997.

EMBRAPA. Cultivo de tomate para industrialização. **Embrapa Hortaliças**, Sistema de Produção, [*s. l.*], 2. ed., dez. 2006. Disponível em: https://sistemasdeproducao.cnptia.embrapa.br/FontesHTML/Tomate/TomateIndustrial_2ed/deficiencias.htm. Acesso em: 1 out. 2022.

EMBRAPA. **Manual de análises químicas de solos, plantas e fertilizantes.** 2. ed. revista e ampliada. Brasília/DF: Embrapa Informação Tecnológica, 2009.

EMBRAPA. **Teores de potássio no solo, estado nutricional e produção de matéria seca de alfafa em função de doses e frequência da adubação potássica após dois anos de cultivo.** São Carlos: Embrapa Pecuária Sudeste, 2012.

EMBRAPA. **Guia prático para interpretação de resultado de análise do solo.** Aracaju: Embrapa Tabuleiros Costeiros, 2015.

EMBRAPA. **Manual de métodos de análise do solo.** 3. ed. revista e ampliada. Brasília/DF: Embrapa, 2017a.

EMBRAPA. **Ciclos do nitrogênio em sistemas agrícolas.** Brasília, DF: Embrapa, 2017b.

EMBRAPA. **Recomendações de calagem e adubação para o Estado do Pará.** Brasília/DF: Embrapa, 2020a.

EMBRAPA. **Conceitos de fertilidade do solo e manejo adequado para as regiões tropicais.** 2. ed. Campinas: Embrapa Territorial, 2020b.

EMBRAPA. **Dispersão do solo para análise granulométrica.** Planaltina, DF: Embrapa Cerrados, 2021.

ESPÍNDOLA, C. R. Histórico das pesquisas sobre solos até meados do século XX, com ênfase no Brasil. **Revista do Instituto Geológico**, São Paulo, v. 39, n. 2, p. 27-70, 2018.

FARIAS, D. R. **Variabilidade morfo-sedimentar das praias estuarinas da ilha de Caratateua (Pará).** 142 p. (Pós-Graduação em Geologia e Geoquímica) – Universidade Federal do Pará, 2006.

FERREIRA, A. A. *et al.* A importância da prática em geografia. *In*: ENCONTRO ESTADUAL DE DIDÁTICA E PRÁTICA EM ENSINO, 4., Goiânia, 18-20 maio 2011. **Anais** [...]. Ceped: Goiânia, 2011.

FRANZINELLI, E. Contribuição à Sedimentologia da Baía de Marajó, Estado do Pará. *In*: CONGRESSO DA SBG, 29., Belo Horizonte, 1976. **Anais** [...]. Belo Horizonte: SBG, 1976. v. 2. p. 91-106.

GAMA, M. A. P. **Determinação da acidez potencial e da necessidade da calagem em solos do Nordeste Paraense.** 72p. Dissertação (Mestrado em Agronomia) – Escola Superior de Agricultura Luiz de Queiroz, USP, Piracicaba-SP, 1998.

GUERRA, A. T. **Dicionário Geológico e Geomorfológico**. 8. ed. Rio de Janeiro. 1993. 446p.

GUIMARÃES, T. L. B. **Determinação da cor do solo pela carta de Munsell e por colorimetria.** Monografia (Especialização em Agronomia) – Curso de Agronomia, Universidade de Brasília, Brasília, 2016.

LEÃO, N. *et al.* **Belém Sustentável**. Belém: Imazon, 2008.

LEMOS, R. C. *et al.* **Manual de descrição e coleta do solo no campo.** 5. ed. ampliada e revisada. Viçosa: Sociedade Brasileira de Ciência do Solo, 2005.

LEPSCH, I. F. **Formação e conservação dos solos**. 2. ed. São Paulo: Oficina de Textos, 2010.

LIMA, M. R. O solo no ensino de ciências no nível fundamental. **Ciência & Educação**, Bauru-SP, v. 11, n. 3, p. 383-394, 2005.

PRODUÇÃO DE MATERIAIS LÚDICOS COM PAPEL REUTILIZADO: UMA PROPOSTA DE EDUCAÇÃO AMBIENTAL NO ENSINO DE GEOGRAFIA DO 6.º ANO

Luana Valente Carvalho
Enilson da Silva Sousa

INTRODUÇÃO

As questões ambientais têm instigado lideranças e a comunidade na procura por ações voltadas para o meio ambiente, seja através de legislações, programas governamentais, associações ecológicas ou em ações dentro das instituições de ensino. O estabelecimento da Educação Ambiental (EA) foi uma etapa significativa no sensibilizar da população, na possibilidade de enfatizar reflexões que antes não eram prioridades, como a necessidade de preservação do ambiente natural compartilhado por todos os seres (Coutinho; Do Canto Dorow, 2014).

A reciclagem ou o reaproveitamento de papel são consideravelmente benéficos ao meio ambiente, sendo que a reciclagem do papel inclui, entre outros, a redução no consumo de água e de energia utilizados na produção, além de menos cortes de árvores que são a matéria prima principal do papel. Através da educação ambiental, ações antes vistas como uma realidade externa ao seu cotidiano agora são vistas como ações possíveis de serem realizadas, desde uma grande empresa à uma pequena escola no interior do Brasil (Rodrigues; Da Silva Feitosa; Da Silva, 2015).

O uso da metodologia lúdica pode implantar uma diversidade de assuntos geográficos, além de serem materiais de fácil acesso. Por meio desses materiais, é possível abordar diferentes categoriais de análises da Geografia, como: lugar, paisagem, território, sociedade, cultura, política e meio ambiente. Tal método é uma estratégia de ensino para ambientes de inquietação como a sala de aula, podendo assim ser um facilitador na relação professor e aluno além dos conteúdos programáticos (Surmacz; Andrade, 2015).

Dentro dessa realidade, a problemática do descarte do papel pela comunidade escolar é um fator determinante para construção de práticas educativas em prol do meio ambiente. Também fazem parte desse escopo os impactos paisagísticos que acabam limitando e desperdiçando matérias de qualidade e fácil reaproveitamento. A utilização e reaproveitamento de determinados materiais como o papel, no contexto escolar, são ações significativas na construção social e dos valores ambientais dos jovens (Chaves, 2014).

A educação tem a intencionalidade de formar os indivíduos através de ações e reflexões promovidas para garantir a qualidade e a preservação da sociedade e do meio ambiente, contribuindo no equilíbrio entre homem e natureza de forma sustentável. Uma dessas ações de contribuição significativa é o estudo sobre a educação ambiental, dentro da sala de aula. A maioria dos problemas ambientais tem suas raízes em fatores socioeconômicos, políticos e culturais, que não podem ser previstos ou resolvidos por meios simplesmente tecnológicos (Dias, 1991).

O presente trabalho analisa a importância e eficiência no uso de materiais reutilizáveis, como o papel, no processo de ensino e aprendizagem da educação ambiental, sendo uma prática alternativa no ensino de Geografia na educação básica, a partir de uma proposta de trabalho acadêmico. Pretendeu-se, contudo, a inserção de modelos didáticos mais dinâmicos, criativos e estimulantes, para além do livro didático e das aulas expositivas, visando uma aprendizagem baseada na sensibilização.

OBJETIVOS

Objetivo geral

Compreender melhor a eficiência de utilizar matérias reutilizáveis no contexto escolar, propondo e demonstrando possíveis utilizações de materiais e ações educacionais voltadas à educação ambiental.

Objetivos específico

a. Realizar uma oficina de elaboração e confecção de maquetes geográficas, utilizando materiais reciclados aproveitados do ambiente escolar, como papéis descartados pela comunidade educacional;

b. Utilizar questionários para a análise de dados quantitativos na aceitação dessa metodologia, através de recursos reaproveitados como instrumento de ensino aprendizagem;

c. Compreender de que forma pode-se estimular os alunos na sensibilização e conscientização ambiental, a partir dos resultados obtidos, a partir da aplicação de questionários, com perguntas fechadas, após a realização das oficinas.

METODOLOGIA

A pesquisa foi realizada na Escola Estadual de Ensino Fundamental e Médio Isabel Amazonas (ISAM), em Ananindeua – PA, localizada no bairro do distrito industrial, com o intuito de realizar um levantamento da viabilidade e eficácia da utilização de matérias lúdicos feitos do reaproveitamento de materiais, como o papel, pela comunidade escolar.

O problema que norteou essa investigação foi pautado em como transformar uma prática pedagógica, nesse caso a oficina de reaproveitamento de papel, em uma proposta de inserção de metodologias de ensino diretamente relacionadas à EA em sala de aula, tornando o educando um cidadão consciente, sensível e autônomo nos processos de construção, reconstrução e reflexão sobre as problemáticas ambientais e suas possíveis soluções.

Esta pesquisa utilizou a aplicação de uma atividade prática "Oficina", para construir, com os alunos e docentes, possibilidades para trabalhar e construir em sala de aula com produtos que seriam descartados totalmente, como papéis, ressaltando as possibilidades e variedades do uso de metodologias ativas e como tal instrumento educacional pode abordar as temáticas ambientais, sociais e culturais.

A proposta do tema geográfico abordado na construção da maquete foi o tema que estava sendo estudado pelos alunos no momento da realização da pesquisa: "As camadas da Terra". A turma escolhida para a execução do trabalho foi a do 6.º ano, do turno da manhã, sendo que esta foi dividida em dois grupos, o grupo A e o grupo B. A atividade foi realizada na manhã do dia 14 de abril de 2022.

Tais grupos foram separados para que houvesse uma melhor distribuição de tarefas e materiais; as informações acerca do passo a passo foram expostas e trabalhadas. O material foi totalmente disponibilizado para ambos os grupos, de forma igualitária. Os materiais utilizados para a elaboração da escultura geográfica feita de papel foram: cola branca, tinta guache, tesoura, pincel, papel de caderno (reaproveitado), jornal e fita.

A proposta foi aplicada entre os meses de abril a junho de 2022. A escola contempla 136 alunos no ensino básico (6.º ano), sendo 67 alunos do turno matutino e 69 alunos no turno vespertino, com um total de (36) docentes de diversas disciplinas na instituição.

Após a execução da oficina, houve a necessidade de recolher as opiniões dos discentes e docentes sobre a eficiência e abrangência da reutilização de produtos como o papel no ambiente escolar como instrumentos de ensino e aprendizagem. Para tal coleta de dados, utilizou-se questionários, para a análise de dados quantitativos na aceitação dessa metodologia.

Os questionarios foram construidos de acordo com as dúvidas e os questionamentos acerca da tématica desta pesquisa, sendo um questionário para os professores e outro para os alunos, cada um com oito perguntas fechadas, totalizando 16 perguntas que nortearam os gráficos deste trabalho. A escolha do questionário se deu pela objetividade das perguntas, o que facilitou na tabulação das respostas, ajudando na obtenção dos dados estatísticos com maior precisão. Além disso, vale ressaltar que o anonimato dos participantes foi preservado.

A coleta dos dados do questionário dos alunos ocorreu nos dias disponibilizados pelo docente responsável pelas turmas, no período da manhã, nas aulas de geografia. Logo, esta coleta de dados totalizou 59 alunos entrevistados, no dia 21 de abril de 2022.

Os docentes que participaram da pesquisa totalizaram 14 professores, sendo tais de diversas disciplinas. A coleta ocorreu nos turnos matutino e vespertino, nos seus intervalos. No dia 27 de abril de 2022 salientou-se o quanto era importante a colaboração de todos e que era primordial a sinceridade no preenchimento.

RESULTADOS E DISCUSSÕES

Resultados da atividade prática (Oficina) realizada com os alunos

O trabalho prático foi desenvolvido e aplicado com sucesso. No início do processo da construção da escultura de papel, a maioria dos alunos desconhecia a possibilidade de utilização da construção como ferramenta educacional, principalmente, desconheciam a possibilidade de reaproveitar o papel do seu próprio caderno. Não sabiam que poderiam construir material lúdico e pedagógico com material que iria diretamente para o lixo.

A temática da oficina foi o assunto que estava sendo trabalhado pelo professor: "as camadas que compõem nossa esfera terrestre", o que se tornou satisfatório para ambas as partes. A realização desta atividade foi no dia 14 de abril de 2022, pela manhã. Para a realização da prática os alunos foram divididos em dois grupos, o grupo A e o grupo B, sendo que tais equipes desenvolveram a sua maquete com facilidade e determinação, na busca da realização da confecção que fosse esteticamente satisfatória e refletisse os conhecimentos sobre a temática abordada, colocando em prática seus conhecidos gerais sobre o assunto já estudado, como pode ser observado nas Figuras 1A e 1B.

Figura 1A – Grupo A

Figura 1B – Grupo B

Fonte: a autora

O passo a passo do processo de desenvolvimento da escultura de papel pode ser observado nas Figuras 2A e 2B.

Figura 2A – Elaboração da escultura de papel (maquete da esfera)

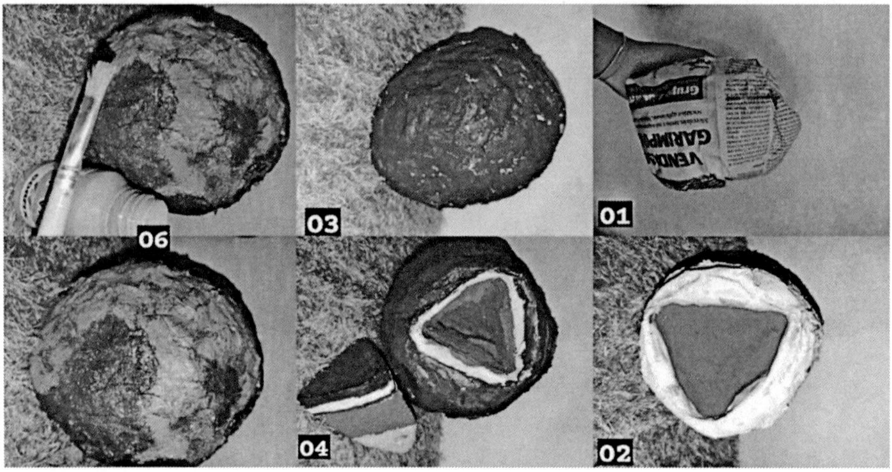

Fonte: a autora

Figura 2B – Elaboração da escultura de papel (maquete das camadas da terra)

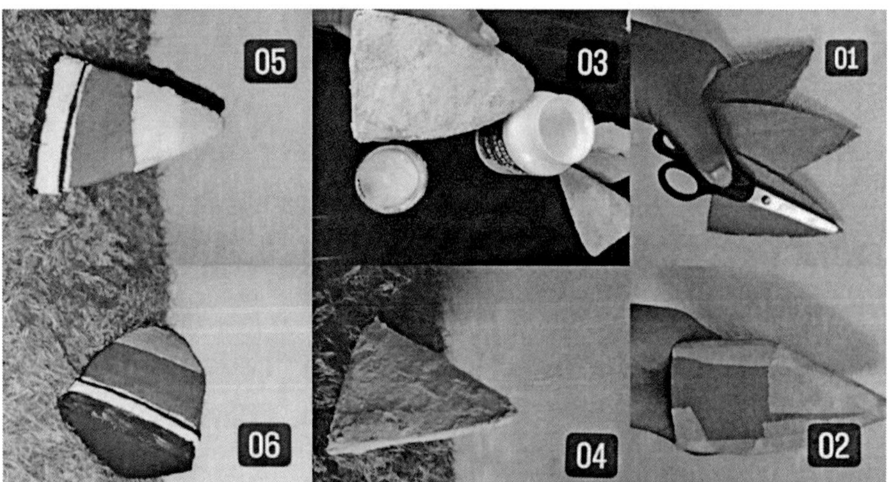

Fonte a autora

O modelo dessa maquete foi pensado e desenvolvido para a sala de aula, visando facilitar a aprendizagem do aluno, que muitas das vezes possuem dificuldades de entender um assunto. Tal maquete busca complementar os ensinos dos professores, e auxiliar os alunos na hora de aprender sobre as camadas da terra. Sendo importante ressaltar essa metodologia ativa na construção educacionais dos jovens. Os alunos e professores ficaram satisfeitos com a metodologia, com o processo da construção e análises acerca desse material lúdico.

Ressaltando que tal motivação educacional incrementa na relação entre o educador e o educando, na execução de tal metodologia, visando variedade e potencialidade de ideias e criações para com a comunidade escolar, segue o modelo final da maquete realizada, como pode ser observado na Figura 3.

Figura 3 – Representação das camadas da terra (modelo da atividade prática)

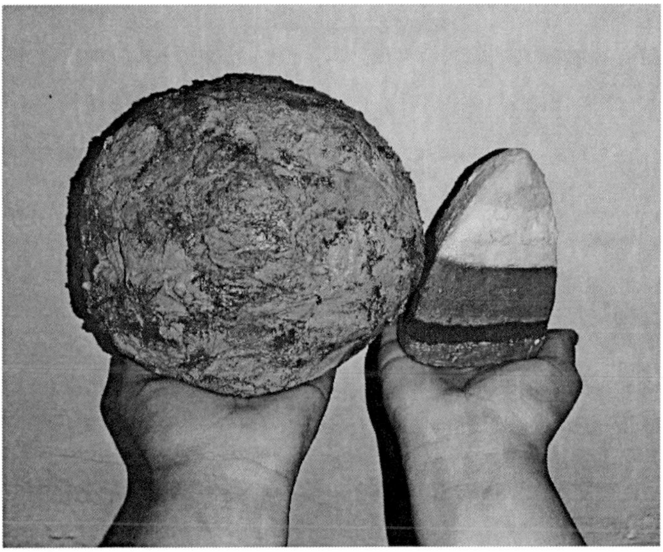

Fonte: autora da pesquisa

Resultados do questionário realizada com os alunos

Buscando perceber como os discentes abordam a eficiência de metodologias lúdicas reutilizáveis no contexto escolar, sendo tais métodos inseridos e demonstrados de maneira direta para o aluno, enfatizando as ações educacionais voltadas a educação ambiental, este subitem servirá para análise dos dados obtidos com o questionário realizado com 59 alunos, aproximadamente 43% do total que faze parte do quadro funcional da Escola Estadual de Ensino Fundamental e Médio (EEEFM) Isabel Amazonas (ISAM).

A finalidade da aplicação do questionário foi de identificação junto aos alunos sobre as práticas pedagógicas e formas de expressão trabalhadas em sala de aula pelos docentes, visando a sensibilização para a temática ambiental trabalhada em sala de aula. Analisou-se os alunos para que se tivesse uma visão mais clara da temática em questão, objetivando uma melhor análise quanto os dados dos educadores e educandos.

Inicialmente o questionário investiga a eficiência da utilização de metodologias ativas na aprendizagem dos alunos no contexto escolar, ressaltando a opinião dos alunos sobre a ludicidade da aprendizagem como meio facilitador.

Em relação à questão de o lúdico facilitar na aprendizagem (Figura 4), cerca de 95% responderam que sim, acreditam no lúdico como instrumento de crescimento educacional. Aproximadamente 5% responderam que não. De acordo com as respostas obtidas é possível visualizar que os educadores aprovam medidas que trabalhem a ludicidade em sala de aula, o que torna o ensinar e o aprender mais dinâmico.

Figura 4 – Você acredita que o lúdico facilita na aprendizagem?

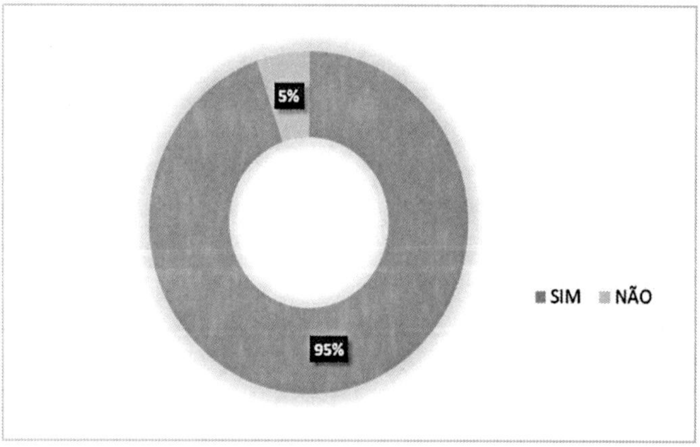

Fonte: a autora

Questionando-se se as metodologias lúdicas são aplicadas pelos professores (Figura 5), cerca de 83% responderam que sim, metodologias lúdicas são aplicadas pelos professores. Aproximadamente 17% responderam que não. De acordo com as respostas obtidas é possível visualizar que os educadores abordam em seus conteúdos ferramentas e metodologias voltadas ao lúdico e práticas ativas, além das práticas teóricas. De acordo com as respostas obtidas é possível visualizar que a maioria dos alunos consideram positivamente métodos lúdicos no ensino.

Figura 5 – Metodologias lúdicas são aplicadas pelos professores?

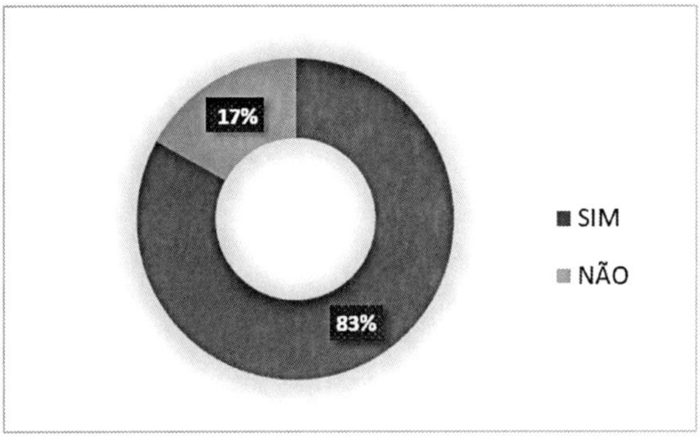

Fonte: a autora

Outro dado em questão foi referente à educação ambiental (Figura 6). Aproximadamente 73% dos alunos responderam que sim, já tiveram algum contato com este processo educativo durante a sua vida, dentro ou fora do ambiente escolar. Cerca de 27% responderam que não conhecem esse processo de educação. De acordo com as respostas obtidas é possível visualizar que os alunos em sua maioria estão mais próximos da conscientização e das mudanças educacionais.

Figura 6 – Você sabe o que é educação ambiental?

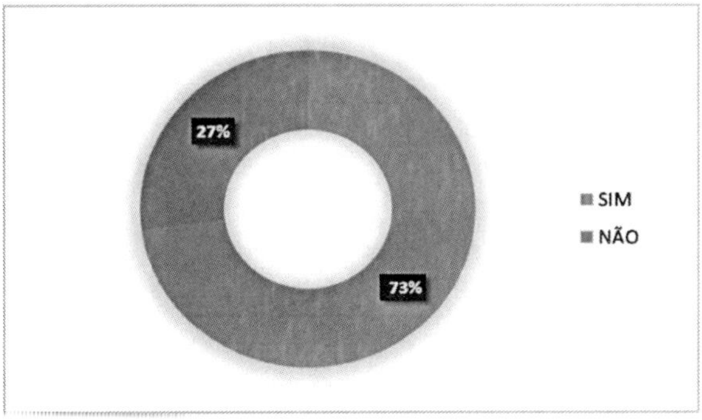

Fonte: a autora

Outro dado em questão é a importância de zelar e cuidar do meio ambiente (Figura 7). Aproximadamente 95% dos alunos responderam que sim, que é importante cuidar na natureza no meio natural do espaço em que vivemos. Cerca de 5% responderam que não acreditam ser importante zelar por este. De acordo com as respostas obtidas é possível visualizar que os alunos em sua maioria são conscientes da importância de cuidar do meio no qual vivem.

Figura 7 – Você acredita na importância de zelar e cuidar do meio ambiente?

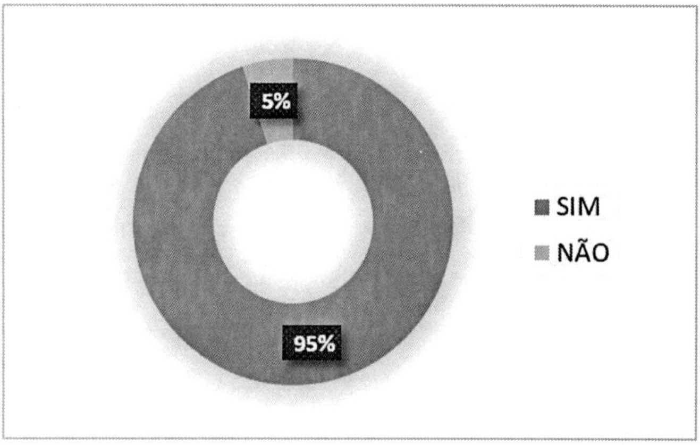

Fonte: a autora

Sobre o meio no qual o aluno aprendeu sobre o que seria educação ambiental (Figura 8), cerca de 76% responderam que aprenderam dentro de instituição de ensino como a escola, cerca de 9% aprenderam com o meio de comunicação televisão, cerca de 7% aprenderam por meio das redes sociais (internet), e cerca de 8% aprenderam por outros. De acordo com as respostas obtidas, é possível visualizar que há uma diversidade de métodos para se aprender, sendo que os alunos em maioria aprenderam sobre tal questionamento em sala de aula, no ambiente educacional. São resultados positivos para a educação.

Figura 8 – Onde você aprendeu sobre o que é a educação ambiental?

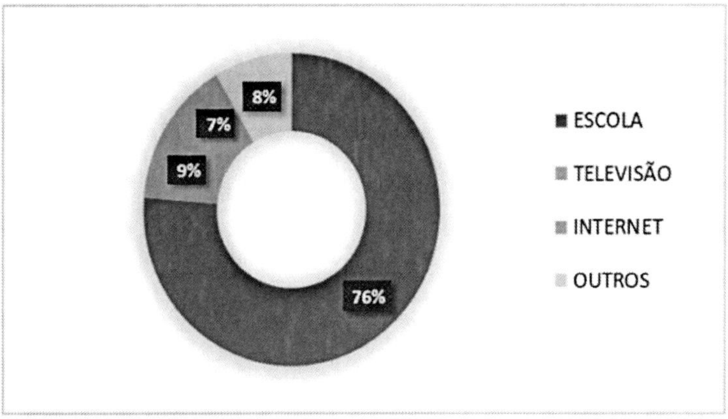

Fonte: a autora

Questionando-se sobre o uso de produtos feitos do reaproveitamento de papel (Figura 9), cerca de 85% dos alunos responderam que sim, consumiriam produtos feitos através do reaproveitamento do papel. Aproximadamente 15% responderam que não. De acordo com as respostas obtidas é possível visualizar que os discentes possuem intenções positivas, ressaltando a importância de investir na parte prática por meio de projetos sociais, pesquisas e incentivos.

Figura 9 – Você usaria produtos feitos de reaproveitamento de material como o papel?

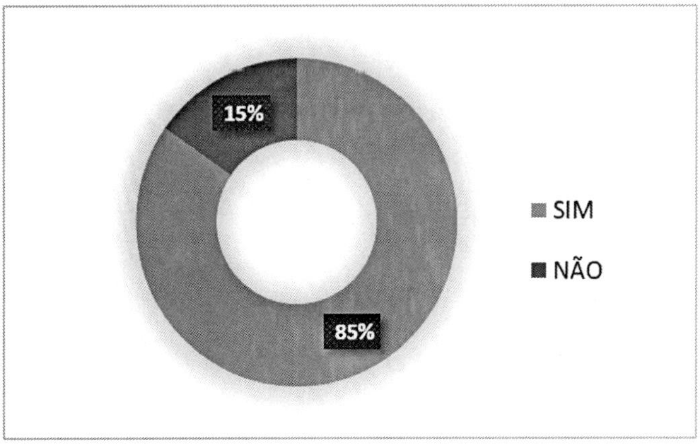

Fonte: a autora

Sobre a pergunta "Você já utilizou produtos reciclados?" (Figura 10), cerca de 58% dos alunos responderam que sim, já consumiram produtos feitos totalmente ou em partes de material reciclado. Aproximadamente 42% responderam que não. De acordo com as respostas obtidas é possível analisar que os discentes já consumiram produtos de reaproveitamento de matérias ou reciclados, o que é notícia positiva ao meio ambiente.

Figura 10 – Você já utilizou produtos reciclados?

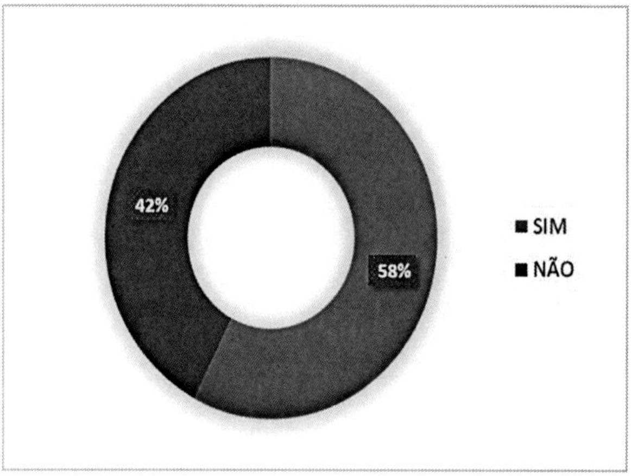

Fonte: a autora

Sobre a pergunta, "Você acredita ser importante o reaproveitamento e reciclagem de material como o papel?" (Figura 11), cerca de 95 % dos alunos responderam que sim, acreditam na importância e eficiência de reaproveitar matérias provenientes do papel. Aproximadamente 5% responderam que não. De acordo com as respostas obtidas é possível analisar que os discentes, em maioria, são conhecedores da dimensão na qual o cuidar do meio ambiente é indispensável na manutenção da sobrevivência humana.

Figura 11 – Você acredita ser importante o reaproveitamento e reciclagem de material como o papel?

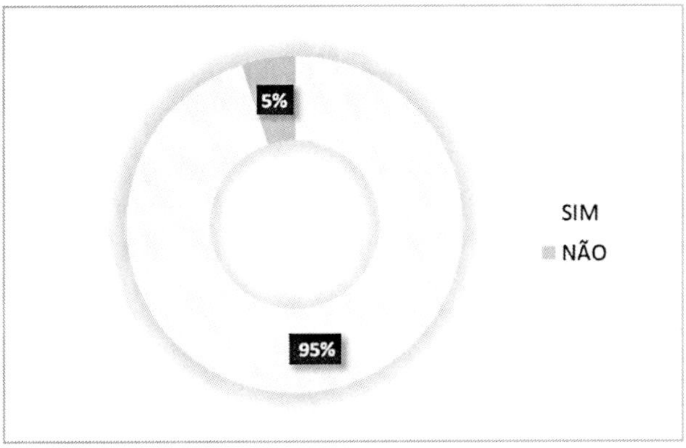

Fonte: a autora

Resultados da pesquisa realizada com os professores

Buscando perceber como os docentes utilizam da relevância e eficiência de matérias reutilizáveis no contexto escolar, inserindo e demonstrando de maneira direta para o aluno, ações educacionais voltadas a educação ambiental. Este subitem servirá para a análise dos dados obtidos com o questionário a 14 professores, aproximadamente 39% do total que faz parte do quadro funcional da EEEFM Isabel Amazonas (ISAM). Esta pesquisa objetiva saber a opinião e prática dos docentes acerca do uso e implementação de métodos lúdicos e criativos voltados à educação ambiental dos jovens em suas aulas.

Acerca da pergunta sobre a formação dos professores (Figura 12), dentre as respostas, 9% dos participantes possuem apenas graduação, sendo que o restante possui formação continuada, como especialização (73%) e mestrado (18%). A maioria dos professores buscam se aperfeiçoar, agregando positivamente na estrutura e dinâmicas educacionais, pois o processo contínuo de capacitação de educadores pode ser uma das estratégias para a obtenção de resultados positivos com relação às mudanças de valores e atitudes almejadas pela sociedade.

Figura 12 – Sobre a formação dos professores?

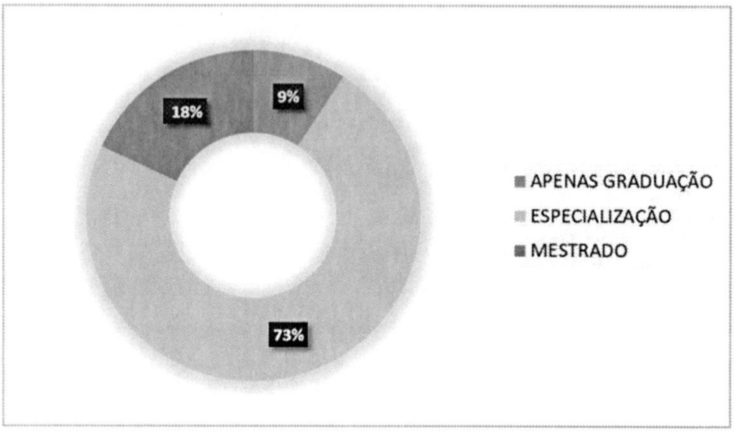

Fonte: a autora

Questionando-se se a respeito do lúdico como ferramenta facilitadora no processo da aprendizagem (Figura 13), evidencia-se que a utilização de variadas estratégicas para aprimorar o crescimento do desenvolvimento infantil é relevante e significativa, produzindo conhecimento e desenvolvendo identidades, sendo estimulante tanto para o educador quanto para o educando. Para embasar tal argumento, trago a seguir uma citação retirada de um artigo que aborda a ludicidade no processo educacional, segundo Trinca e Vianna (2014, p. 4):

> As ações do educador junto à criança devem buscar através de alternativas metodológicas lúdicas sua ampla participação e envolvimento no processo educativo gerando questionamentos, inquietações, descobertas, explorando suas potencialidades e seu desenvolvimento pessoal e social na prática de atividades de seu cotidiano que representam a busca de uma aprendizagem significativa e de qualidade (Trianca; Vianna, p. 4).

Acerca do uso de meios lúdicos como ferramenta facilitadora na aprendizagem, dos entrevistados 100% responderam que sim, o lúdico facilita na construção educacional e agrega no processo de ensino dos alunos. Já 0% respondeu que não. A maioria dos professores que participaram da entrevista acreditam no poder de ensino e aprendizagem através de práticas ativas.

Figura 13 – Na sua concepção as metodologias lúdicas facilitam a aprendizagem?

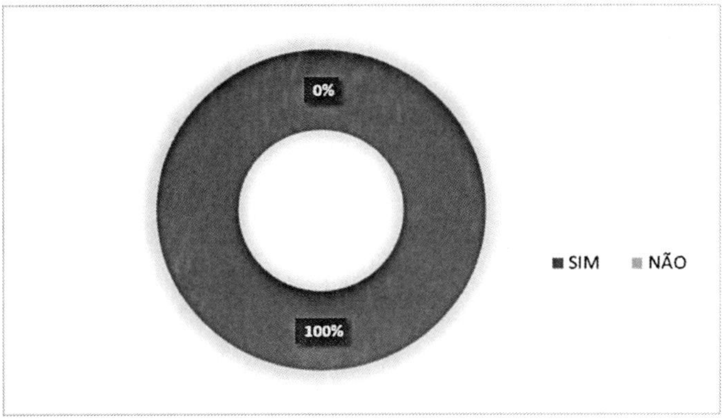

Fonte: a autora

Em relação à importância do ensino de educação ambiental no contexto escolar (Figura 14), cerca de 100% dos docentes afirmaram que sim, precisa-se de métodos de ensino que valorizem o ensino da educação ambiental para que tal esteja mais frequente no cotidiano dos alunos, proporcionando oportunidades de criar e recriar ativamente, e que tal alternativa possa, sim, ser trabalhada em várias áreas de estudo, pois métodos ativos facilitam na aprendizagem dos discentes. Zero por cento respondeu que não vê importância em práticas ambientais no contexto escolar.

Nota-se que os docentes são positivos a respeito da utilização e inserção dessas metodologias no ambiente da sala de aula. Diante dos resultados, 100% dos professores valorizam e buscam da melhor maneira se trabalhar educação ambiental dentro de sua grade curricular. Pode-se perceber que os educadores já se dispõem a trabalhar com criatividade e dinamismo como uma ferramenta pedagógica que agregam em suas aulas.

Figura 14 – Você considera importante o ensino de educação ambiental no contexto escolar?

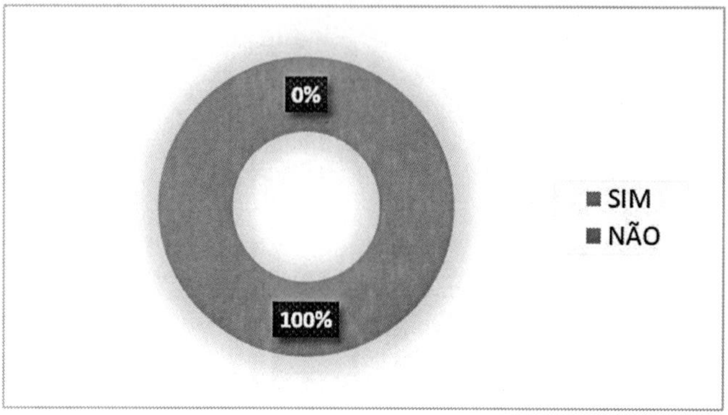

Fonte: a autora

Em relação a ações voltadas à educação ambiental dentro da instituição (Figura 15), cerca de 100% dos docentes afirmaram que sim, a Escola Isabel Amazonas possui ações que abordam e trabalham as questões ambientais. Zero por cento respondeu que não. Esse resultado demonstra que a maioria dos profissionais afirma que a escola trabalha com a educação ambiental em seu espaço, o que torna o ambiente construtivo e em evolução, ressaltando que os educadores em sua maioria acreditam em uma educação que aborde todas as vertentes, inclusive a ambiental.

Figura 15 – Sua instituição possui ações voltadas à educação ambiental?

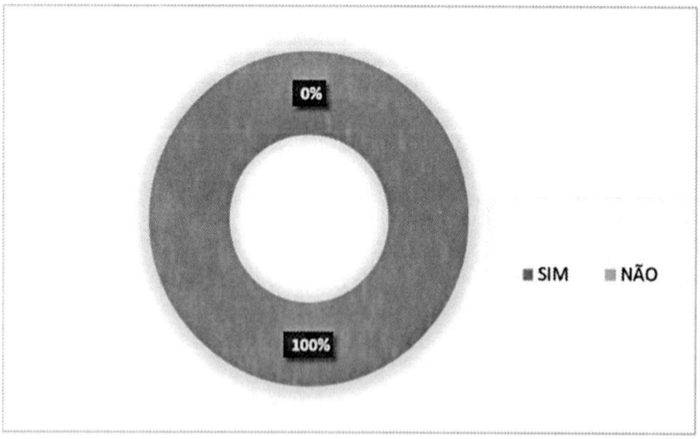

Fonte: a autora

Em relação à Base Nacional Comum Curricular (BNCC) e os aspectos fundamentais acerca da educação ambiental no contexto escolar (Figura 16), os docentes, aproximadamente 27%, afirmaram que sim, a BNCC aborda as temáticas e aspectos ferentes as questões ambientais. Aproximadamente 73% responderam que não. Nota-se que os docentes discordam com uma grande desproporção acerca da temática relacionada à BNCC e suas abordagens em prol da educação ambiental. Os docentes de diversas disciplinas possuem opiniões e concepções diferentes com relação à BNCC e suas adequações com a temática ambiental existente.

Figura 16 – Em sua concepção a BNCC trabalha de forma completa os aspectos fundamentais acerca da educação ambiental no contexto escolar básico?

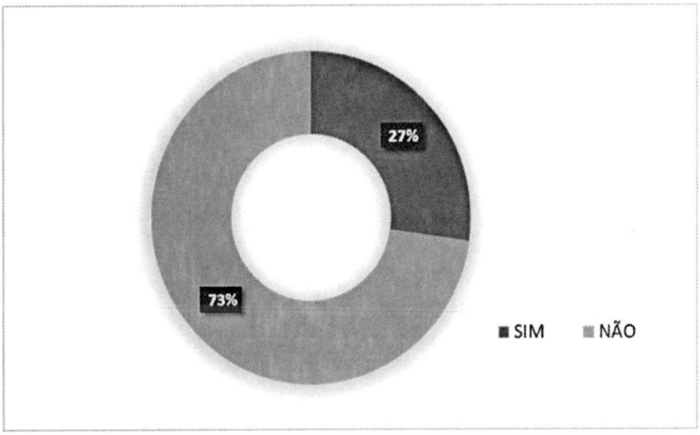

Fonte: a autora

Outro dado em questão é a utilização de métodos lúdicos voltada às temáticas ambientais nas aulas (Figura 17). Aproximadamente 27% dos docentes responderam que sim, já praticaram atividades com ferramentas ou metodologias voltadas a temáticas ambientais. Cerca de 73% responderam que não usaram métodos lúdicos voltados à questão ambiental em suas aulas.

Dentre os docentes que utilizam métodos lúdicos em suas aulas, visualiza-se um maior envolvimento do aluno com o próprio meio do qual faz parte, sendo evidente ressaltar a importância da interdisciplinaridade na construção educacional.

Figura 17 – Você já utilizou métodos lúdicos voltados à temática ambiental em suas aulas?

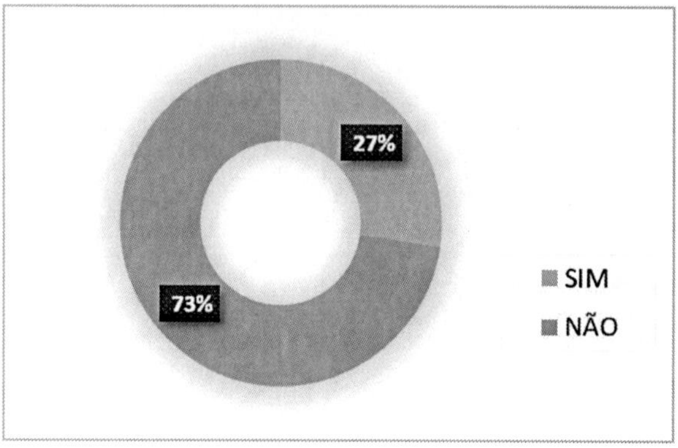

Fonte: a autora

Questionando-se sobre os produtos feitos de reaproveitamento de matérias como papel (Figura 18), 100% dos docentes afirmaram que sim, usariam produtos feitos de materiais reaproveitados ou reciclados feitos de papel (celulose). Zero por cento respondeu que não à questão, ressaltando a aceitação positiva por esse tipo de material, o papel, que se encontra de forma significativa no cotidiano escolar. O papel é um material que está em grande escala dentro das escolas, reutilizá-lo ou reaproveitá-lo dentro das instituições de ensino seria benéfico e consciente. Repensar ações voltadas a tal prática seria uma proposta de retorno ao meio ambiente, mantendo o ciclo ambiental e educacional ativo.

Figura 18 – Você usaria produtos feitos de reaproveitamento de materiais como papel e plástico?

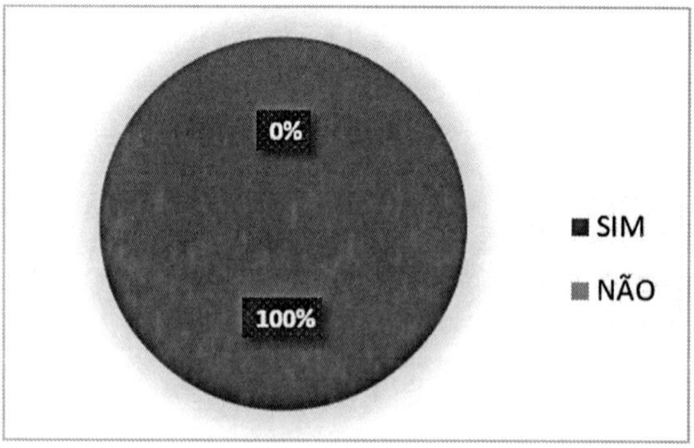

Fonte: a autora

Questionando-se sobre a importância do reaproveitamento e reciclagem de materiais como papel (Figura 19), 100% dos docentes responderam que sim, acreditam ser importante e necessário o uso e reaproveitamento de produtos como o próprio papel. Zero por cento respondeu que não. Sobre a disparidade positiva nas respostas dos educadores, é enfatizado que grande parte dos educadores possuem o conhecimento e sabem da importância de se trabalhar e de recriar no ambiente educacional. Utilizar-se de ideias que possam agregar a sociedade e ao meio ambiente é necessário e relevante.

Figura 19 – Você acredita ser importante o reaproveitamento e reciclagem de matérias como o papel?

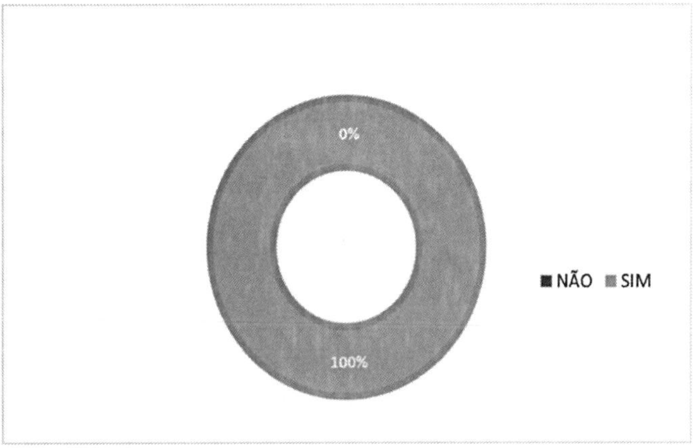

Fonte: a autora

CONSIDERAÇÕES FINAIS

A elaboração de materiais lúdicos confeccionados por meio do reaproveitamento de recursos, dentro do contexto educacional, é um processo de reaprender a ensinar, a partir de perspectivas pautadas em criticidade e autonomia, sendo necessário para o educador inserido nesse processo de troca de conhecimento a capacidade de se reinventar dentro da sala de aula. Cada ideia nova é uma forma a mais de passar adiante os conhecimentos já adquiridos. O ensino da Geografia é uma ciência que estuda para além do espaço geográfico humano. Ela se pauta na relação entre os aspectos físicos, biológicos e humanos do planeta Terra, instigando o discente a pensar e repensar as diversas esferas que compõem seu território e cotidiano, sendo assim fundamental para o desenvolvimento de cidadãos conscientes e críticos com as questões que os norteiam.

No decorrer deste trabalho notou-se as constantes e variáveis mudanças na estrutura social das diversas camadas da sociedade. Cada geração possui suas características e especificidades, e apropriar-se das diversas metodologias disponíveis para o desenvolvimento educacional é necessário e eficiente. Os alunos do fundamental estão descobrindo alternativas e construindo sua identidade, sendo assim importante priorizar o contato com mais de uma forma de se ensinar e aprender. A priori, a educação ambiental é vista como um ensino baseado em grande parte por não desmatar a natureza. Porém, trabalhar com essa temática vai muito além dessa questão. A educação ambiental objetiva a compreensão dos conceitos relacionados não só ao meio ambiente; aborda a sustentabilidade, a preservação e a conservação, sendo importante ressaltarmos as boas práticas e ações dos cidadãos, como: reaproveitar, repensar, reciclar e reutilizar.

Desse modo, inserir a ludicidade como auxílio pedagógico no ambiente escolar é um recurso que deve ser repensado, oportunizando e valorizando as velhas e novas ferramentas de aprendizagem. Esse processo de inserção de matérias que seriam descartadas em peças que venham a compor os assuntos trabalhados em sala vai além de apenas utilizá-las de qualquer maneira, mas sim requer que toda a comunidade escolar se esforce para que esse uso seja de forma significativa e relevante para todos, como o meio ambiente, os educadores, os alunos e a comunidade em torno dessa instituição de ensino.

O resultado alcançado nesta pesquisa relata que os professores se mostram favoráveis à utilização das metodologias lúdicas como facilitadoras da aprendizagem no contexto educacional. As metodologias lúdicas no processo de ensino e aprendizagem contribuem para o desenvolvimento e avanço da educação. Diante disso, percebe-se que os professores da Escola Isabel Amazonas praticam um desenvolvimento construtivo com os seus alunos, destacando o fato de que a maioria dos educadores possuem ensino continuado e buscam incrementar o desenvolver dos discentes, pois enxergam o lúdico como um grande auxiliador pedagógico e utilizam-no em sala de aula.

Também percebemos que os alunos da Escola ISAM são a favor do uso do lúdico na aprendizagem, como pode ser observado através da pesquisa, pois cerca de 95% responderam que o ensino através da ludicidade agrega mais na construção educacional, o que nos remete ao fato da ludicidade ser reconhecida e usada constantemente como um aparato didático. O que falta é o olhar mais abrangente por parte do educador e da escola para desenvolver e orientar o uso deste recurso, sendo que o recurso de metodologias lúdicas, como o uso de esculturas feitas de papel, é bem aceito tanto pelos docentes como pelos alunos.

Quanto ao ensino de educação ambiental no contexto escolar, cerca de 100% dos docentes responderam que ela é necessária na etapa de desenvolvimento educacional dos alunos, pois tal ensino aborda diversas vertentes do aprendizado. Outra questão apresentada foi sobre se os discentes sabiam o que seria a educação ambiental. Cerca de 73% responderam que sabem sobre o que se trata, o que são resultados positivos, pois os jovens estão mais ativos e conscientes sobre a problemática ambiental. Ressalta-se que cerca de 95% dos discentes afirmaram ser importante zelar e cuidar do meio ambiente.

Ainda sobre a educação ambiental na construção educacional dos alunos, a respeito do meio no qual aprenderam sobre essa temática, cerca de 76% responderam que aprenderam dentro da escola, cerca de 9% aprenderam através da televisão, cerca de 8% aprenderam através de outros, e cerca de 7% aprenderam através da internet. Nota-se que o ambiente escolar ainda se faz o meio mais forte no qual a educação ambiental é trabalhada, apesar de todas as dificuldades existentes.

Quanto ao uso de produtos feitos de reaproveitamento de material, como o papel, 85% dos alunos responderam que sim, usariam produtos reciclados, reaproveitados. Cem por cento dos docentes respondeu que usariam sem problemas. Nota-se que a vontade de usar e comprar determinados produtos não é negativa, então incentivar e buscar propostas cada vez mais efetivas sobre tais produtos é necessário e renovador à sociedade e ao meio ambiente.

Sobre a importância do reaproveitamento e reciclagem de produtos feitos de papel, cerca de 100% dos professores responderam que são a favor do reaproveitamento de papel, principalmente dentro da própria escola, sendo evidenciada a importância de recriar o ambiente no qual vivemos. Ainda sobre esta questão, 95% dos alunos são a favor do reaproveitamento de papel, como o próprio caderno deles. Com base nessas informações é evidente que os alunos são conhecedores da dimensão na qual cuidar e zelar do meio ambiente possui grande importância.

O desenvolvimento das atividades foi plenamente satisfatório, indicando que a metodologia aplicada foi adequada e eficiente. Foi notória a apropriação pelos alunos da metodologia trabalhada, evidenciando a facilidade de se envolverem ativamente da produção de seus conhecimentos e de se envolverem propiciando mudança de atitude como agentes transformadores, ao longo do processo.

Embora haja vários obstáculos a serem enfrentados para a utilização desse recurso de forma igualitária nas escolas, muitos educadores possuem receio de utilizar métodos lúdicos como complementação em suas aulas, o que nos remete à importância do diálogo entre os educadores e os educandos e à eficiência de trabalhar atividades em grupos para melhorar a interação entre eles. Sobre a questão referente à BNCC e os aspectos fundamentais acerca da educação ambiental no contexto escolar, aproximadamente 73% dos professores responderam que não concordam totalmente acerca da das abordagens em prol da educação ambiental dentro da Base Nacional Comum Curricular (BNCC).

Percebe-se que a escola envolvida acredita nas metodologias lúdicas voltadas à temática ambiental, pois nesta são realizados projetos relacionados à educação ambiental, estando presentes em todo cotidiano escolar para que os alunos aprendam sobre a necessidade de atribuir e construir novos valores, tornando-os, assim, cidadãos únicos e criativos. Na Escola Isabel Amazonas a dirigente afirmou que o tema está em constante aperfeiçoamento para ser trabalhado diariamente junto à disciplina de cada professor. Os dados colhidos mostraram que há concordância entre os professores e alunos em algumas questões, como o uso de ludicidade nas aulas e como o ensino através da dinâmica é propenso à criatividade e absorção de novas experiências.

Logo, os resultados dos questionários superaram as expectativas, visto que os alunos já possuíam um conhecimento sobre o tema trabalhado. Evidenciou-se que os docentes da Escola Isabel Amazonas estão trabalhando com dedicação e entusiasmo, utilizando metodologias que englobam a teoria e a prática de forma conjunta, o que consequentemente favorece o ensino e aprendizado das disciplinas como a Geografia.

O professor engajado na utilização de metodologias lúdicas é o educador consciente do fazer humano e das perspectivas subjetivas da aprendizagem, proporcionando educação diferenciada e significativa para seus alunos. Que esta pesquisa colabore de maneira positiva com subsídios para os educadores através dos resultados alcançados, contribuindo para um novo modelo de educação com a inserção da ludicidade na prática no ambiente educacional como ferramenta pedagógica, proporcionando um ensino que promova uma aprendizagem significativa para todos.

REFERÊNCIAS

CHAVES. A. R. **O papel da escola na construção da Educação Ambiental:** ações e reflexões. Acervo da iniciação científica. 2013. Disponível em: https://www.metodista.br/revistas/revistasizabela/index.php/aic/article/view/502. Acesso em: 01 de mar de 2021.

COUTINHO, C.; DO CANTO DOROW, Thaís. Papel semente: uma alternativa para inserção da Educação Ambiental na escola. **REMOA – Revista Monografias Ambientais,** v. 14, n. 2, p. 3.183-3.191, 2014. Disponível em: https://periodicos.ufsm.br/remoa/article/view/12641. Aceso em: 8 mar. 2025.

DIAS, G. Os quinze anos da educação ambiental no Brasil: um depoimento. **Em Aberto,** Brasília-DF, v. 10, n. 49, p. 3-14, jan./mar. 1991. Disponível em: https://emaberto.inep.gov.br/ojs3/index.php/emaberto/article/view/1706/1445. Aceso em: 8 mar. 2025.

RODRIGUES, G. L.; FEITOSA, M. J. da S.; SILVA, G. F. L. da. Cooperativas de reciclagem de resíduos sólidos e seus benefícios socioambientais: um estudo na COOPECAMAREST em Serra Talhada – PE. **Revista Metropolitana de Sustentabilidade,** São Paulo, v. 5, n. 1, p. 18-38, 2015. Disponível em: https://revistaseletronicas.fmu.br/index.php/rms/article/view/352. Acesso em: 17 fev. 2025.

SURMACZ, Elaine Cristina Soares; ANDRADE, Leia de. **Estratégias De Ensino Em Geografia.** Curitiba: Unicentro, 2015. 78 p.

ANÁLISE DA AÇÃO ANTRÓPICA NA TERRA INDÍGENA APYTEREWA

Marcio Roberto Santos de Carvalho
Enilson da Silva Sousa

INTRODUÇÃO

A Amazônia é conhecida internacionalmente por caracterizar um importante bioma (amazônico) que se situa entre o oceano Atlântico e as encostas da Cordilheira dos Andes, abrangendo nove países da América do Sul, sendo que 69% dessa área localiza-se no Brasil.

Esse bioma nos últimos anos vem passando por significativas mudanças no uso do solo devido à exploração dos recursos naturais, mais especificamente a partir do ano 1940, no qual foram adotadas políticas de ocupação desse território pelo governo brasileiro, objetivando o desenvolvimento da região e sua integração às outras áreas do país.

Um dos marcos nesse processo de ocupação da Amazônia brasileira foi a criação da Superintendência de Desenvolvimento da Amazônia (SUDAM) (Lei Federal n.º 5.173 de 1966) impulsionada pelo Programa de Integração Nacional (PIN) durante o governo militar, sob responsabilidade do Instituto Nacional de Colonização e Reforma Agrária (INCRA).

Durante esse período de regime militar a Amazônia brasileira passou por profundas alterações em seu território, sendo que as políticas de desenvolvimento estimuladas pelo governo federal com a concessão de créditos agrícolas, subsídios a empresas e a criação de infraestruturas (abertura de rodovias, criação de parques industriais e usinas hidrelétricas) ocasionaram um intenso fluxo migratório, sobretudo da região Nordeste, e o ressurgimento de um dinamismo urbano visando à integração da Amazônia ao restante do país.

No entanto, esse modelo de ocupação, que consistia na necessidade de terras para a substituição da vegetação por pastagens, áreas para atividades agronômicas, crescimento das cidades, abertura de estradas e exploração de recursos, contribuiu para o aumento do desmatamento na região. A implantação dessas atividades somada à intensa supressão vegetal acarreta em uma série de fatores de alto impacto para biodiversidade, e, além disso, afeta diretamente as comunidades que dependem do meio natural para sua sobrevivência e manutenção de seus costumes.

ANÁLISE DA AÇÃO ANTRÓPICA NA TERRA INDÍGENA APYTEREWA

A Terra Indígena Apyterewa

A Terra Indígena Apyterewa é habitada pelo povo Parakanã, pertencente à família linguística tupi-guarani, e está localizada no munícipio de São Félix do Xingu, no estado do Pará. Apesar de homologada em 2007, a terra indígena ainda tem 80% do seu território ocupado por não indígenas que atuam especialmente como madeireiros, garimpeiros e posseiros da região (Alves, 2016).

Ao longo dos anos, foram mais de 120 liminares que tentaram impedir a desintrusão da terra indígena. Em 2015, porém, o Supremo Tribunal Federal (STF) determinou a retirada dos invasores, fato que ainda não aconteceu. Em 2019, a negligência do governo federal ameaça mais uma vez a vida dos Parakanã: o ano foi recorde de desmatamento e queimadas dentro da terra indígena (Alves, 2016).

Segundo informações do Instituto Socioambiental (ISA), a Terra Indígena Apyterewa, de ocupação tradicional do povo Parakanã, está localizada no município de São Félix do Xingu, no sudeste do estado dc Pará. Homologada por decreto presidencial no dia 20 de abril de 2007, possui uma população de 470 pessoas distribuídas numa extensão de 773,470 mil hectares (Alencar, 2004).

Os Parakanã são habitantes tradicionais do interflúvio Pacajá-Tocantins. Falam uma língua da família tupi-guarani pertencente ao mesmo subconjunto do Tapirapé, Avá (Canoeiro), Assurini e Suruí do Tocantins, Guajajara e Tembé (Florenzano, 2002).

Ainda segundo o Instituto Socioambiental, os Parakanã se dividem em dois grandes blocos populacionais, oriental e ocidental, que se originaram de uma cisão ocorrida no final do século XIX. Os orientais foram reduzidos em 1971, durante a construção da rodovia Transamazônica; os grupos ocidentais foram contatados em diversos episódios e localidades entre 1976 e 1984, no período da ditadura militar. Segundo o repórter Rubens Valente, documentos da época mostram uma grande mortalidade do grupo, estimada em aproximadamente 35% (Alves, 2016).

Esses dois grupos habitam duas terras indígenas: a primeira, denominada Terra Indígena (TI) Parakanã, localiza-se na bacia do Tocantins, nos municípios de Repartimento, Jacundá e Itupiranga, no Pará. Com uma extensão de 351 mil hectares, encontra-se demarcada e com sua situação jurídica regularizada (Ferreira, 2005).

A segunda área, denominada TI Apyterewa, localiza-se na bacia do Xingu, nos municípios de Altamira e São Félix do Xingu, também no Pará. Com 981 mil hectares, a TI Apyterewa foi declarada de posse permanente dos Parakanã em 1992. Porém, a portaria do Ministério da Justiça que a garantia foi revogada, e a terra identificada pela Funai acabou sendo reduzida, de seu tamanho original, para 773 mil hectares. Uma nova portaria do Ministério da Justiça foi assinada em 21 de abril de 2004, e sua homologação aconteceu em 2007. Todos os seus habitantes são oriundos do bloco ocidental e foram contatados entre 1983 e 1984 (Ferreira; Venticinque; Almeida, 2005).

O mapa abaixo (Figura 1) trata da localização espacial da terra indígena Apyterewa.

Figura 1 – Mapa de localização da terra indígena Apyterewa

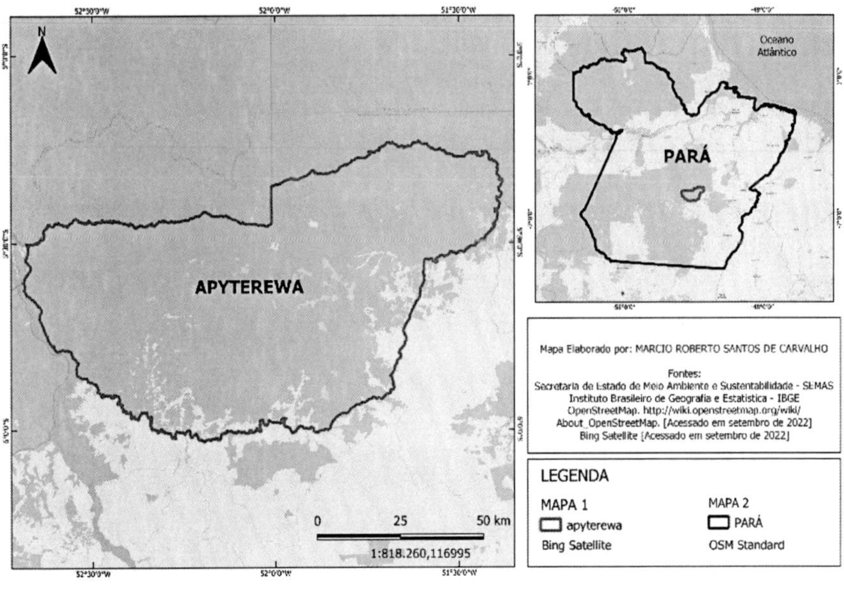

Fonte: o autor

De acordo com o antropólogo Carlos Fausto, os Parakanã teriam sido vistos pela primeira vez em 1910 no rio Pacajá, acima da cidade de Portel, e identificados como os índios que, na década de 1920, surgiam entre a cidade de Alcobaça e o baixo curso do rio Pucuruí para saquear colonos e trabalhadores da Estrada de Ferro do Tocantins (Costa, 2004).

Foi no início do século XX, portanto, que começaram a aparecer as primeiras informações sobre os índios que viriam a ser conhecidos como Parakanã; designação que, até então, incluía os Assurini. A partir da década de 1970, os ocidentais ultrapassaram o limite oeste desse território, vindo a habitar a região das cabeceiras do rio Bacajá e Bom Jardim, afluentes do médio curso do rio Xingu. Com uma história de fugas e conflitos com outros povos da região do Xingu, em 1980 a frente de colonização avança, principalmente, em decorrência do alto preço do mogno no mercado internacional (Carvalho, 2012).

> A partir de então, a exploração da madeira é baseada em investimentos de larga escala, extremamente rentáveis, realizados por empresas com significativo capital econômico e político, capazes de atuar de forma eficaz nos planos local, regional e nacional, lançando mão dos mais diversos recursos para preservar a atividade fim, tais como: a violência, a ação política ilegítima, os desrespeitos às regras, o recurso legal e a expropriação territorial (Carvalho, 2012, p. 67).

Especificamente na área habitada pelos Parakanã, o processo foi comandado por duas grandes empresas, a Exportadora Perachi e a Madeireira Araguaia (Maginco), que construíram uma estrada, hoje conhecida como Morada do Sol, cortando cerca de 100 km de matas desde Tucumã até o divisor de águas Xingu-Bacajá, onde começam a invadir as terras indígenas da região (Alves, 2016).

Um estudo preliminar de avaliação dos danos causados, realizado em 1992, sugere terem sido abertos cerca de mil quilômetros de estradas secundárias dentro das áreas Apyterewa, Araweté e Trincheira-Bacajá, com o desmatamento de quase 9 mil hectares de floresta primária e retirada anual de 60 mil metros cúbicos de toras de mogno, ainda segundo informações reunidas por Fausto (Ferreira, Venticinque; Almeida, 2005).

A estrada principal, construída para escoar o mogno explorado nas áreas indígenas, acabou servindo nos anos 1990 como via para a colonização da região. Até 1992, quando a TI Apyterewa foi declarada de posse permanente dos Parakanã (PP 267/MJ de 28 de maio de 1992), a maior parte dos invasores era constituída por garimpeiros e trabalhadores a serviço das madeireiras (Mapa de Conflitos, 2017).

A partir dc reconhecimento oficial da área e das primeiras ações consistentes de fiscalização por parte dos órgãos responsáveis, iniciou-se um movimento de entrada de posseiros. De um lado, as madeireiras começaram a franquear o acesso, relaxando o controle que mantinham sobre a estrada; de outro, o adensamento populacional na região de Tucumã levou trabalhadores que não possuíam terra a avançarem para a nova área.

Segundo Florenzano (2002):

> No final de 1993, os Parakanã da TI Apyterewa dividiram-se, formando duas aldeias: o 'Grupo de Ajowyhá', inflado pelo crescimento demográfico abandonou o Posto Apyterewa na margem direita do igarapé Bom Jardim e se instalou na beira do Xingu. Em 1995, aqueles que haviam permanecido no interior também se mudaram para o rio, onde o pescado era mais fácil, mas as chances de contato com os não indígenas também eram maiores (Florenzano, 2002).

Em 1996, alguns indígenas começaram a negociar com garimpeiros instalados no igarapé São José, limite sul da TI Apyterewa. Pela liberação das atividades extrativistas, eles recebiam alguns gramas de ouro, alguns reais e comida. No final daquele ano, iniciaram entendimentos com madeireiros de São Félix do Xingu para liberar a exploração na parte da reserva ainda não atingida, pondo fim à resistência de quase uma década (Costa, 2004).

No mesmo ano, o Ministério da Justiça, por meio do Decreto 1.775/1996, abriu a possibilidade de contestação das TIs não registradas em cartório. A partir disso, o Governo do Pará, a Prefeitura de Tucumã, a Exportadora Perachi, uma associação de agricultores, bem como alguns proprietários particulares, solicitou a revisão dos limites da TI Apyterewa (Bensusan, 2004).

> Tais contestações, embora improcedentes (como admite o próprio Ministro no despacho em que determina a revisão da área), acabaram sendo acolhidas. Nos últimos anos, a área tem sido palco das ações de madeireiros e grileiros, que retiraram madeira e outros recursos naturais de maneira ilegal. Em 2003, de acordo com informações do ISA, a TI Apyterewa foi a área indígena recordista em desmatamento na Amazônia brasileira. Além de devastar as florestas, os

> invasores têm impedido que a Funai realize o trabalho de demarcação da terra indígena, inclusive ameaçando servidores e indígenas residentes no local (Carvalho, 2012, p. 98).

A delimitação da área foi objeto de disputa durante anos. Em 2004, uma portaria do Ministério da Justiça assegurou a posse da área para o grupo indígena Parakanã, delimitando-a e determinando à Funai que procedesse a demarcação. A Funai ainda não conseguiu demarcar a área, apesar de ter sido homologada. Segundo o que o presidente da Funai, Mércio Gomes, declarou ao jornal Folha de São Paulo em fevereiro daquele ano, "os técnicos da fundação estavam a 1.800 metros de concluir a demarcação, mas foram impedidos por pistoleiros" (Mundo Educação, 2015).

Como é possível notar, a região é marcada pela exploração de recursos, garimpo, madeireiras e conflitos fundiários com fazendeiros e grileiros há muitas décadas. Em 13 de maio de 2005, a desembargadora federal Selene Maria de Almeida ordenou a retirada da madeireira Peracchi e de grileiros que ocupam áreas na Terra Indígena Apyterewa.

Áreas conhecidas como o "Paredão" e o "Pé de Morro" deveriam ser desocupadas pelos invasores, segundo decisão da Justiça para a ação civil pública movida pela Funai e pelo Ministério Público Federal contra Benedito Lourenço da Silva e outros. Ainda segundo o ISA, denúncias deram conta também de práticas de aliciamento de indígenas na região, para que permitissem e auxiliassem a extração de madeira em troca de pagamentos em dinheiro e mercadorias.

> No final dos anos 2000, com a chegada definitiva da hidrelétrica de Belo Monte, o cenário piorou. O maior complexo hidrelétrico do Brasil é constituído por duas barragens, sendo uma na Ilha Pimental, com potencial instalado de 233 MW, e outra na vila Santo Antônio do Belo Monte, com geração prevista de 11 mil MW. De acordo com estudo produzido pelo Instituto Socioambiental, a instalação da hidrelétrica de Belo Monte vem causando uma série de impactos à Volta Grande do Xingu, provocando o desvio de grande parte do fluxo d'água do Rio Xingu e diminuindo sua vazão (no denominado Trecho de Vazão Reduzida – TVR) (Alves, 2016, p. 98).

Essa redução no volume de água está gerando impactos inéditos e diretos sobre a qualidade da água, da flora, da fauna, da pesca e sobre importantes elementos socioculturais dos povos que lá vivem, afetando diretamente a Terra Indígena Apyterewa.

Quando se trata de ações que afetam o uso e cobertura do solo, é notória uma mudança do aspecto original do solo, evidenciando no decorrer dos anos o aumento do solo exposto em áreas que antes eram de formação florestal, identificados como agropecuária de acordo com a nomenclatura de MapBiomas, coleção 6.

Estão representados, nos mapas a seguir, esse aumento do solo exposto nos anos de 2008, 2015 e 2021 respectivamente.

Figura 2 – Mapa de cobertura do solo na terra indígena Apyterewa no ano de 2008

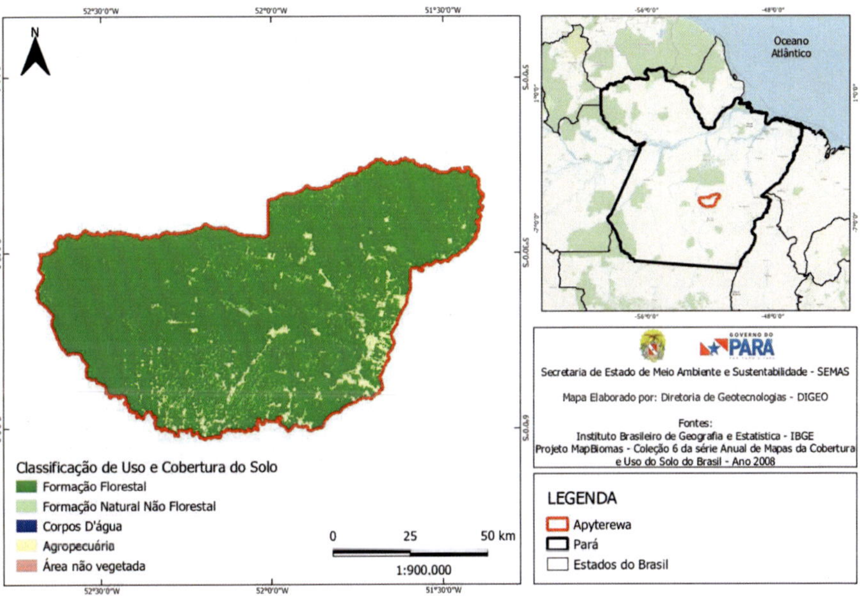

Fonte: Semas-PA (2008)

Figura 3 – Mapa de cobertura do solo na terra indígena Apyterewa no ano de 2015

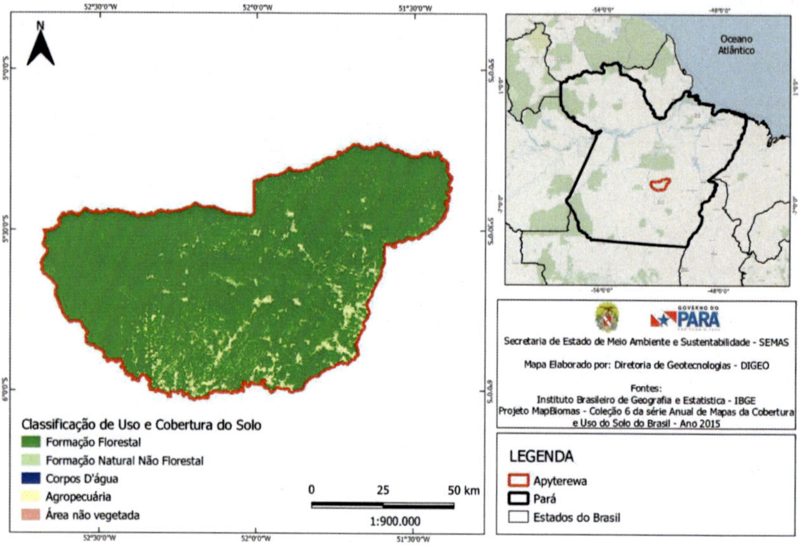

Fonte: Semas-PA (2008)

Figura 4 – Mapa de cobertura do solo na terra indígena Apyterewa no ano de 2021

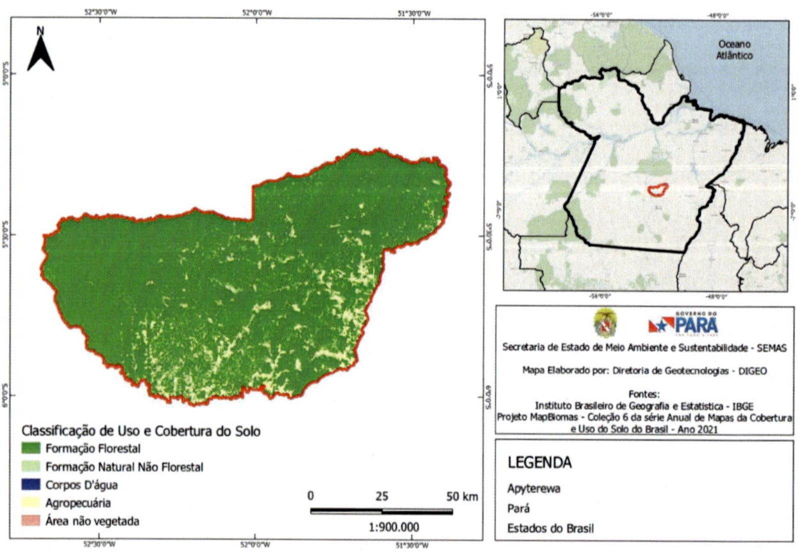

Fonte: Semas-PA (2008)

Os fatores que influenciam nessas mudanças na classificação de uso e cobertura do solo podem ser entendidos de acordo com os conceitos apresentados abaixo, que justificam as mudanças relevantes no decorrer dos anos.

CONCEITO DE AÇÃO ANTRÓPICA

Ações antrópicas são ações realizadas pelo **homem**. Atualmente, essa expressão ganhou destaque em diversas discussões sobre o meio ambiente, visto que as ações humanas têm provocado grandes alterações no meio ambiente e têm desencadeado um cenário de extrema preocupação entre os estudiosos e defensores do meio ambiente.

Sabe-se que o espaço geográfico é o local onde se estabelece a relação entre homem e meio. Assim, ele sofre constantes alterações, sejam positivas ou negativas. Ao falarmos sobre impactos, geralmente é feita uma associação negativa ao termo. Contudo, é preciso ressaltar que **"impacto"** se refere às alterações produzidas no meio ambiente, que podem ser negativas ou positivas (Alencar, 2004).

IMPACTOS NEGATIVOS E POSITIVOS DAS AÇÕES ANTRÓPICAS NA TERRA INDÍGENA APYTEREWA

Definições acerca dos impactos ambientais

Impacto ambiental é o resultado de qualquer atividade sobre o meio ambiente. Esse impacto pode ser positivo ou negativo, sendo que esse resultado sobre o meio ambiente pode ser causado por uma ação natural ou resultante da ação do homem sobre o ambiente.

De acordo com a Resolução do Conama n.º 001/86, impacto ambiental é:

> Qualquer alteração das propriedades físicas, químicas ou biológicas do meio ambiente, causada por qualquer forma de matéria ou energia resultante das atividades humanas que, direta ou indiretamente afetem:
>
> I – a saúde, a segurança e o bem-estar da população; II – as atividades sociais e econômicas; III – a biota; IV – as condições estéticas e sanitárias do meio ambiente; V – a qualidade dos recursos ambientais (Conama, 1986).

Os impactos ambientais são classificados como: direto e indireto; positivo e negativos; de curto prazo ou longo prazo; permanente ou temporário; reversível ou irreversível.

Em relação ao conceito de impacto ambiental, eu observo que o ambiente, em sua evolução natural, está sujeito a constantes alterações. Essas alterações podem ser desencadeadas por fenômenos naturais, como erupções vulcânicas ou terremotos, ou podem ser provocadas por ações humanas, como o desmatamento ou a poluição.

Impactos negativos causados pela ação antrópica

A ação do homem e os impactos negativos causados por ela no meio ambiente ganharam força nos últimos 250 anos. A **Revolução Industrial** mudou todo o cenário mundial. O novo modo de produzir voltado à obtenção de lucro, à produção em massa e à mentalidade consumista estimulam cada vez mais alterações no meio ambiente.

A produção industrial e o estímulo cada vez maior ao consumo fizeram com que houvesse a necessidade de se aumentar a matéria-prima para as indústrias, visto que a maioria dos produtos tem vida útil reduzida. Consequentemente, ações como desflorestamento, poluição de mares e rios com esgoto industrial e agrotóxicos, empobrecimento dos solos e poluição atmosférica têm provocado uma intensa degradação do meio ambiente (Costa, 2004).

> Esse avanço da produção industrial intensificou o uso de recursos naturais de maneira inconsciente e, por isso, tem gerado discussões em todo o mundo a respeito da gravidade desses problemas e das suas consequências a curto e a longo prazo. **A degradação ambiental tornou-se insustentável**, visto que o que estava distante da nossa realidade já é algo com o qual precisamos nos preocupar e para o qual devemos buscar soluções (Costa, 2004, p. 75).

Alguns problemas já são recorrentes no dia a dia de muitas pessoas, como o aumento das temperaturas causado pelo intenso desmatamento de áreas verdes, as enchentes nas áreas urbanas, a seca extrema em diversas regiões provocada por alterações climáticas, a extinção de diversas espécies que lidam com as poluições de rios e mares, o racionamento de água, o aumento do aquecimento global, entre outros.

São muitos os impactos ambientais provocados pela ação antrópica que se tornaram pauta de diversos debates, alcançando cunho científico e estudos acadêmicos. São exemplos:

Destruição da camada de ozônio: a camada de ozônio possui papel fundamental na manutenção da vida: reter os raios ultravioletas dirigidos à Terra pelo Sol. Gases presentes em sprays aerossóis e em refrigeradores, como o clorofluorcarboneto (CFC), são muito utilizados ao longo de décadas e têm provocado a destruição da camada de ozônio. As moléculas de cloro fixam-se às moléculas de ozônio e provocam sua destruição. As consequências são o aumento de ocorrências de câncer de pele, de catarata e o enfraquecimento do sistema imunológico (Ferreira; Venticinque; Almeida, 2005).

Chuva ácida: a industrialização provocou o aumento do uso de combustíveis fósseis e intensificou a queima desses combustíveis, lançando à atmosfera diversos gases poluentes. Uma das consequências disso é a chuva ácida. Combinados com água, esses gases reagem formando água e sal. Alguns óxidos formam também ácido sulfúrico, que precipitam e dão origem às chuvas ácidas. Essas chuvas causam diversos problemas ambientais, destroem vegetações, alteram a composição das águas de rios e de lagos, provocam corrosão do solo e podem agravar problemas respiratórios (Ferreira, 2005).

Desmatamento: o aumento populacional, a intensificação das atividades agropecuárias e o crescimento do ramo madeireiro aceleraram o ritmo do desmatamento de diversas áreas. Essa retirada da vegetação provoca inúmeros impactos ambientais negativos, como a perda de habitat por diversos animais, esgotamento dos solos, aumento dos processos erosivos, mudanças climáticas, entre outros (Ferreira; Venticinque; Almeida, 2005).

> Há urgência de medidas que diminuam os impactos ambientais causados pela ação antrópica. Para que as próximas gerações tenham um planeta habitável, é preciso que mudanças sejam feitas, começando pela alteração de hábitos sociais comuns, por meio, por exemplo, do incentivo ao uso de produtos ecológicos, da coleta seletiva, do uso consciente dos recursos hídricos acompanhado do compromisso firmado pelas nações a fim de se diminuir a degradação do meio ambiente (Carvalho, 2012, p. 102).

Diante do exposto, os debates contemporâneos sobre o meio ambiente revelam uma crescente preocupação com a degradação da natureza, impulsionando a proposição de ações, acordos e metas que visam mitigar os impactos ambientais negativos. A insustentabilidade das práticas humanas em relação ao meio ambiente ganhou destaque a partir da década de 1960, impulsionada por grandes catástrofes naturais que despertaram a consciência global para a necessidade de um desenvolvimento sustentável, capaz de preservar o planeta para as futuras gerações.

Impactos positivos causados pela ação antrópica

Os debates atuais a respeito do meio ambiente têm demonstrado preocupação com a degradação da natureza e têm sugerido ações, acordos e metas que diminuam os impactos ambientais negativos. A insustentabilidade das ações humanas referentes ao meio ambiente passou a ser debatida com mais fervor a partir da década de 1960. O mundo foi assolado por grandes catástrofes naturais, provocando, então, o despertar de uma consciência para um desenvolvimento sustentável que preserve o mundo para as próximas gerações (Mundo da Energia, 2020).

No ano de 1972, ocorreu a Primeira Conferência Mundial sobre o Meio Ambiente, na Suécia. Em 1987, o conceito de desenvolvimento sustentável foi apresentado no relatório *Nosso Futuro Comum,* elaborado pela Comissão Mundial sobre o Meio Ambiente, pela Organização das Nações Unidas (ONU). O objetivo desse relatório é apresentar mudanças imprescindíveis para que o desenvolvimento socioeconômico ocorra de maneira sustentável (Mundo da Energia, 2020).

Além das mudanças de hábitos e do estímulo ao consumo consciente, há outras ações antrópicas positivas que podem diminuir os problemas ambientais. São exemplos de ações antrópicas positivas:

> Coleta seletiva; reflorestamento de áreas que foram desmatadas; reciclagem do lixo; uso de fontes renováveis de energia; preservação da biodiversidade; estabelecimento de leis de conservação do meio ambiente; não poluição de rios, lagos e mares; incentivo de políticas ambientais; recuperação de matas ciliares; uso de filtro que diminuam a emissão de gases tóxicos pelas indústrias; uso consciente dos recursos hídricos e de energia (Mundo da Energia, 2020, p. 9).

Parte-se do princípio de que explorar é necessário, no entanto, há uma urgência em fazer com que essa exploração ocorra pensando no não comprometimento das gerações futuras. Para isso é necessário substituir o modelo de desenvolvimento que atualmente visa explorar ao máximo os recursos naturais por um modelo que tenha como meta a diminuição dos impactos negativos sobre o meio ambiente. Uma das alternativas propostas é a substituição do uso de fontes não renováveis, como os combustíveis fósseis, por fontes renováveis de energia, como as energias solar e eólica.

PROCESSO DE URBANIZAÇÃO E SUA INFLUÊNCIA NA DEGRADAÇÃO DA MATA ACILIAR

O desmatamento das matas ciliares causa assoreamento, e em consequência disso as substâncias acumuladas por esse processo provocam redução da profundidade do corpo de água e do seu volume. A fixação de moradias irregulares nas margens do Igarapé caracteriza ao longo do tempo o surgimento de bairros. O bairro surge por meio de invasão, em que a população se assentou às margens do Igarapé devido ao fácil acesso ao curso d'água (Rêgo *et al.*, 2010).

O processo de ocupação caracteriza-se pela falta de planejamento e consequentemente a destruição dos recursos naturais, particularmente das matas ciliares. A cobertura vegetal nativa, representada por diferentes biomas, torna-se fragmentada, cedendo espaço para a urbanização (Rêgo *et al.*, 2010). A ação antrópica é evidente no trecho que margeia o Igarapé, pois o crescimento do bairro está substituindo a mata ciliar e colocando em risco o ecossistema local.

Nesse sentido, a ocupação irregular é o principal fator de degradação do Igarapé Grande, pois constroem casas em áreas de APP e retiram parte das vegetações causando danos aos ecossistemas. Nesse local não existe qualquer programa de sensibilização dos moradores; os moradores são de baixa renda, e o bairro não disponibiliza de infraestrutura adequada (Rêgo *et al.*, 2010).

Os igarapés que formam essa microbacia hidrográfica são afluentes do Rio Branco que banha a cidade de Boa Vista, cujas características originais estão prestes a desaparecer, devido ao alto grau de impactação em que se encontram. Esse quadro é resultante do crescimento significativo que Boa Vista tem apresentado nos últimos anos, principalmente devido ao efeito migratório, o qual vem acompanhado da ausência de planejamento e da preocupação em manter o equilíbrio do meio ambiente (Menezes; Costa, 2007, p. 69).

O HOMEM COMO AGENTE PEDOGENÉTICO

Para Sandor, Burras e Thompson (2011), os solos podem diferir na sua resposta à ação humana em termos de resistência a alterações impostas e também em sua resiliência. Mudanças antrópicas do solo podem ser reversíveis ou irreversíveis. Por exemplo, solos microagregados são mais resistentes à compactação, e solos de tipo B textural podem retornar a condições praticamente naturais, depois de arados, em alguns anos. Entretanto, alguns autores atualmente preferem destacar a ação humana como outro agente pedogenético, especialmente baseado nas grandes alterações sobre o solo que o homem é capaz de promover, como em áreas de mineração ou urbanas, a ponto de uma classe específica de solos (antropossolos) ser sugerida em diferentes sistemas de classificação de solos.

Para Sandor, Burras e Thompson (2011), esta ação pode não ser tão simples de ser identificada. Obviamente alterações em áreas urbanas são muito claras, entretanto alterações geradas ao longo de muito tempo, com atividades menos impactantes, são muito mais sutis e complexas. Assim, a história da mudança do solo pode ser difícil de reconstruir, complicada por marcas de atividades de uso múltiplo da terra e mudanças nas condições ambientais, não necessariamente antrópicas.

Os autores propõem que uma abordagem para a avaliação de longo prazo da influência humana sobre o solo precisa levar em conta as condições do solo enquanto ainda isento da ação, ou que pelo menos se tenha documentado a história de uso da terra, e utilizar esses solos como pontos de referência a partir do qual seja possível a observação da ação humana na modificação desses solos. Obviamente nem sempre estas condições são possíveis de serem contempladas, decorrente da ação humana histórica e pré-histórica.

Um exemplo clássico de solo efetivamente antropogênico são os solos plaggen, comuns na Europa Ocidental, e também as Terras Pretas de Índios, comuns na Amazônia. Outro exemplo são solos cultivados em sistemas de terraços, comuns em áreas de elevada declividade no mundo inteiro. Apesar da ação humana reconhecida sobre as modificações das características originais dos solos, Drew (1986) afirma que o homem ainda não foi capaz de alterar as características fundamentais em larga escala dos diferentes tipos de solo, ao contrário do que conseguiu com as coberturas vegetais, entretanto, a alteração que promoveu na cobertura vegetal acarretou diferenças na pedogênese dos diferentes tipos de solos.

Para o autor, a atividade agrícola promove alterações especialmente nas características químicas e biológicas e menos nas características texturais e estruturais. As maiores modificações se fazem na direção de melhorar a produção agrícola, recorrendo a fertilizantes, corretivos, irrigação e drenagem. Drew (1986) propõe uma tabela na qual indica as ações antrópicas sobre o solo. Deve-se destacar que nesta tabela são tratados os dados segundo uma visão de uso e manejo do homem, já que sempre as características identificadas como "mudanças benéficas" visam à produção agrícola.

O autor destaca as alterações de ordem física, como compactação e erosão, as de ordem química, especialmente a aplicação de fertilizantes artificiais que alteram as características químicas originais dos solos, e os processos de salinização e dessalinização. Também destaca o Homem como agente criador de novos solos.

Goudie (2006) indica alguns impactos antrópicos sobre o solo, mas destaca a principal ação como sendo a de promover processos de salinização do solo, que em diferentes graus atinge 47,9 milhões de hectares no mundo, problema gerado pela irrigação inadequada. No Brasil, os primeiros indícios de salinização já são observados em áreas irrigadas do sertão nordestino.

Dudal, Nachtergaele e Purnell (2002) afirmam que a ação antrópica sobre o solo se faz em seis condições fundamentais, e que os sistemas de classificação deveriam levar em consideração estas ações: o homem provoca mudanças nas classes de solos; o homem produz horizontes diagnósticos; o homem produz novos materiais parentais; o homem provoca distúrbios profundos no perfil dos solos; o homem provoca mudanças na topografia original; o homem produz alterações na superfície dos solos. Assim, a ação antrópica é significativa na pedogênese.

Fica claro que o homem não pode ser desconsiderado na atualidade como agente pedogenético, seja "criando" solos, seja modificando suas características físicas e químicas, seja eliminando solos nas suas atividades de mineração, agrícolas ou em áreas urbanas.

MONITORAMENTO AMBIENTAL

O uso e o aprimoramento dos processos de monitoramento ambiental vêm se tornando uma demanda da sociedade em todos os ramos da atividade econômica e, sobretudo, nas atividades agrícolas de forte impacto, como é o caso da cana-de-açúcar. A grande polêmica referente à cultura da cana está ligada principalmente à queima que antecede a colheita e que gera impactos ambientais locais e regionais (Machado, 1995).

O monitoramento ambiental é um processo de coleta de dados, estudo e acompanhamento contínuo e sistemático das variáveis ambientais, com o objetivo de identificar e avaliar qualitativa e quantitativamente as condições dos recursos naturais em um determinado momento, assim como as tendências ao longo do tempo. As variáveis sociais, econômicas e institucionais também são incluídas nesse tipo de estudo, já que exercem influências sobre o meio ambiente.

Com base nesses levantamentos, o monitoramento ambiental fornece informações sobre os fatores que influenciam o estado de conservação, preservação, degradação e recuperação ambiental da região estudada. Também subsidia medidas de planejamento, controle, recuperação, preservação e conservação do ambiente em estudo, além de auxiliar na definição de políticas ambientais.

O monitoramento ambiental permite, ainda, compreender melhor a relação das ações do homem com o meio ambiente, bem como o resultado da atuação das instituições por meio de planos, programas, projetos, instrumentos legais e financeiros, capazes de manter as condições ideais dos recursos naturais (equilíbrio ecológico) ou recuperar áreas e sistemas específicos. Como exemplo, pode-se citar o monitoramento de um recurso hídrico, que tem os seguintes objetivos: acompanhar as alterações de sua qualidade e elaborar previsões de comportamento (Barros, 1998).

Implantação

A implantação de atividades de monitoramento ambiental necessita de uma seleção prévia de indicadores que expressem as condições qualitativas ou quantitativas do que será medido e avaliado. Esses parâmetros devem descrever, de forma compreensível e significativa, os seguintes aspectos: o estado e as tendências dos recursos ambientais; a situação socioeconômica da área em estudo; o desempenho de instituições para o cumprimento de suas atribuições. A escolha dos indicadores depende dos seguintes fatores: objetivos do monitoramento, o que será monitorado e informações que se pretende obter.

Esses parâmetros são medidos em campo, laboratório e em escritório, sendo que alguns são bastante simples, e outros muito complexos.

Rede de monitoramento

Geralmente, o monitoramento é conduzido em diversos pontos, criando uma rede de monitoramento. Esse sistema coleta informações em diferentes níveis de abrangência, desde o local até escalas regional, nacional e internacional. A rede permite a criação de uma base de dados comparativos, que pode ser utilizada tanto para analisar o local específico onde os dados foram coletados quanto para compará-lo com outras áreas. A coleta sistemática de dados amplia o conhecimento sobre uma região, possibilitando decisões mais embasadas e um planejamento ambiental mais eficiente.

Índices e indicadores ambientais

O monitoramento das condições do meio ambiente, sistema natural que envolve um emaranhado de outros complexos sistemas, surgiu como desafio para os atores da sociedade civil e gestores públicos e privados no sentido de garantir as necessidades da geração atual sem comprometer a habilidade de que as futuras gerações possam prover as suas.

Para se ter uma ideia ou visão da realidade em que se encontra um determinado sistema, uma das alternativas viáveis e práticas é a mensuração dos níveis de qualidade e quantidade dos seus componentes. Para a implementação do conhecimento do nível de qualidade em que se encontra um dado ambiente natural, os índices e indicadores mostram-se como ferramentas eficazes, no sentido de tornar os dados técnicos mais facilmente utilizáveis e assimiláveis.

Segundo Martins *et al.* (2005), vários autores definem indicadores como modos de representação (tanto quantitativa quanto qualitativa) de características e propriedades de uma dada realidade (processos, produtos, organizações, serviços) que têm por finalidade a busca da otimização de tomada de decisão em relação:

> (a) à definição do objeto de ação (o que fazer), (b) ao estabelecimento de objetivos (para que fazer), (c) às opções metodológicas (como fazer), (d) à previsão de meios e recursos (com quem e com o que fazer) e (e) à organização da sistemática de avaliação (taxação de valor), tendo como parâmetro a transformação desejada daquela realidade no tempo (Observatório de Sustentabilidade e Qualidade de Vida, 2004).

Segundo Ramos (1997), é necessária a associação dos seguintes conceitos a indicadores e índices para um melhor entendimento: Parâmetro: corresponde a uma grandeza que pode ser medida com precisão ou avaliada qualitativamente, e que se considera relevante para a avaliação dos sistemas ambientais; Indicador:

> [...] parâmetros selecionados e considerados isoladamente ou combinados entre si, sendo de especial pertinência para refletir determinadas condições ambientais (normalmente são utilizados como pré-tratamento, isto é, são efetuados tratamentos aos dados originais, tais como médias aritméticas simples, porcentuais, medianas, entre outros); Sub-índice: constitui uma forma intermédia de agregação entre indicadores e índices; Índice: corresponde a um nível superior de agregação, onde depois de aplicado um método de agregação aos indicadores e/ou aos subíndices é obtido um valor final; os métodos de agregação podem ser aritméticos (e.g. linear, geométrico, mínimo, máximo, aditivo) ou heurísticos (e.g. regras de decisão); os algoritmos heurísticos são normalmente preferidos para aplicações de difícil quantificação, enquanto os restantes algoritmos são vocacionados para parâmetros facilmente quantificáveis e comparáveis com padrões (Ramos, 1997, p. 76).

Conforme Ramos (1997), os indicadores e índices são ferramentas elaboradas para tornar informações sobre eventos complexos mais acessíveis e aprimorar a comunicação. Podem ser aplicados em uma série de situações problemas como: a) atribuição de recursos; b) classificação de locais; c) cumprimento de normas legais; d) análise de tendências; e) informação ao público; f) investigação científica.

No mesmo artigo, a Organização para a Cooperação e Desenvolvimento Econômico (OCDE), citada por Ramos (1997) apresenta quatro grandes grupos de aplicações de indicadores: (i) avaliação do funcionamento dos sistemas ambientais; (ii) integração das preocupações ambientais nas políticas setoriais; (iii) contabilidade ambiental; (iv) relato do estado do ambiente. Segundo Oliveira (2003):

> Os indicadores medem aspectos qualitativos e/ou quantitativos relativos ao meio ambiente, à estrutura, aos processos e aos resultados. Um indicador pode ser uma taxa ou coeficiente, um índice, um número absoluto ou um fato; Taxa/coeficiente é o número de vezes que um evento

> ocorreu dividido pelo número de vezes que ele poderia ter ocorrido, multiplicado por uma base e definido no tempo e no espaço; Índice é a razão entre dois números ou a razão entre determinados valores; Indicador e índice são termos empregados na maioria das vezes, como sinônimos e em outras vezes com significados distintos, seguindo a tendência atual.

Segundo Garcias (2001), o uso dos recursos naturais provoca a perda de equilíbrio do meio ambiente. O nível de exploração dentro de uma racionalidade poderia resultar em um equilíbrio sustentável.

Uma forma de avaliar o desempenho ambiental e econômico é por meio de indicadores, estruturados para medir os efeitos em ambas as áreas. A forma como esses indicadores são estruturados depende diretamente dos objetivos e metas estabelecidos. Um indicador pode ser definido como a informação que explicita o atributo que qualifica as condições dos serviços, enquanto um índice é o parâmetro que mede o indicador, atribuindo-lhe valores numéricos.

Segundo Garcias (2001), os indicadores deverão cumprir os seguintes requisitos: serem válidos, mensurando realmente o que se propõem medir; serem objetivos, isto é, dar o mesmo resultado independente de quem promove a medição ou em que circunstâncias estejam; serem sensíveis, detectando as mudanças ocorridas na situação; e serem específicos, refletindo só as mudanças ocorridas na situação tratada.

Bollmann (2001) separa em três fases o desenvolvimento histórico dos indicadores ambientais: a primeira, marcada pela departamentalização do conhecimento: os indicadores ambientais basearam-se quase que exclusivamente em variáveis que, na realidade, consistiam em medidas de grandezas físicas, químicas ou biológicas consideradas importantes para descrever o objeto (indicadores primários).

Na segunda fase, estruturas de agregação de variáveis (somatório, produtório, operadores máximos e mínimos, médias aritméticas, geométricas, harmônicas etc.) foram utilizadas não apenas para aglutinar informação da mesma natureza, mas já estabelecendo algumas metodologias para congregar variáveis de diferentes espécies (indicadores secundários). Uma terceira fase pode ser caracterizada nessa abordagem, não pela estruturação de indicadores inovadores, mas pela forma de análise dos resultados.

> Ao contrário das fases anteriores, em que se tem a produção de índices numéricos que permitem uma interpretação unidimensional (considerando apenas um aspecto da realidade), como representantes dessa fase se enquadram os indicadores multinível, que permitem uma apreciação multidimensional dos resultados. A ação de medir reverte-se em uma ferramenta indispensável para se colocar em prática políticas norteadoras do desenvolvimento humano, vindo a ajudar na percepção dos tomadores de decisão e cidadãos quanto aos aspectos analisados no planejamento dos investimentos a serem realizados com base no estado atual do ambiente em que se pretende atuar (Bollmann, 2001, p. 67).

Os indicadores sociais e ambientais analisados dentro de uma ótica que os inter-relacionam, permitem uma nova reflexão entre o homem e a natureza mediante a avaliação da qualidade socioambiental. Esta afirmação reforça a ideia da qualidade ambiental como fruto da interação do homem com seus aspectos econômicos e socioculturais e o ambiente em que vive e que pode ser mensurada através de uma ferramenta indicativa do nível em que se encontra.

ÍNDICES ANTRÓPICOS

Os indicadores ambientais e de sustentabilidade possuem um objetivo comum, o de fornecer subsídios na formulação de políticas nacionais e acordos internacionais, bem como na tomada de decisões por atores públicos e privados. Também buscam descrever a interação entre a atividade antrópica e o meio ambiente e conferir ao conceito de sustentabilidade maior concretude e funcionalidade.

As tentativas de construção de indicadores ambientais e de sustentabilidade seguem três vertentes principais. A primeira delas, de vertente biocêntrica, consiste principalmente em buscar por meio de indicadores biológicos, físico-químicos ou energéticos, desequilíbrios ecológicos de ecossistemas. A segunda, de vertente econômica, consiste em avaliações monetárias do capital natural e do uso de recursos naturais. A terceira vertente busca construir índices de sustentabilidade e qualidade ambiental que combinem aspectos do ecossistema natural a aspectos do sistema econômico e da qualidade de vida humana, sendo que, em alguns casos, também são levados em consideração aspectos dos sistemas político, cultural e institucional.

> Os índices ambientais existentes são, via de regra, modelos de interação atividade antrópica/meio ambiente que podem ser classificados em três tipos principais: estado; pressão; resposta. Enquanto os indicadores de estado buscam descrever a situação presente, física ou biológica, dos sistemas naturais, os indicadores de pressão tentam medir/avaliar as pressões exercidas das atividades antrópicas sobre os sistemas naturais e os chamados indicadores de resposta buscam avaliar a qualidade das políticas e acordos formulados para responder/minimizar os impactos antrópicos (Herculano, 1998).

Em geral, suas avaliações incidem sobre o curto/médio prazo e se defrontam com dificuldades metodológicas referentes à concepção conceitual, à definição de variáveis e à obtenção e tratamento dos dados. Uma primeira dificuldade diz respeito aos diferentes conceitos e concepções sobre o que seja sustentabilidade e qualidade ambiental, o que torna obscuro o processo de escolha das variáveis a serem utilizadas na mensuração.

Isla (1998) ressalta que no caso dos indicadores ambientais locais, devido à ausência de uma definição conceitual, o que se vê são antes listas de indicadores isolados sem relações claras de causalidade e hierarquia que um sistema coerente de mensuração/avaliação do fenômeno. Portanto, um primeiro passo de importância crucial na construção de indicadores e índices é a explicitação da abordagem conceitual utilizada. Para isso, a sustentabilidade é aqui avaliada a partir de uma combinação de indicadores de estado, pressão e resposta, inclusive indicadores de capacidade política e institucional que indiquem tendências de resposta a pressões e desafios futuros.

A carência de informações sistemáticas, tanto em relação à qualidade de vida quanto em relação ao meio ambiente, é um problema recorrente para aqueles que trabalham com indicadores ambientais. A construção dos índices envolve ainda a complicação adicional de tornar comparáveis dados de diferentes fontes, produzidos a partir de escalas distintas, com cobertura e distribuição espacial e temporal diversas. Daí a necessidade de se buscar formas alternativas e aproximadas para imputar dados faltantes e construir *proxys* adequadas e representativas de informações inexistentes.

ATIVIDADES ANTRÓPICAS

As atividades antrópicas são ações do ser humano sobre o meio ambiente ou a natureza. Também podem ser a ação, o ato ou o resultado da atuação humana sobre a natureza, com intencionalidade de modificação. As ações humanas são, pelo menos, de duas classes, sob a ótica da modificação: ações humanas estritamente vegetativas: referentes, *sine qua non*, à sobrevivência do ser humano; ações humanas estritamente volitivas: referentes à natureza empreendedora do ser humano.

Interação entre recursos naturais e atividades antrópicas em bacias hidrográficas

No início, o processo de gerenciamento e planejamento de bacias hidrográficas visava basicamente à solução de problemas relacionados à água, com prioridade para o controle de inundações, o abastecimento doméstico e industrial, a irrigação ou a navegação. O enfoque principal dessa estratégia continua, em muitos casos, sendo a água, sem atentar para o manejo adequado dos outros recursos ambientais da bacia hidrográfica que também influenciam, quantitativa e qualitativamente, o ciclo hidrológico (Pires, J. S. R.; Santos, J. E., 1995).

Uma vez que as etapas principais do ciclo hidrológico se processam nos limites dos divisores de água, as bacias hidrográficas constituem-se nas unidades coerentes para implantação de medidas integradas (envolvendo todos os recursos naturais/ambientais) de controle do balanço infiltrações/escoamento superficial das águas das chuvas. Enquanto a infiltração das águas de chuvas é altamente benéfica, garantindo o abastecimento do lençol freático e a disponibilidade hídrica para as plantas, o escoamento superficial (enxurrada) constitui perda irreversível das águas durante a estação chuvosa pelas bacias hidrográficas, além de causar erosão, inundações e transporte de poluentes e contaminantes para as águas superficiais.

Os principais componentes das bacias hidrográficas, como solo, água, vegetação e fauna, coexistem em permanente interação (dinâmica), respondendo às interferências naturais (intemperismo e modelagem da paisagem) e aquelas de natureza antrópica (uso/ocupação da paisagem), afetando os ecossistemas como um todo. Nesses compartimentos naturais (bacias/sub-bacias hidrográficas), os recursos hídricos constituem indicadores das condições dos ecossistemas no que se refere aos efeitos do desequilíbrio das interações dos respectivos componentes.

Com isso, é possível definir, de forma relativamente precisa, as prioridades para ações técnicas que visam corrigir e atenuar impactos ambientais negativos em bacias e sub-bacias hidrográficas. Consequentemente, essas áreas têm se firmado como unidades geográficas adequadas para o planejamento integrado do uso e ocupação de espaços rurais e urbanos, visando a um desenvolvimento sustentável que harmonize as atividades econômicas.

Nesses compartimentos naturais (bacias/sub-bacias hidrográficas), os recursos hídricos constituem indicadores das condições dos ecossistemas no que se refere aos efeitos do desequilíbrio das interações dos respectivos componentes. Assim, podem-se determinar, com razoável consistência, prioridades nas intervenções técnicas para correção e mitigação de impactos ambientais negativos que ocorram nas bacias/sub-bacias hidrográficas.

Por isso, as bacias e sub-bacias hidrográficas vêm se consolidando como compartimentos geográficos coerentes para planejamento integrado do uso e ocupação dos espaços rurais e urbanos tendo em vista o desenvolvimento sustentado no qual se compatibilizam atividades econômicas.

Impactos ambientais pelas atividades antrópicas

O conceito de bacia hidrográfica como unidade de planejamento e gestão ambiental é resultante do conhecimento das relações entre as características físicas de uma bacia de drenagem e quantidade e qualidade das águas que chegam ao corpo hídrico; por outro lado, as características de um corpo hídrico refletem as de sua bacia de drenagem, levando também em consideração todas as suas características químicas e biológicas do corpo hídrico (Pires; Santos; Del Prette, 2002).

Nesse contexto, a metodologia de adotar a bacia hidrográfica como unidade geoambiental de estudo dos processos de degradação ambiental é a mais apropriada no caso da contaminação difusa de corpos hídricos. Portanto, importante se faz monitorar os teores de substâncias orgânicas, como os agrotóxicos, e inorgânicas, como os ânions nitrato, cloreto, sulfato e fosfato, o mercúrio e o arsênio, capazes de afetar a qualidade das águas superficiais e subterrâneas.

Os impactos na qualidade da água e do solo devido ao uso de agroquímicos estão associados a diversos fatores, tais como o ingrediente ativo da formulação, contaminantes existentes como impurezas dos processos de fabricação e aditivos que são misturados (agentes molhantes, diluentes ou solventes, adesivos, conservantes e emulsificantes).

Os compostos gerados pela degradação química, microbiológica ou fotoquímica dos ingredientes ativos são motivo de grande preocupação, uma vez que esses metabólitos podem apresentar atividade ecotoxicológica, muitas vezes mais significativa do que a molécula original. Por outro lado, a ocupação antrópica das terras através de usos múltiplos indica a complexidade e dificuldade na elaboração de propostas para a gestão territorial, tanto em nível local como regional.

Especificamente o uso da terra, que se destaca por afetar diretamente a agricultura, tem sido objeto de interesse de instituições e órgãos governamentais voltados ao planejamento e à adoção de políticas agrícolas viáveis ao desenvolvimento sem agressão ambiental. Desses problemas pode-se indicar a ocupação inadequada das terras, ação antrópica, e as alterações climáticas, em conjunto com fenômenos climáticos extremos cada vez mais frequentes, como: erupções vulcânicas, terremotos, inundações, tornados, furacões e maremotos, que também têm efeitos negativos ao meio ambiente (Briganet; Espindola, 2003).

Principalmente nas bacias hidrográficas, umas das ações supracitadas, a erosão, ou seja, a erosão hídrica, que é causada pela água das chuvas, é identificada como a principal causa do empobrecimento do solo. Nesse processo, a estrutura do solo é destruída pelo impacto da chuva que atinge a superfície do terreno, e, em seguida, o material solto, rico em nutrientes e matéria orgânica, é removido do local e depositado nas depressões no interior das vertentes e no fundo dos vales. A intensidade de ação deste processo erosivo depende, além do clima, da resistência do solo e da presença de diversas condições ligadas ao manejo do solo e água e da natureza da comunidade vegetal presente (Ruhe, 1975).

Outros impactos de grande degradação são o desmatamento, as técnicas agrícolas inadequadas, o mau uso dos recursos naturais e o emprego de agroquímicos, levando à contaminação dos corpos hídricos e do solo. A agricultura tradicional possui um importante papel na economia brasileira devido à geração de empregos no campo e à distribuição de renda. Entretanto, muitas vezes ela é conduzida por indivíduos que não possuem consciência da necessidade da conservação do meio onde vivem, principalmente quando a prática da cultura ocorre em áreas de grande sensibilidade, como as próximas às nascentes de corpos hídricos e nas bordas de fragmentos florestais.

A legislação ambiental brasileira considera a bacia hidrográfica como a unidade básica para a gestão ambiental (Brasil, 1997). Nesse contexto, é importante ressaltar as práticas de manejo, conservação das águas de superfície, reposição das matas ciliares e retiradas de solo superficial, pois, com isso, as condições naturais desses mananciais podem ser modificadas, visto que o transporte de sedimentos em suspensão e de fundo resultará na alteração da qualidade da água e em assoreamento, diminuindo a vida útil dos reservatórios.

Por sua vez, o conhecimento da situação das condições dos solos do território brasileiro, em termos da presença dos processos de erosão acelerada, e mesmo com referência à sua potencialidade, enseja a realização de trabalhos em escala local e regional, para caracterizar seus indicadores e correspondente cartografia (Pinto, 2005).

A ocupação desordenada das terras, o crescimento demográfico e a escassez de terras férteis determinam a necessidade de se gerar fundamentações, estratégias, atividades e diretrizes que proporcionem aptidão dos ecossistemas com sistemas de ocupação, capazes de certificar produções sustentáveis em longo prazo.

Consequentemente, deve-se moldar o uso dos recursos naturais de forma a aumentar e melhorar as condições econômicas e o progresso social da população afetada por esses processos danosos. Não obstante, para a utilização permanente, sustentável e eficiente desse meio ambiente, devem-se caracterizar as circunscrições físicas, biológicas e espaciais para a sua ocupação, identificando-se as possíveis sensibilidades dos ecossistemas aos impactos ambientais futuros.

Índices de Transformação Antrópica (ITA)

A razão de incorporar índices e indicadores para o monitoramento ambiental de recursos hídricos em bacias hidrográficas está relacionada com o crescimento da população humana e ao grau cada vez mais elevado de urbanização. Os impactos do crescimento urbano aumentam a poluição ambiental, fundamentalmente sobre os mananciais, ao considerar que a densidade demográfica e a ausência de mecanismos adequados de controle e depuração artificial (recuperação) são fatores determinantes para a manutenção ou depreciação da qualidade dos recursos hídricos.

Daí a necessidade de entender e medir as dinâmicas de transformação que a população provoca na paisagem através do Índice de Transformação Antrópica (ITA) e como isso afeta o uso e a ocupação de solos no recurso hídrico das bacias hidrográficas.

Construção do Índice de Transformação Antrópica (ITA)

O ITA foi desenvolvido por Lémechev e aplicado por diveros pesquisadores em estudos geoecológicos com o objetivo de quantificar a pressão antrópica sobre algum componente do meio ambiente, como áreas de proteção ambiental, bacias hidrográficas ou parques nacionais.

O ITA faz o diagnóstico ambiental para impactos causados pela ocupação não planificada do espaço (Sanches, 1997), já que a magnitude ou grau em que a paisagem é modificada pode ser usada na avaliação da qualidade ambiental. Para quantificar tal magnitude, faz-se uso de indicadores, tais que ri = nível de transformação antrópica da paisagem para um determinado tipo i de uso da terra; pi = área (em %) do tipo de uso da terra nas sub-bacia; n = quantidades máximas de tipos de uso da terra. O nível de transformação antrópica r é determinado pelo método de avaliação. Cada classe apresenta um peso atribuído em função do conhecimento que o autor tem sobre elas em relação ao grau de antropização. Esta é uma determinação numérica da carga antropogênica a que se encontra submetida a paisagem, que neste caso é a bacia hidrográfica. O relacionamento dos resultados obtidos com a qualidade das águas e as áreas de sensibilidade da bacia hidrográfica fornece uma determinada classificação temática quanto ao uso da terra para toda a bacia e funciona com um peso dado a cada tipo de uso, variando de 1 a 10, que representa uma maior modificação antrópica quanto maior for o seu valor.

Sanchez (1997) ponderou esses níveis em intervalos de valores, de modo a permitir uma diferenciação subjetiva que possibilitasse o atendimento às particularidades de cada área de estudo. Nesse caso, considerando o tipo de uso da terra encontrado na bacia hidrográfica, foi estabelecido um conjunto de pesos, atribuindo valores numéricos a cada um dos diferentes usos do solo, refletindo sua importância relativa em termos de impacto ambiental.

Entre os recursos naturais, a água é um dos mais importantes e também um dos mais suscetíveis aos impactos decorrentes de atividades antrópicas. A constante utilização desse recurso tem requerido um grande número de estudos para avaliar e manter sua qualidade.

Segundo Chapman (2003), o monitoramento do ambiente, além de fornecer informações importantes sobre a extensão da poluição e seus prováveis impactos, também avalia a eficiência de ações mitigadoras, adotadas com o propósito de diminuir ou mesmo eliminar sua origem. Além de importantes para a avaliação do grau de degradação ambiental, tais estudos são passos necessários para se conhecer o funcionamento desses ecossistemas.

Tradicionalmente, as análises físicas e químicas são as mais usadas na caracterização de resíduos, tanto de origem industrial como doméstica. Porém, estas têm apenas detectado as concentrações e alterações no tempo e no espaço, sendo que as respostas biológicas às mudanças ambientais e à ação dos contaminantes foram conhecidas apenas após a introdução de métodos biológicos. Existe uma série de vantagens e desvantagens na utilização desses dois tipos de monitoramento. No físico e químico, tem-se como principal vantagem o desenvolvimento de novas técnicas analíticas que podem detectar baixas concentrações de contaminantes em um curto período de tempo. Porém, ele apresenta grandes desvantagens, como, por exemplo, os custos elevados dos equipamentos e reagentes e o fato dos efeitos biológicos e sinérgicos das substâncias químicas não serem avaliados. Nesse aspecto, o monitoramento biológico é eficaz na identificação de mecanismos e efeitos em níveis de organização biológica, principalmente quando associados ao monitoramento simultâneo da sensibilidade ao estresse, à integração das respostas às concentrações de poluentes e à avaliação dos seus efeitos sinérgicos e antagônicos (Adams, 1990). Porém, tais indicadores também apresentam limitações, como a quantificação de respostas bioquímicas e moleculares que necessitam de equipamentos sofisticados.

Resoluções do Conama 357/2005

De acordo com o artigo 29, aos empreendimentos e demais atividades poluidoras que, na data da publicação dessa resolução, contarem com licença ambiental expedida, poderá ser concedido, a critério do órgão ambiental competente, prazo de até três anos, contados a partir da publicação da presente resolução, para se adequarem às condições e padrões novos ou mais rigorosos estabelecidos nessa norma. Essa resolução dispõe sobre a classificação e diretrizes ambientais para o enquadramento dos corpos de água superficiais e estabelece as condições e padrões de lançamento de efluentes.

Uma nova resolução substituiu a anterior, estabelecendo que águas doces devem ter teor salino inferior a 5‰. Águas de melhor qualidade podem ser utilizadas para fins menos exigentes, desde que isso não comprometa sua qualidade, seguindo outros critérios relevantes. Os limites para as classes I, II, III e IV, conforme estabelecido pela Resolução Conama 357/2005, podem ser consultados para diversos parâmetros.

O enquadramento dos corpos de água se faz de acordo com as normas e procedimentos definidos pelo Conselho Nacional de Recursos Hídricos (CNRH) e pelos Conselhos Estaduais de Recursos Hídricos, nos quais o enquadramento do corpo hídrico será definido pelos usos preponderantes mais restritivos da água, atuais ou pretendidos.

Nas bacias hidrográficas em que a condição de qualidade dos corpos de água esteja em desacordo com os usos preponderantes pretendidos, deverão ser estabelecidas metas obrigatórias, intermediarias e finais de melhoria da qualidade da água para efetivação dos respectivos enquadramentos, excetuados nos parâmetros que excedam aos limites devido às condições naturais.

A resolução Conama foi publicada no Diário Oficial da União (DOU), em 16 de maio. A Resolução Conama 430/2011 dispõe sobre condições, parâmetros, padrões e diretrizes para gestão do lançamento de efluentes em corpos de água receptores, alterando parcialmente e complementando a Resolução n.º 357, de 17 de março de 2005, do conselho.

De acordo com o texto, o lançamento indireto de efluentes no corpo receptor deverá observar o disposto nessa resolução quando verificada a inexistência de legislação ou normas específicas, disposições do órgão ambiental competente, bem como diretrizes da operadora dos sistemas de coleta e tratamento de esgoto sanitário.

A disposição de efluentes no solo, mesmo tratados, não está sujeita aos parâmetros e padrões de lançamento dispostos nessa resolução, não podendo, todavia, causar poluição ou contaminação das águas superficiais e subterrâneas. Segundo a norma, os efluentes de qualquer fonte poluidora somente poderão ser lançados diretamente nos corpos receptores após o devido tratamento e desde que obedeçam às condições, padrões e exigências dispostos nessa resolução e em outras normas aplicáveis.

Ressalva-se que o órgão ambiental competente poderá, a qualquer momento, mediante fundamentação técnica, acrescentar outras condições e padrões para o lançamento de efluentes, ou torná-los mais restritivos, tendo em vista as condições do corpo receptor. Poderá também exigir tecnologia ambientalmente adequada e economicamente viável para o tratamento dos efluentes, compatível com as condições do respectivo corpo receptor.

CONSIDERAÇÕES FINAIS

A discussão sobre os usos múltiplos na TI Apyterewa é necessária e urgente em um contexto de ataques claros aos direitos dos indígenas no Brasil. Assim, o que se viu nessa área foi a predominância da retirada da vegetação para o cultivo de gramíneas exóticas destinadas à criação de gado. Observou-se que o manejo da terra pelos indígenas cumpre com o objetivo das áreas protegidas, de proteger a biodiversidade usando os recursos de forma sustentável, comprovado pelo fato da baixa taxa de desmatamento causada por eles. A TI Apyterewa encontra-se em estado crítico, com 84,7% de sua área ocupada por não indígenas, o que sugere uma vulnerabilidade quanto à sua gestão territorial por parte dos indígenas e das entidades que os protegem e representam. De acordo com o levantamento, o número de áreas ocupadas voltou a crescer no ano de 2018, uma projeção alarmante que tende a crescer caso não ocorram intervenções.

Diante do exposto, é possível concluir que a ocupação e o aumento da pressão na TI contribuem para a exposição negativa dos povos indígenas e dos seus modos de vida. Além disso, expõe os recursos naturais de suas terras que se tornam escassos, portanto, de difícil acesso às comunidades indígenas. Com efeito, espera-se com este trabalho amplie as discussões acerca da ocupação e pressões das terras indígenas.

REFERÊNCIAS

ADAMS, S. M. **Status and use of biological indicators for evaluating the effects of stress in fish.** Bethesda, American Fisheries Society, 1990.

ALENCAR, A. *et al.* **Desmatamento na Amazônia**: indo além da emergência crônica. Manaus: Instituto de Pesquisa Ambiental da Amazônia (Ipam), 2004. 89 p.

ALVES, P. H. C. S. **Dinâmica do desmatamento na terra indígena Apyterewa mediante a aplicação de técnicas de sensoriamento remoto**. Orientador: Gabriel Alves Veloso. 2018. 35 f. Trabalho de Conclusão de Curso (Bacharelado em Engenharia Florestal) – Campus Universitário de Altamira, Universidade

Federal do Pará, Altamira, 2018. Disponível em: http://bdm.ufpa.br/jspui/handle/prefix/1210. Acesso em: Acesso em 26 de maio de 2022.

BARROS, F. P.; MONTICELLI, J. J. Aspectos legais. *In:* OLIVEIRA, A. M. S.; BRITO, S. N. A. (ed.). **Geologia de engenharia.** São Paulo: Associação Brasileira de Geologia de Engenharia – ABGE, 1998. p. 509-515.

BENSUSAN, N. Terras Indígenas: as primeiras Unidades de Conservação. *In:* RICARDO, Fany (org.). **Terras Indígenas e Unidades de Conservação da natureza**: o desafio das sobreposições. São Paulo: Instituto Socioambiental, 2004. p. 66-76.

BOLLMANN, H. A. **Metodologia para avaliação ambiental integrada.** In: MAIA, N. B.; MARTOS, H. L.; BARRELLA, W. (Orgs.). **Indicadores ambientais**: conceitos e aplicações. São Paulo: Educ/Comped/Inep, 2001.

BRASIL. **Conselho Nacional do Meio Ambiente (Conama). Resolução n.º 001, de 23 de janeiro de 1986.** Dispõe sobre critérios básicos e diretrizes gerais para a avaliação de impacto ambiental. *Diário Oficial da União*, Brasília, DF, 17 fev. 1986. Seção 1, p. 2548-2549.

BRASIL. Lei nº 9.433, de 8 de janeiro de 1997. **Institui a Política Nacional de Recursos Hídricos, cria o Sistema Nacional de Gerenciamento de Recursos Hídricos.** Diário Oficial da União, Brasília, DF, 9 jan. 1997. Disponível em: http://www.planalto.gov.br/ccivil_03/leis/l9433.htm. Acesso em: 12 março de 2025.

BRIGANET, J.; ESPÍNDOLA, E. L. G. (ed.). **Limnologia fluvial: um estudo no Rio Mogi-Guaçu.** São Carlos: RiMa, 2003.

CARVALHO, A. C. **Expansão da fronteira agropecuária e a dinâmica do desmatamento florestal na Amazônia Paraense.** 2012. 349 p. Tese (Doutorado em Desenvolvimento Econômico) – Universidade Estadual de Campinas, Instituto de Economia, Campinas, SP. Disponível em: https://hdl.handle.net/20.500.12733/1617832. Acesso em: 17 fev. 2025.

COSTA, N. M. C.; SILVA, J. X. da. **Geoprocessamento aplicado à criação de planos de manejo:** o caso do Parque Estadual da Pedra Branca-RJ. *In:* SILVA, J. X. da; ZAIDAN, R. T. Geoprocessamento e análise ambiental: aplicações. Rio de Janeiro: Bertrand, 2004.

DREW, D. **Processos Interativos Homem-Meio Ambiente.** São Paulo: Difel, 1986.

DUDAL, R.; NACHTERGAELE, D. O.; PURNELL, M. F. The human factor of soil formation. *In:* WORLD CONGRESS OF SOIL SCIENCE, 17., Symposium 18, v. II, paper 93, Bangkok: **Proceedings** [...]. Bangkok: [*s. n.*], 2002.

FERREIRA, L. V.; VENTICINQUE, E.; ALMEIDA, S. O desmatamento na Amazônia e a importância das áreas protegidas. **Estudos avançados,** São Paulo, v. 19, n. 53, p. 157-166, 2005.

FLORENZANO, T. G. **Imagens de satélite para estudos ambientais.** São Paulo: Oficina de Textos, 2002. 97 p.

GARCIAS, D. O. **Unidades ambientais, uso da terra e áreas prioritárias à conservação da mata atlântica na bacia hidrográfica do rio Santana, sul da Bahia.** 2001. 90 f. Dissertação (Mestrado em Desenvolvimento Sustentável) – Universidade federal de Visçosa (UFV), Viçosa, 2003.

GOUDIE, A. **The Human Impact in the Natural Environment.** Malden: Blackwell Publishing, 2006.

HERCULANO, F. **Experiências de gestão de recursos hídricos.** Brasília: Ministério do Meio Ambiente/Agência Nacional de Águas, 1998. p. 107-127.

ISLA, M. **A review of the urban indicators experience and a proposal to overcome current situation. The application to the municipalities of the Barcelona province.** (Paper to World Congress of Environmental and Resource Economists) Isola de San Giorgio, Venice, Italy: June 25-27, 1998.

MACHADO, P. A. L. **Direito ambiental brasileiro.** 5. ed. São Paulo: Malheiros, 1995.

MAPA DE CONFLITOS. **PA – Enquanto aguarda por desintrusão, povo Parakanã luta contra invasores, desmatamento e queimadas na terra indígena Apyterewa.** 2017. Disponível em: http://mapadeconflitos.ensp.fiocruz.br/conflito/pa-enquanto-aguarda-por-desintrusao-povo-parakana-luta-contra-invasores-desmatamento-e-queimadas-na-terra-indigena-apyterewa/. Acesso em 26: maio 2022.

MARTINS, M. A. C. *et al.* Caracterização dos principais usos das águas superficiais na área de influência do antigo lixão do roger em João Pessoa. **Jornal Goiânia,** Goiânia, v. 5, n. 8, p. 12, 2005.

MENEZES, M. E. N. S.; COSTA, J. A. V. Urbanização do setor sudoeste de Boa Vista-RR e implicações ambientais na microbacia Igarapé Grande – PACA. **Revista Acta Geográfica,** Boa Vista-RR, ano 1, v. 1, p. 67-81, 2007. Disponível em: https://revista.ufrr.br/index.php/actageo/article/view/131/346, Acesso em: 26 maio 2022.

OBSERVATÓRIO DE SUSTENTABILIDADE E QUALIDADE DE VIDA. 2004. Disponível em: <http://www.sustentabilidade.org.br/conceitos.htm> acessado em: 16 ago. 2004.

PINTO, M. Avaliação sazonal da qualidade das águas do Arroio da Cria Montenegro, RS, com Aplicação de um índice de qualidade de água (IQA). **Revista Brasileira de Recursos Hídricos,** Goiânia, v. 8, n. 3, p 81-97. 2005.

PIRES, J. S. R.; SANTOS, J. E.; DEL PRETTE, M. E. A utilização do conceito de bacia hidrográfica para a conservação dos recursos naturais. *In*: SCHIAVETTI, A.; CAMARGO, A. F. M. (org.). **Conceitos de bacias hidrográficas:** teorias e aplicações. Ilhéus: Editus, 2002. p. 17-35.

PIRES, J.S.R.; SANTOS, J.E. Bacias Hidrográficas - Integração entre meio ambiente e desenvolvimento. Ciência Hoje, Rio de Janeiro, v. 19, n. 110, p. 40- 45, 1995.

RAMOS, T. B. **Sistemas de indicadores e índices ambientais.** In: CONGRESSO NACIONAL DOS ENGENHEIROS DO AMBIENTE, 4., 1997, Faro. **Comunicação apresentada no...** Faro: APEA, 1997. p. IV33-IV43.

RÊGO, G. F. *et al.* **Degradação da mata ciliar em decorrência da urbanização na microbacia do igarapé grande na região do Bairro Professora Aracelis Souto Maior**. Boa Vista: Faculdade Atual da Amazônia, 2010.

RUHE, R. V. **Geomorphology: geomorphic processes and surficial geology** Boston, Massachusetts: Houghton Mifflin, 1975, 246 p.

SANCHEZ, V. R. **O transporte de sedimentos em suspensão como parte da análise ambiental da bacia hidrográfica do Rio Mazomba.** 1997. 298 f. Dissertação (Mestrado em Geografia) – Universidade Federal do Rio de Janeiro, Instituto de Geociências, Programa de Pós-Graduação em Geografia, 1997.

SANDOR, .J; BURRAS, C. L.; THOMPSON, M. **Human Impacts on Soil Formation.** 2011. Disponível em: www.public.iastate.edu/.../Human%20Impacts%20on%20Soil%20Formation%20Final.doc. Acesso em: 17 fev. 2025.

SANTOS, R. F. dos. **Planejamento ambiental**: teoria e prática. São Paulo: Oficina de textos, 2004. 184 p.

SOUSA, Rafaela. Ação antrópica. **Mundo Educação,** 2015. Disponível em: https://mundoeducacao.uol.com.br/geografia/acao-antropica.htm. Acesso em: 26 maio 2022.

O JOGO "CAMINHADA MORFOCLIMÁTICA" COMO POTENCIALIDADE PARA O ENSINO DA GEOGRAFIA FÍSICA EM UMA ESCOLA NO MUNICÍPIO DE BELÉM – PA

Marcos Vinícius Sousa Leal

Enilson da Silva Sousa

INTRODUÇÃO

Freire cita que a "prática docente deve reforçar a capacidade crítica do educando e sua curiosidade" (Freire, 1996, p. 13), sendo vista e concretizada de forma dinâmica, adotando didáticas que visem o pensamento crítico do discente. Zabala (2014) afirma que a figura do professor é importante no processo de ensino-aprendizagem, pois ele atua como mediador entre o aprendiz e o objeto de conhecimento. Além disso, cabe ao educador indicar a utilidade do objeto educativo que será usado e estimular o desejo dos aprendizes quanto ao que está sendo ensinado.

Contudo, Cavalcanti (2012) reforça que o modelo antigo de ensinar Geografia nas escolas não se dá por meio de métodos e didáticas estimulantes e que despertem a curiosidade do saber e do conhecer nos estudantes. Por outro lado, visando estimular a curiosidade dos alunos, a Base Nacional Comum Curricular (BNCC), que é um documento legal, objetivando a progressão de aprendizagens essenciais que os alunos devem ampliar no decorrer da educação básica, estabeleceu que o processo de ensino-aprendizagem deve estar apoiado em competências, habilidades e temas atuais (Brasil, 2018).

Conceitualmente, competências e habilidades diferem em seus significados, no qual "competência é a mobilização de conhecimentos (conceitos e procedimentos) e habilidades (práticas cognitivas e socioemocionais) atitudes e valores para resolução de demandas complexas da vida cotidiana, do pleno exercício da cidadania e do mundo do trabalho" (Brasil, 2018, p. 9). Por meio da BNCC, as práticas docentes devem se apoiar no desenvolvimento das competências e habilidades de cada disciplina do currículo e das áreas do conhecimento.

As estratégias didáticas e o processo de ensino-aprendizagem devem se aliar, baseando-se nas competências e nas habilidades que, antes de tudo, devem ser planejadas e executadas, para contribuírem no desenvolvimento dos estudantes, o qual, através do jogo, será possível.

Nesse sentido, este artigo tem o objetivo de refletir como os jogos podem facilitar no processo de ensino-aprendizagem no ensino de Geografia Física, de acordo com a BNCC. Para isso, um jogo didático foi aplicado em uma turma do 7.º ano do ensino fundamental II, na disciplina de Geografia, na escola Sistema de Ensino Conhecimento (SENC), pertencente à rede particular de ensino, localizada em Belém do Pará, no ano de 2022.

O LIVRO DIDÁTICO E O ENSINO DE GEOGRAFIA

O livro didático, sem dúvidas, é um recurso de suma importância no processo de aprendizagem (Santos, 2003; Torres; Santana, 2009; Carneiro, 2012; Sene, 2014), principalmente em escolas públicas, nas quais, esse material pode ser o único que o estudante terá acesso. Logo, "O livro didático possui importância ímpar no processo pedagógico" (Fonseca; Tonini, 2020).

Para Santos (2003), a seleção do livro deve levar em consideração os aspectos pedagógicos, políticos e mercadológicos, que interferem de forma direta na sua elaboração e, consequentemente, nas concepções construídas pelo aluno, através deste instrumento.

Sene (2014, p. 29) enfatiza a importância do livro didático ao afirmar que ele "[...] é um representante legítimo das disciplinas escolares e busca dar conta das necessidades surgidas na relação ensino-aprendizagem da educação básica. Sua produção tem como referência a cultura escolar."

Martinez e Rubio (2018) reforçam que, no Brasil, as organizações públicas supervisionam o conteúdo e a escolha dos livros didáticos que serão, futuramente, distribuídos nas escolas. Esse processo interfere na autonomia do docente e no processo de aprendizagem dos alunos, que nem sempre estão representados no livro didático adotado na unidade escolar.

Rangel (2021) diz que, apesar das questões político-ideológicas que permeiam a escolha do livro didático, o material deve ser relevante para o ensino de Geografia, especialmente, no ensino de Geografia Física, em que os docentes necessitam de outros recursos pedagógicos e acabam elaborando seus próprios materiais. Partindo desse pensamento, Cavalcanti

(2011) aponta que os professores de Geografia estão sempre procurando novas e diferentes formas de trabalhar e ensinar, criando novos materiais, recursos e metodologias.

Os livros didáticos e outros materiais de apoio ao professor têm uma proposta inicial de temas a serem trabalhadas de modo articulado e sequencial, em cada um dos anos escolares, coerentes com os seus pressupostos teóricos e metodológicos dos autores que procuram seguir, as orientações curriculares da política oficial (Cavalcanti, 2012, p. 131).

Castrogiovani e Goulart (1999) caracterizam um bom livro de Geografia, o qual deve abordar, primeiramente, uma perspectiva crítica, e, logo depois: fidedignidade das afirmações, estímulo à criatividade, representação cartográfica correta, valorização da realidade e uma abordagem do espaço como totalidade.

É, portanto, de suma importância, analisar a presença de conteúdos de Geografia Física nos livros didáticos, visando realizar atividades lúdico-pedagógicas para melhorar o aprendizado dos alunos.

A partir desses pressupostos, a construção de recursos didáticos que facilitem a compreensão da Geografia Física é uma necessidade (Carvalho, 2004; Orion; Trend, 2009; Bertolini; Valadão, 2009). Isso está relacionado ao caráter abstrato implícito ao conteúdo de Geografia Física, principalmente, para alunos do ensino básico.

Portanto, é um desafio ultrapassar as dificuldades do ensino do conteúdo, sejam estas baseadas em conceituação sem contextualização ou memorização. Logo, a elaboração de materiais e atividades lúdico-pedagógicas pode auxiliar nas práticas escolares. As atividades desenvolvidas com a prática do lúdico, além de possibilitarem uma outra forma de aprendizagem mais atraente e divertida, trabalham também a capacidade de o indivíduo interagir com o outro.

Logo, esse tipo de atividade no processo de ensino, proporciona o prazer e divertimento durante as aulas. Além disso, ajuda a desenvolver no educando as seguintes habilidades: cognitivas e motoras; atenção e percepção; capacidade de reflexão; conhecimento quanto à posição do corpo; direção a seguir e outras habilidades importantes para o desenvolvimento da pessoa humana (Rangel *et al.* 2016).

Destaca-se, portanto a relevância da utilização de materiais didáticos lúdicos, jogos e brincadeiras no cotidiano escolar, principalmente com alunos do sétimo ano do ensino fundamental, que sofrem com a drástica mudança entre os hábitos, conteúdos e currículos do ensino fundamental I (do primeiro ao quinto ano) para o ensino fundamental II (do sexto ao nono ano).

METODOLOGIA

Para Minayo (2002) a metodologia é o caminho do pensamento e a prática exercida na abordagem da realidade, ou seja, inclui as concepções teóricas de abordagem, o conjunto de técnicas e recursos que possibilitam a representação da realidade.

Partindo dessa concepção, este artigo contou com etapas específicas, sendo a primeira caracterizada pelo levantamento bibliográfico sobre o tema, como ele se encontra na BNCC e a preparação das aulas sobre o assunto através do livro didático adotado pela instituição de ensino e na obra denominada *Os domínios da natureza no Brasil*, do geógrafo Aziz Ab'Sáber.

Posteriormente, em quatro aulas, houve o compartilhamento sobre os domínios morfoclimáticos[22] (Amazônia, Caatinga, Cerrado, Mares de Morros, Araucárias, Pradarias e áreas de transição) e suas características, bem como a prática de exercícios propostos. A partir da finalização do assunto em sala de aula, o docente de Geografia, juntamente com a turma, estruturou e executou um jogo através de um software, o Power Point, e, para finalização desta atividade, foram aplicados, no mês de junho do mesmo ano, questionários objetivos para todos os alunos envolvidos.

Breve análise dos conteúdos de Geografia Física no livro didático "Conquista"

O livro analisado na referida pesquisa faz parte da coleção "Conquista", tendo como organizadoras Lilian Rosa Prado dos Santos e Andrea Lúcia Guimaraes. O volume é direcionado para o 7.º ano do ensino fundamental, sendo uma segunda edição do ano de 2021 (Figura 1).

[22] Os domínios morfoclimáticos, segundo Aziz Ab'Sáber (2003), são ambientes que possuem feições de relevo, tipos de solos, formas de vegetação e condições climático-hidrológicas específicas, que combinados e integrados formam áreas relativamente homogêneas. O autor classificou os domínios em: Amazônico, Caatingas, Cerrados, Mares de Morros, Araucárias, Pradarias e as Faixas de transição.

Figura 1 – Capa e ficha catalográfica do livro didático "Conquista" usado na pesquisa

Fonte: Santos; Guimarães (2021)

O livro didático "Conquista" é usado por algumas escolas da rede particular de ensino em Belém do Pará. Observando a estrutura do sumário do referido livro didático, são identificadas as seguintes temáticas nos volumes um e dois:

Tabela 1 – Volumes e capítulos do livro didático "Conquista" usado na pesquisa

Volume 1	Capítulos	Volume 2	Capítulos
O Brasil no mundo	1	População brasileira e seus movimentos	5
Formação e ocupação do território brasileiro	2	Espaço agrário brasileiro	6
Características naturais do Brasil: relevo e hidrografia	3	Espaço industrial e comercial brasileiro	7
Características naturais do Brasil: clima e vegetação	4	Espaço urbano brasileiro	8

Fonte: o autor (2022)

Os volumes um e dois (análise deste artigo), em quase sua totalidade abrangem conteúdos voltados para análise da Geografia Humana. Apenas os itens C e D, no livro capítulos três e quatro, respectivamente, abordam temas relacionados à Geografia Física em sua totalidade. Contudo, na tentativa de interdisciplinarização, os outros capítulos do volume um vinculam, por exemplo, a exploração desenfreada do Pau-Brasil pelos portugueses ao desmatamento, porém, limitando a análise ambiental apenas a este tópico.

Vilela (2014, 2018) ao analisar textos de livros didáticos de Geografia, destaca que "a geografia física, em suas formas de abordagem tradicionais, não tem se associado facilmente aos enunciados que constroem o significado de 'bom ensino da geografia'" (Vilela, 2018, p. 5).

No livro analisado, existem alguns hiatos entre temas de Geografia Física e de Geografia Humana. Apesar do esforço dos autores em realizar a integração entre os conteúdos, percebe-se que o ser humano não é inserido na lógica da natureza, como ser ativo e passivo nas transformações do meio ambiente. Muitos outros autores destacam tal "esquecimento" ou abstração da Geografia Física ao afirmar que: "a Geografia Física é colocada como algo abstrato, alheio à vivência do aluno. Assim, uma vertente, uma colina, um solo ou uma paisagem vegetal são descritos como ideias não concretas" (Augustin; Brun 1985, p. 274 *apud* Bertolini; Valadão, 2009, p. 37).

Material acadêmico e os domínios morfoclimáticos para o ensino da Geografia

Durante a análise do capítulo quatro, "Características naturais do Brasil: clima e vegetação", observou-se lacunas na abordagem quanto aos domínios morfoclimáticos. Contudo, para que essa lacuna fosse preenchida, optou-se por materiais ou textos acadêmicos que, segundo Rangel e Silva (2020), abordam temas atuais e contextualizados.

Com a importância dos estudos dos quadros naturais do Brasil na educação básica, por meio dos domínios morfoclimáticos, foi necessário adaptar para o 7.º ano um capítulo do livro *Os domínios de natureza no Brasil: potencialidades paisagísticas*, de autoria de Aziz Ab'Sáber, intitulado "Potencialidades paisagísticas brasileiras", da Ateliê Editora.

A seguir, parte do material adaptado (Figura 2), em slides, pelo professor responsável pela turma. O material é uma espécie de resumo, com informações complementares e de fácil compreensão, ausentes no livro didático analisado, as quais seriam importantes para o andamento do jogo.

Figura 2 – Parte da adaptação do capítulo "Potencialidades paisagísticas brasileiras" publicado no livro *Os domínios de natureza no Brasil: potencialidades paisagísticas* de autoria de Aziz Ab'Sáber, editora Ateliê, Brasil, 2003

Fonte: o autor (2022)

A adaptação do texto original continha imagens e pequenos textos, visando facilitar a compreensão do aluno. Foram retirados temas específicos discutidos pelo autor no texto original e expressões e termos técnicos. Ademais, não foram utilizadas as figuras e esquemas originais do capítulo, pois além de serem em escala de cinza, alguns esquemas não seriam adequados para o sétimo ano.

Quanto à BNCC (Brasil, 2018), o material se relaciona com ela, de acordo com as habilidades a seguir:

- "EF06GE05 – Relacionar padrões climáticos, tipos de solo, relevo e formações vegetais." Foi usada a relação clima e formas de relevo em cada domínio morfoclimático.
- "EF06GE06 – Identificar as características das paisagens transformadas pelo trabalho humano a partir do desenvolvimento da agropecuária e do processo de industrialização." Foram apresentadas as construções de aterros etc.
- "EF06GE11 – Analisar distintas interações das sociedades com a natureza, com base na distribuição dos componentes físico-naturais, incluindo as transformações da biodiversidade local e do mundo." Foi enfatizada a ocupação antrópica nas diversas escalas.

- "EF06GE12 – Identificar o consumo dos recursos hídricos e o uso das principais bacias hidrográficas no Brasil e no mundo, enfatizando as transformações nos ambientes urbanos." Foi discutido como as bacias hidrográficas, de acordo com cada domínio, comportam-se e de que forma elas são usadas.

A "Caminhada Morfoclimática" e sua elaboração para o ensino da Geografia Física

Foi elaborado um material didático-lúdico (jogo) visando estratégias pedagógicas para o ensino dos domínios morfoclimáticos, baseadas na análise da BNCC e, também, como já mencionado antes, no livro didático e em um capítulo de cunho acadêmico.

O jogo, intitulado "Caminhada Morfoclimática", foi construído e armazenado em um software, versão 2013. O tema escolhido foram os domínios morfoclimáticos do Brasil, que estava de acordo com o conteúdo programático da disciplina.

Participou dessa atividade a turma do 7.º ano, composta por 22 alunos. Os estudantes se dividiram em dois grupos e ficaram responsáveis por desenvolverem os slides que resumiam os seguintes domínios morfoclimáticos: Amazônico, Caatinga, Cerrado, Mares de Morros, Araucárias, Pradarias e mais as faixas de transição. Assim, os slides, primeiramente, abordaram a parte teórica e resumida dos domínios e áreas de transição e, depois, o jogo educativo.

O referido processo de construção do resumo constituiu na recapitulação dos domínios morfoclimáticos e suas áreas de transição. Para isso, os discentes levantaram as principais características de cada domínio, baseadas em: formas de relevo, solo, vegetação, hidrografia e clima.

À medida que os alunos iam colaborando e construindo os slides, algumas indagações foram colocadas pelo professor: domínios morfoclimáticos e biomas são as mesmas coisas? Todos os domínios possuem os mesmos aspectos naturais? O domínio morfoclimático da Caatinga, por exemplo, apresenta mudanças em sua paisagem física? Existem domínios morfoclimáticos que sofrem com intensos processos de desmatamento? O domínio morfoclimático em que você vive é qual? As perguntas objetivaram ativar nos estudantes a curiosidade e a necessidade de desconstrução de mitos.

Percebeu-se que os alunos expuseram diversas respostas, entre corretas e equivocadas relacionadas aos domínios morfoclimáticos brasileiro. Por isso, o docente iniciou uma série de observações sobre as respostas para que fosse possível o desenvolvimento de "construção de argumentos com base em informações geográficas, debater e defender ideias e pontos de vista que respeitem e promovam a consciência socioambiental e o respeito à biodiversidade" (Brasil, 2018, p. 364).

O segundo momento se deu na montagem do jogo no software. Primeiramente, a palavra "caminhada" foi escolhida, pois a atividade educativa se desenvolveu através de uma trilha encontrada na internet. A trilha contém 18 espaços separados que se denominaram "casas", cada uma composta por perguntas sobre os domínios morfoclimáticos.

Esse processo oportunizou os alunos a usarem os seus conhecimentos, podendo realizar comparações, confrontações com o que estava presente nos materiais de pesquisa, desenvolvendo, também, o trabalho em grupo, participação no desenvolvimento do material, maturidade intelectual e o conhecimento ou noções do espaço geográfico. É importante ressaltar que os alunos não participaram na montagem das perguntas que compunham o jogo, pois eles iriam passar pelo processo de respondê-las, conforme suas regras.

Para a "Caminhada Morfoclimátca" distribuíram-se 18 perguntas, que foram colocadas em cada "casa" da trilha (Figura 3), por meio de hyperlinks, que é uma forma de fazer referência a um outro texto anterior ou posterior, através de áreas clicáveis, alo mencionado por Xavier (2012) como uma estratégia de intertextualidade explícita, uma vez que, por meio dele, recorre-se a outros textos na tela do computador. Nesse caso, os espaços denominados "casas" na trilha eram hyperlinks clicáveis que davam acessos a outros slides conforme o desenvolvimento do jogo.

Figura 3 – Trilha da "Caminhada Morfoclimática" com o uso do hyperlink no Power Point

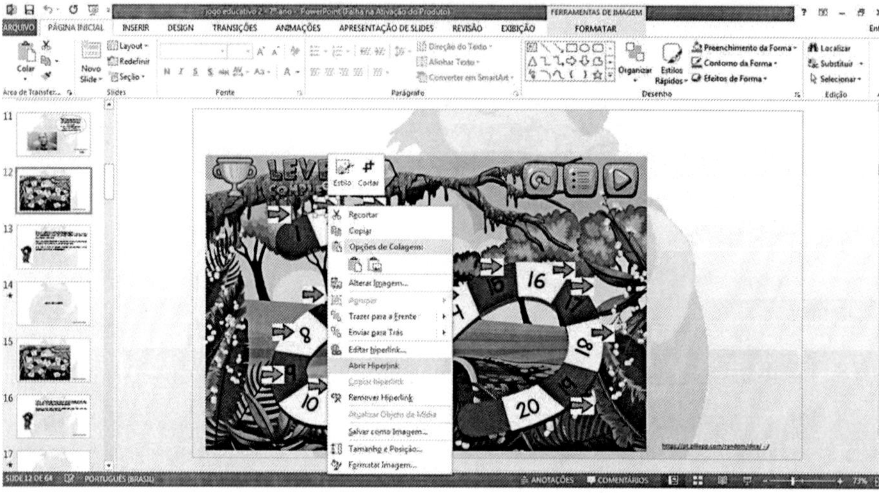

Fonte: o autor (2022)

Com os hyperlinks ativados foi possível avançar ou regredir pela trilha. E, para um melhor desenvolvimento do jogo, antes de sua aplicação, foi escolhido um dado digital através de um site, no qual seu link estava disponível no próprio *template* do software e em todos os slides.

Posteriormente à montagem, à programação e ao armazenamento do jogo no software, ocorreu a culminância da atividade no mês de maio de 2022.

Finalizando as etapas, durante o mês de junho, aplicaram-se questionários do tipo objetivo qualitativo para a referida turma, com nove perguntas relacionadas ao jogo "Caminhada Morfoclimática".

OS JOGOS COMO FERRAMENTA DE ENSINO ALIADOS ÀS COMPETÊNCIAS E HABILIDADES

O espaço escolar, junto ao seu ensino, tem o objetivo de capacitar o discente para resolver ou lidar com problemas do cotidiano (dentro ou fora da escola), cooperando na evolução de seu senso crítico, competências e habilidades. Das diversas maneiras em que esse processo pode ser desenvolvido, os jogos didáticos surgem como estratégia, sendo isso possível de ser observado na referida turma da escola SENC.

Considerar os jogos como uma ferramenta de conhecimento ao conteúdo programático da disciplina de Geografia resulta na relevância da atividade no processo de ensino-aprendizagem. Sendo assim, o significado da palavra jogo e sua importância devem ser elucidados, assim como sua relevância no desenvolvimento das competências e habilidades.

Quanto aos significados da palavra jogo, o Dicionário on-line de Português foi consultado. Nele é definido que jogo é "Ação de jogar; folguedo, brinco, divertimento. O que serve para jogar. Exercício ou divertimento" (Jogo, 2021). Além da consulta ao dicionário, buscou-se uma segunda definição para a palavra jogo, por meio de professores e pesquisadores que trabalham os conceitos e práticas de jogos, como Kishimoto (1998), o qual afirma que o jogo educativo vai além das brincadeiras, tornando-se ferramenta de aprendizado.

Cotonhoto, Rossetti e Missawa (2019) concordam com Kishimoto (1998) e adicionam que os jogos ajudam a estimular o profissional docente a refletir a sua importância em sala de aula, sobretudo para os estudantes com maiores dificuldades de aprendizagem.

Para Teixeira (2010), o ato de jogar simula a realidade e, ao fazê-lo, estimula diversas capacidades nos participantes, como analisar e relacionar regras, estratégias, conteúdos, esquemas práticos e mentais, desenvolvendo suas competências e habilidades. Além disso, jogos relacionados ao ensino, conforme Machado (2013), possibilitam a articulação entre informação, abstração, conhecimento e ação por meio do entretenimento.

Cavalcanti (2012) afirma que o docente de Geografia deve ser articulado em sala de aula, dinamizando os conteúdos das diversas situações do espaço vivido de seus alunos, aproximando-os de suas realidades. Por conta disso, o jogo surge como estratégia para atender essas e outras demandas do professor, deixando de lado um ensino de Geografia que exigia a memorização, por exemplo e, atualmente, é pautado em uma Geografia escolar mais complexa, fluida, dando espaço para os discentes entenderem o mundo contemporâneo e sua dinamicidade, bem como as habilidades geográficas.

Sendo assim, os jogos didáticos tornam-se relevantes como práticas educativas que estimulem os educandos no entendimento do espaço geográfico e raciocínio geográfico aliados aos saberes geográficos.

A CAMINHADA MORFOCLIMÁTICA E SUA CULMINÂNCIA

A execução do jogo didático nomeado "Caminhada Morfoclimática" (Figura 3), ocorreu no dia 24 de maio de 2022, em uma das salas de aulas do Sistema de Ensino Conhecimento (SENC). Os envolvidos estavam motivados, agindo como ativos no seu processo de ensino-aprendizagem. Contudo, existia uma certa curiosidade por parte dos educandos devido às perguntas selecionadas pelo professor.

Figura 4 – Apresentação do jogo "caminha morfoclimática" no Power Point

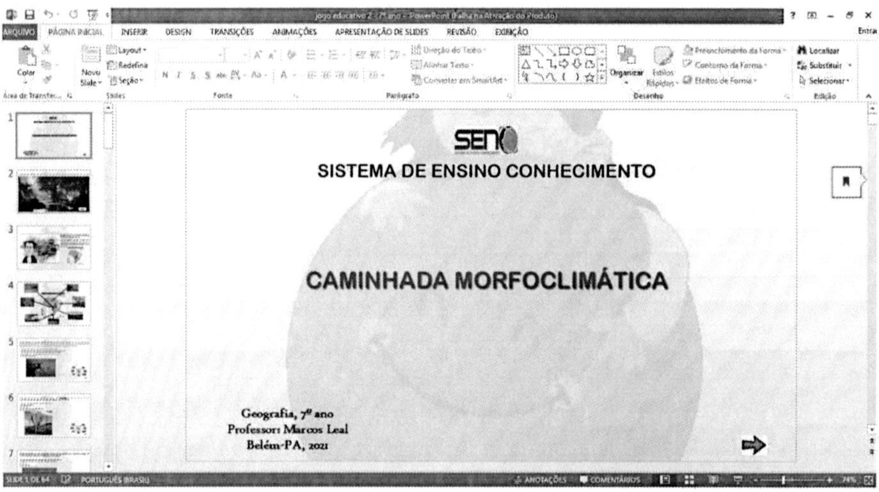

Fonte: o autor (2022)

Durante a culminância da Caminhada, os discentes trocavam opiniões entre si sobre as perguntas, bem como as complementavam com as imagens que apareciam em algumas questões, iniciando, por meio delas, diferentes percepções das paisagens dos domínios morfoclimáticos brasileiros abordadas nas perguntas e como eram discutidas durante as aulas. Em certos momentos, havia um aprendizado mútuo entre a turma, até chegarem à conclusão de suas respostas. Além disso, a atividade colaborou para o trabalho em equipe, pensamento geográfico-espacial dinâmico, estímulos à socialização de ideias e uma certa competitividade sadia entre a turma.

Figura 5 – Alunos do 7º ano jogando a "Caminhada Morfoclimática"

Fonte: o autor (2022)

Logo, tornou-se possível perceber que a inserção dos jogos didáticos na aula de Geografia foi algo novo para a turma e proveitoso, pois ela contribuiu no processo de ensino-aprendizagem e na compreensão dos conteúdos, trazendo um olhar diferente em relação à ciência geográfica escolar.

Posteriormente, foi aplicado, junto aos estudantes, um questionário semiestruturado, visando à reflexão sobre o processo de aprendizado, dando a oportunidade ao aluno de explicar as etapas realizadas na atividade, com base no seu próprio percurso de aprendizagem.

Ao serem perguntados: "o que achou da Geografia ser repassada através de um jogo?", os alunos relataram que não imaginavam aprender Geografia por meio do lúdico e complementam que ela sempre foi tediosa e enfadonha. Aqui, 60% afirmam que vão passar a procurar jogos que relacionem a Geografia por meio da internet. Já os 40% restantes reforçam que o jogo foi importante para seu aprendizado e que já começam a olhar a disciplina como algo "bom".

E, por citar o meio digital, mais precisamente a internet, quando questionados se "a ferramenta internet ou os aplicativos, são meios para se obterem conhecimentos sobre Geografia?", setenta por cento concordam, explicando que a internet aparece como um complemento do que o livro mostra e do que é ensinado pelo professor, surgindo uma nova possibilidade. Uma pequena parcela de 10% ainda não consegue se aliar à rede de internet e à Geografia, ou seja, encontram dificuldades de pesquisar e reconhecer certos assuntos no espaço digital, e os outros 20% utilizam mais a internet do que os próprios materiais fornecidos pela escola.

Ao serem questionados: "você se sentiu mais à vontade na montagem de um material didático (nesse caso, o jogo)?", o "sim" foi unânime, pois se viram como parte do processo de aprendizagem, uma vez que foram incentivados na busca de informações sobre os domínios morfoclimáticos em diversos meios, e o compartilhamento de novas ideias foi algo positivo.

Em relação à avaliação, quando indagados se "prefere que os jogos substituam parte das avaliações de Geografia?" O "sim", também, foi unânime; explicaram que jogar é muito mais descontraído, porque o jogo proporciona o trabalho em conjunto, trocas de ideias, competição e diversão.

Eles foram perguntados quanto à facilidade de manuseio na ferramenta usada: "achou fácil usar o Power Point como espaço para o desenvolvimento e armazenamento da Caminhada Morfoclimática?". Oitenta por cento responderam que sim, por conta de ser algo usual na apresentação de atividades de outras disciplinas, mas que não imaginavam que era possível estruturar jogos ou animações na ferramenta. Vinte por cento relataram sentir dificuldades na utilização do software, mesmo com as orientações, mas que se viram incentivados pelo professor e através dos outros alunos que já tinham um certo domínio.

Outra pergunta destacada foi quanto à utilização da "Caminhada Morfoclimática" fora da sala de aula. Noventa por cento responderam que irão usar, até como revisão do assunto, mas que irão jogar no celular, uma vez que muitos não têm computador de mesa ou notebooks em suas casas, assim, é possível os alunos levarem o jogo para qualquer lugar que se deslocarem com os aparelhos celulares, já que o software não necessita de rede de internet para funcionar. Dez por cento afirmam que pretendem, mas que teriam dificuldades de baixar o software para o dispositivo móvel, pois os celulares pertencem aos seus responsáveis legais.

Visando à dificuldade da maioria dos alunos nos assuntos geográficos escolares que envolvem a Geografia Física, lançou-se tal questionamento: "através do jogo, foi possível compreender certas discussões pertencentes à Geografia Física, como relevo, hidrografia, vegetação, solo e clima?". Dez alunos, ou seja, 45% da turma, ainda sentem dificuldade em entender tais informações, pois alegam que são complexas e o livro didático não as aborda por completo, mas reconhecem que o jogo fornece uma facilidade em compreendê-las. Outra parte afirma que o lúdico serviu para complementar aquilo que já haviam recebido em sala de aula.

Para finalizar, foram questionados se "gostaria de ter mais atividades que envolvessem jogos na disciplina Geografia?", e todas as respostas foram positivas; acharam mais fácil de aprender o conteúdo dessa forma; é diferente, possibilitando a participação dos estudantes nas aulas e uma maior aproximação entre eles.

CONSIDERAÇÕES FINAIS

O espaço escolar deve oferecer possibilidades ao aluno de resolver ou solucionar situações-problema. Contudo, se a didática usada em sala de aula for a de reproduzir os livros didáticos e multiplicar o pensamento do docente para a aprovação nas avaliações, essa metodologia estará sendo uma espécie de treino para que os alunos respondam perguntas retóricas de forma não abrangente. Freire (2011) diz que esse contexto educacional é a chamada educação bancária.

É importante ressaltar que o Ministério da Educação (MEC), através da BNCC, incentiva que os currículos sejam estruturados enfatizando as competências e habilidades dos estudantes. A Geografia, nesse caso, deve desenvolver o senso crítico no que diz respeito à ocupação humana e produção do espaço geográfico, em que relaciona princípios como os da analogia e conexão, sendo essas competências importantes na formação de um cidadão consciente (Brasil, 2018).

Entretanto, fica evidente que a BNCC reflete o tradicional que se estrutura em uma matriz de currículo por competência, que é uma tendência da política mundial educacional que se apoia no neoliberalismo, desvalorizando temáticas essenciais.

O perfil da Geografia, vista como uma disciplina que valoriza o raciocínio espacial, por exemplo, pode e deve utilizar jogos permitindo o ensino de Geografia por meio das competências e habilidades. Além disso, o jogo, aliado ao lúdico, fornece a chance ao aluno de se tornar transformador, apropriador e componente do espaço.

Portanto, o jogo apresentado neste artigo contribuiu significativamente para o desenvolvimento de competências e habilidades gerais e específicas da Geografia pautadas na BNCC. Com isso, os discentes puseram em prática a vontade e uma iniciação à investigação e resolução de problemas. Durante o processo de construção da "Caminhada Morfoclimática" e sua aplicação, percebeu-se uma melhor compreensão do mundo em que vivem, reconhecendo novas dimensões das complexidades e diversidades do espaço geográfico.

O referido jogo pode ser adaptado atendendo o entendimento do que foi trabalhado em sala de aula, oportunizando a aplicação dos saberes a sua própria realidade. Ao aliar a teoria à prática, o processo de aprendizado torna-se mais atrativo, buscando motivar e desafiar o estudante, oferecendo novas metodologias e formas lúdicas de apreensão à realidade vivida.

Quanto à adaptação do texto acadêmico sobre domínios morfoclimáticos para a educação básica, ficou constatado que não é uma tarefa simples, pois a formatação, a linguagem e a estruturação dos textos devem ser realizadas de forma minuciosa. Porém, quando bem elaborados, podem ser fundamentais para trabalhar determinados conteúdos em sala. No caso dos domínios morfoclimáticos, destaca-se a importância de elaboração de material de apoio para aulas sobre o tema.

REFERÊNCIAS

AB'SÁBER, A. **Os domínios da natureza no Brasil**: potencialidades paisagísticas. São Paulo: Ateliê Editorial, 2003.

BERTOLINI W. Z.; VALADÃO R. C. A abordagem do relevo pela Geografia: uma análise a partir dos livros didáticos. **Terræ Didatica**, Campinas, v. 5, n. 1, p. 27-41, 2009.

BRASIL. **Base Nacional Comum Curricular (BNCC)**. Brasília: MEC, 2018.

CARNEIRO, F. P. **O espaço da geomorfologia no ensino de Geografia**: concepções aplicadas ao livro didático. 2012. 87f. Trabalho de conclusão de curso (Geografia) – Catolé da Rocha, Universidade Estadual da Paraíba, João Pessoa-PB, 2012.

CARVALHO, A. L. P. Necessidades na produção acadêmica em Geomorfologia Escolar. *In:* SIMPÓSIO NACIONAL DE GEOMORFOLOGIA, 6., São Luís/MA, 2004. **Anais** [...]. São Luís/MA: Universidade Federal do Maranhão, 2004. v. 2, p. 1-4.

CASTROGIOVANNI, A. C; GOULART. M. **Geografia em sala de aula:** práticas e Reflexões. Porto Alegre: Editora da UFRGS, 1999.

CAVALCANTI, L. S. O lugar como espacialidade na formação do professor de Geografia: breves considerações sobre práticas curriculares. **Revista Brasileira de Educação em Geografia**, Rio de Janeiro, v. 1, n. 2, p. 1-18, 2011.

CAVALCANTI, L. S.; **O ensino de Geografia na escola**. São Paulo: Papirus, 2012.

COTONHOTO, L. A.; ROSSETTI, C. B.; MISSAWA, D. D. A. A importância do jogo e da brincadeira na prática pedagógica. **Construção psicopedagógica,** São Paulo, v. 27, n. 28, p. 37-47, 2019. Disponível em: http://pepsic.bvsalud.org/scielo.php?script=sci_arttext&pid=S141569542019000100005&lng=pt&nrm=iso. Acesso em: 10 jul. 2022.

FREIRE, P. **Pedagogia da Autonomia**. 43. ed. São Paulo: Paz e Terra, 2011.

FONSECA, L. F.; TONINI, I. M. A disputa de uma Geografia política no livro didático: Geografias maiores e Geografias menores. **Revista Brasileira de Educação em Geografia**, Campinas, v. 10, n. 20, p. 541-561, jul./dez. 2020.

FREIRE, P. **Pedagogia da Autonomia**: Saberes necessários à prática educativa. 25. ed. São Paulo. Paz e Terra, 1996.

JOGO. *In:* DICIONÁRIO Online de Português. 2021. Disponível em: https://www.dicio.com.br/pesquisa.php?q=jogo. Acesso em: 10 jun. 2022.

KISHIMOTO, T. M. **Jogo, Brinquedo, Brincadeira e a Educação**. São Paulo: Cortez, 1998.

MACHADO, M. M. Fenomenologia e Infância: o direito da criança a ser o que ela é. **Revista de Educação Pública**, [*s. l.*], v. 22, n. 49/1, p. 249-264, 2013. Disponível em: https://periodicoscientificos.ufmt.br/ojs/index.php/educacaopublica/article/view/913. Acesso em: 3 jun. 2022.

MARTÍNEZ, J. C. B.; RUBIO, J. C. C. Teoría y metodología de investigación sobre libros de texto: análisis didáctico de las actividades, las imágenes y los recursos digitales en la enseñanza de las Ciencias Sociales. **Revista Brasileira de Educação,** Rio de Janeiro-RJ, v. 23, e230082, p. 1-23, 2018.

MINAYO, M. C. **Pesquisa Social:** teoria, método e criatividade. Petrópolis: Vozes, 2002.

ORION N., T. R. Thinking and learning in the Geosciences (editorial). **Journal of Geoscience Education,** [*s. l.*], v. 57, n. 4, p. 222-223, 2009.

RANGEL, L. A.; TAVARES, A. C. A.; FRANCO, C. O.; LOURENÇO, J. S. Q.; ZANI, M. V. O lúdico no ensino de geomorfologia e de solos. *In*: SIMPÓSIO BRASILEIRO DE

EDUCAÇÃO EM SOLOS, 8., São Paulo, 2016. **Anais** [...]. São Paulo: Universidade de São Paulo, 2016. p. 1-12.

RANGEL, L. A. Materiais pedagógicos para o ensino de geografia física no ensino fundamental II. **Revista Brasileira de Educação em Geografia**, Campinas, v. 11, n. 21, p. 5-26, jan./dez., 2021.

RANGEL, L. A.; SILVA, A. C. Atividade prática para aprendizagem geográfica: ensino de solos na educação básica. **Terrae Didatica,** Campinas, SP, v. 16, p. e020014, 2020. DOI: 10.20396/td.v16i0.8658877. Disponível em: https://periodicos.sbu.unicamp.br/ojs/index.php/td/article/view/8658877. Acesso em: 18 fev. 2025.

SANTOS, C. A cartografia nos livros didáticos de Geografia: Contrapostos de uma pesquisa. **Revista de Ciências Humanas de Taubaté,** Taubaté-SP, v. 9, n. 2, p. 107-114, jul./dez. 2003.

SANTOS, L. R. P. **Conquista, Solução educacional, ensino fundamental: 7º ano Geografia**, Cia. Brasileira de Educação e Sistemas de Ensino S.A. – 2ª edição, Curituba-Pa.,2021

SENE, J. E. O livro didático como produto da Geografia escolar: obra menor? **Revista Brasileira de Educação em Geografia**, Campinas, v. 4, n. 7, p. 27-43, jan./jun., 2014.

TEIXEIRA. S. R. O de. **Jogos, brinquedos, brincadeiras e brinquedoteca**: implicações no processo de aprendizagem e desenvolvimento. Rio de Janeiro: Wak, 2010.

TORRES, E. C.; SANTANA, C. D. Geomorfologia no ensino fundamental conteúdos geográficos e instrumentos lúdico-pedagógicos. **Geografia**, Londrina, v. 18, n. 1, p. 233-264, 2009.

VILELA, C. L. Livros didáticos e o discurso do conhecimento escolar em Geografia: a abordagem regional como regularidade. **Revista Brasileira de Educação em Geografia**, Campinas, v. 4, n. 8, p. 55-70, jul./dez. 2014.

VILELA, C. L. Conhecimento escolar em Geografia: explorando discursos em disputa na definição de fronteiras entre as disciplinas nos currículos. **Educação e Filosofia,** Uberlândia, v. 32, n. 64, p. 135-156, jan./abr. 2018.

XAVIER, C. A. Leitura, texto e hipertexto. *In:* MARCUSCHI, Luiz Antônio; XAVIER, Antonio Carlos (org.). **Hipertexto e gêneros digitais: novas formas de construção de sentido.** 3. ed. São Paulo Cortez, 2012. p. 170-180.

ZABALA, A. **A prática educativa**: como ensinar. Porto Alegre: Penso, 2014.

A GLOBALIZAÇÃO SOBRE O MEIO AMBIENTE: UMA ANÁLISE DA RELAÇÃO ENTRE SOCIEDADE MODERNA E NATUREZA

Nailton Nascimento da Silva
Dulcidéia da Conceição Palheta

INTRODUÇÃO

Com base numa vasta literatura, espera-se transmitir através deste trabalho uma reflexão sobre a globalização tal como existe atualmente e as suas dinâmicas subjacentes, buscando a compreensão da dinâmica socioambiental no espaço geopolítico atual. Ao longo da história humana, como ser social, o homem busca na natureza suas necessidades de sobrevivência. Porque a sociedade está sempre em processo de mudança de hábitos em diferentes pontos históricos, ela estará sempre construindo o espaço e sendo construída por ele, numa relação nem sempre harmoniosa, principalmente em tempos em que o consumo é rei e muitas necessidades são inventadas por poderosos grupos.

Por se tratar de um tema tão amplo e com tantas discussões sobre diversos aspectos, este trabalho não pretende deixar o assunto de lado. Em vez disso, procurou-se estimular o pensamento crítico da sociedade e a capacidade de compreender uma realidade particular que muitas vezes é ocultada quando vista em sua forma física.

Será discutido o tema da globalização por ser crucial para explicações posteriores sobre a crescente degradação ambiental, fenômeno que preocupa muito as autoridades internacionais comprometidas com o bem-estar da humanidade. Também serão discutidas as principais questões ambientais globais e seus efeitos negativos na sociedade, bem como a possibilidade de outra globalização devido ao aumento da conscientização.

Este trabalho busca abordar a questão em consonância com a importância da consciência social inerente a todo conhecimento, independentemente de sua origem, sem a qual ele perderia sua razão de ser. Dessa forma, o tema proposto foi explorado, partindo do princípio de que trazer benefícios à sociedade é um objetivo fundamental.

FUNDAMENTAÇÃO TEÓRICA

Capitalismo e meio ambiente: abordagem histórica

Uma perspectiva histórica sobre as formações sociais e sistemas econômicos que existiram no passado até a era globalizada, que será o foco da análise do presente trabalho, será tomada para compreender o momento histórico em que vivemos atualmente.

Segundo os historiadores, o comunismo primitivo foi a primeira organização social registrada na história. Os homens se reuniam em pequenos grupos e compartilhavam entre si as frutas e os animais disponíveis. Mais tarde, aprenderam a fazer ferramentas com pedras e descobriram que, ao bater uma pedra na outra, saíam lascos que poderiam ser usados como objetos para cortar coisas (Aquino, 2005).

O Paleolítico, também conhecido como Idade da Pedra Lascada, se estendeu de aproximadamente 2,7 milhões de anos atrás até cerca de 10.000 a.C. Nesse período, os primeiros humanos desenvolveram diversas ferramentas de pedra e aprenderam a dominar o fogo, o que lhes proporcionou maior segurança e proteção contra animais selvagens e as intempéries climáticas. A revolução neolítica ocorre entre aproximadamente 4.000 e 1.000 a.C., quando o homem aprende a cultivar e deixa de depender da coleta para se sustentar. Essa fixação abre as portas para o desenvolvimento de estruturas sociais e políticas cada vez maiores e mais complexas ao longo das margens dos grandes rios (Cavalcante, 2009).

Sem poder fornecer datas exatas, estima-se que o bronze tenha sido usado pela primeira vez por volta de 4.000 a.C., chegando à Europa e ao Oriente Médio cerca de 2 mil anos depois. No final desse período, começou o uso de metais para fazer armas e outros objetos úteis.

De acordo com essa história da existência humana, gostaria de mencionar o "Modo de Produção Asiático", que era um sistema econômico em que os meios de produção, a terra, pertenciam ao Estado e eram administrados e controlados por ele. O excedente permitia o uso da terra em troca de contribuições (trabalho ou produtos); essa relação de produção é baseada em serviços de co-cobrança (Guerra, 2007)

Surgem os Métodos de Produção Escravista, em que o principal fator econômico não era a negritude, mas sim a aquisição de escravos em decorrência de conflitos e guerras, assim como o Método de Produção Feudal, que era majoritariamente agrícola, com a terra servindo como principal fonte de riqueza. Este era um sistema de agricultura comunal que não buscava atualizar suas práticas, pois toda inovação dependia da aprovação da comunidade local, o que inevitavelmente levava ao estabelecimento de um padrão técnico específico (Aquino, 2005).

A produção econômica concentrava-se em feudos rurais ou senhorias que pertenciam a senhores feudais ou clérigos. Neles, a produção era voltada para a sobrevivência e buscava a autossuficiência do grupo; como resultado, surgiram outras atividades além da agricultura, como a criação, a indústria de casos, o comércio local e o comércio, bem como a unidade territorial e político-jurídica da sociedade feudal. As concessões de terras aos agricultores incluíam obrigações de prestação de serviços e presentes ao senhor como parte da produção (Guerra, 2007).

A partir do século XI, a Europa entrou num período de estabilidade que conduziu a um relançamento da atividade econômica em resultado da expansão das áreas produtivas. A aplicação de novas técnicas de produção transformou a vida econômica europeia, permitindo que o continente produzisse mais com menos mão de obra, ao mesmo tempo em que reduzia a taxa de mortalidade. A atividade comercial foi inicialmente conduzida dentro de feudos.

Mas, pouco a pouco, o fluxo de riquezas aumentou, sendo necessária a devolução da moeda para facilitar o comércio. Com tudo isso, conseguiram acumular riquezas, alterando completamente a noção de riqueza que existia anteriormente. Com isso, durante os séculos X, XI e XII, apesar do feudalismo continuar sendo o sistema dominante, já se viam sinais de uma nova ordem (Aquino, 2005).

Como resultado de desenvolvimentos históricos como a monetarização da economia, o desenvolvimento do comércio e, mais recentemente, a Revolução Industrial, o sistema capitalista surgiu como a forma de apropriação mais valiosa, com o proletariado como proprietário dos meios de produção, e os trabalhadores que vendem sua mão de obra, como foi o caso no final do século XIX e início do século XX. Ele se solidifica como o sistema dominante em oposição ao socialismo, que era um grande rival (Santos, 1997).

A questão ambiental e a globalização

Globalização é um tema muito recorrente que vem surgido em muitos debates, sem contar que é bastante amplo, principalmente dentro da realidade em que vivemos e dos países que estão em pleno desenvolvimento, que é o caso do Brasil. Dessa forma, deve ser tratada a partir de um eixo que segue a exposição, no sentido de colocar em proximidade com o que se passa no país neste momento. Temas atuais como globalização e meio ambiente, que vêm sobrecarregados de presságios, têm o seu lado positivo, que é colocar áreas científicas diferentes em uma mesma mesa, pondo-lhes a responsavilidade de compreender juntas o que está havendo em nosso mundo atualmente (Silva, 2002).

A abertura das fronteiras ao comércio, os fluxos do capital econômico, o crescente uso das tecnologias, como também as mudanças climáticas e as transformações no meio ambiente,o aumento da migração das populações em busca de melhores condições de vida e trabalho, os desastres naturais, entre outras.

Inúmeros problemas de saúde atualmente apresentam articulação com a globalização. Em seu sentido mais amplo, a globalização afeta de forma clara, positiva e negativa, a saúde e os sistemas de saúde, em todos os níveis — local, regional e global (Pereira, 2009).

Compreender o conceito de saúde apenas como ausência de doenças é ignorar de fato suas dimensões éticas, sociais e culturais. A negacionalidade desses fatores primordiais, principalmente no que se refere à relação saúde e meio ambiente, impede, em casos não raros, que determinados conflitos que emergem dessa relação sejam plenamente compreendidos e que projetos viáveis e eficazes de mediação sejam formulados (Pereira, 2009, p. 194).

Os impactos da globalização no meio ambiente

A conversão de rendas mais baixas de países em desenvolvimento para o cálculo de taxas de desconto de custos de recursos ambientais no futuro pode levar à interpretação de que seria racional transferir indústrias poluidoras para esses países. A suposição de que rendas per capita menores indicam "subpoluição" nesses países pode levar à aceitação de poluição industrial em troca de compensação financeira. Além disso, como a indenização por desastres ambientais está relacionada aos níveis de renda, os riscos podem ser considerados "mais baratos" em termos monetários e "menos perigosos" em países de baixa renda em comparação com países ricos.

Esse procedimento tem inúmeras implicações óbvias sobre os direitos humanos em relação ao meio ambiente. A sociedade não é vista como seres iguais uns aos outros no mundo. O provimento de direitos humanos da sociedade depende do seu "valor", o qual se calcula segundo o nível de renda per capita. Assim, o subdesenvolvimento econômico carrega, como subproduto, a consequência de que um povo que vive nessas condições tem menos direito de usar o meio ambiente global do que os povos dos países ricos. O universo ambiental ou a capacidade de se renovar do nosso planeta Terra é distribuído entre homens e mulheres de uma forma não justa. A "bagagem ecológica" dos povos considerados economicamente com maior poder aquisitivo é maior do que a dos povos com poderes econômicos mais baixos (Altvater, 1999).

Essas indagações relacionadas aos direitos da humanidade, à democracia e ao meio ambiente só poderão ser resolvidas de acordo com a intervenção de instâncias de responsabilidade e de regulação global. Em oposição à desregulamentação promovida pela globalização "de cima para baixo", o autor entende que devem ser intensificadas as experiências de cooperação internacional, já desenvolvidas por organizações intergovernamentais, ONGs transnacionais, redes de associações, que deram uma nova significação à noção de comunidade global (Gómez 2000).

Somente uma política de mundialização "por baixo" — orientada por um novo internacionalismo de solidariedade e de cidadania ampliada, para além das fronteiras nacionais — pode aglutinar forças e pressionar governos na luta pela realização dos conteúdos normativos universa listas já consagrados e pelas reformas ou pela implantação de instituições indispensáveis de governança regional e global, no sentido de um relacionamento mais democrático e responsável entre os estados e de maior integração dos cidadãos individuais e de associações cívicas.

Essa falta de superfície, no entanto, vem escoltada de redes inúmeras redes de comunicação, que, no entanto, não são apenas relacionadas à natureza virtual como se vê na internet; as deliberações democráticas apontam novos lugares, que levam em conta as consequências de novos limites dos novos espaços funcionais. Em todo momento, há grupos lutando e criando alternativas em prol a destruição do "seu" meio ambiente, com muita frequência e de forma muito ágil. Com a supremacia completa do capital nas sociedades modernas e a correspondente devastação ambiental, o protesto vocalmente limitado, temporário e singular se expandiu, tornando-se uma característica onipresente e permanente das sociedades modernas. Os antigos grupos de interesse locais e temporários, vinculados a uma única questão, transformam-se em movimento sociais permanentes e, então, também em partidos, de um lado, e organizações não-governamentais (ONGs), de outro. Elas representam certos interesses sociais, especialmente o de conservação da natureza, de forma muito mais direta e flexível que os partidos. Tornam-se agentes importantes de política ambiental.

Crescimento econômico, desenvolvimento e natureza

As primeiras ideias sobre o conceito de desenvolvimento sustentável já foram abordadas anteriormente, e nota-se uma grande preocupação com o uso desse conceito em relação ao desenvolvimento ambiental, tanto no presente quanto no futuro. Além disso, existe uma relação clara entre a preocupação com um meio ambiente saudável e a manutenção de índices econômicos e sociais que sejam benéficos para ambos. Surge o primeiro questionamento que se pretende detalhar: como se encadeiam, na concepção ambiental, as dimensões econômicas e sociais do desenvolvimento?

O primeiro questionamento que se precisa fazer é: mas, afinal, o que é o desenvolvimento, com o que está relacionado? Esse questionamento está muito presente no país desde os anos de 1970 e 1980 em debates sobre o subdesenvolvimento brasileiro conduzido por economistas e cientistas políticos da CEPAL (Comissão Econômica para América Latina e Caribe), porém se interessa, de fato, em distinguir a ideia de desenvolvimento a ideia de crescimento voltado à economia. A percepção de crescimento econômico está relacionada ao tamanho da economia, ao aumento dos investimentos voltados ao comércio exterior e à riqueza acumulada e pode ser interpretada através de dados como o Produto Interno Bruto (PIB) per capita ou o volume total de exportações de cada país. Porém, isso não significa que países apresentem índices de crescimento econômico satisfatório, e que a sociedade terá elevação em seu padrão de vida e melhora da qualidade de vida.

O período do Milagre Econômico no Brasil, na época da ditadura militar, foi um grande exemplo, pois os índices positivos que surgiram em relação ao crescimento da economia não foram acompanhados pela ascensão da boa qualidade de vida e da oferta inesperada de serviços públicos de qualidade. Já em relação à concepção de desenvolvimento é bem diferente. Desenvolvimento significa que o crescimento econômico garante melhoria nas condições de vida da população e acesso a maior quantidade e qualidade de serviços públicos a sociedade. Observa-se a junção entre as dimensões econômicas e sociais.

Acredita-se que essa conexão entre o econômico e o social não se relaciona de forma automática e, desta forma, necessita ser problematizada para que se possa compreender a sua verdadeira dimensão. Uma contribuição relevante no Brasil a respeito desse debate é a do economista e cientista político Celso Furtado. Dentre várias publicações, nessa ele esclarece de forma concisa a questão do desenvolvimento congruente à dimensão apenas econômica, dizendo:

> [...] o conceito de desenvolvimento econômico é um simples mito. Com esse conceito, tem sido possível deslocar as atenções do ofício básico de identificação das principais necessidades fundamentais da sociedade e das grandes possibilidades que cabem ao homem o avanço e o desenvolvimento da ciência, para concentrálo em objetivos reais e abstratos, como são os investimentos, as exportações e o crescimento (Furtado, 1974, p. 43).

Dessa forma, verifica-se, no contexto apresentado por Furtado, que o grande crescimento econômico circunscrito não garante o desenvolvimento; não faz sentido tratar de desenvolvimento econômico. Outra contribuição importante é a de Vecchiatti (2004), que relata:

> [...] uma das conclusões óbvias e coerentes que pode ser extraída desse cenário de contrastes é que o crescimento econômico, por si só, não traz o desenvolvimento. Na prática, a equação que relaciona crescimento e desenvolvimento, ainda não está com suas variáveis equilibradas; ela ainda desafia os economistas questionando se o desenvolvimento socialmente integro e ambientalmente sustentável estaria na contramão do crescimento econômico (Vecchiatti, 2004, p. 90),

Além das diferenças entre o crescimento econômico e o desenvolvimento, ainda antes de se aprofundar no estudo totalmente direcionado a uma problemática ambiental, precisa-se falar sobre as desigualdades do desenvolvimento. Pelo simples fato de usar a expressão desenvolvimento mundial, ou expressões semelhantes, que obscurecem o caráter essencialmente excludente, centralizador e desigual do capitalismo. O diagnóstico de qualquer indicador mundial de desenvolvimento retrata essa situação que dispara entre as regiões e países do mundo.

Não é necessária uma investigação profundada para se dar conta do real paradoxo ao qual se dá início no século XXI: de um lado o grande crescimento econômico e as transformações voltadas para a área de tecnologia, sem prévias, por outro lado, a complicada condição social de um grande número de pessoas, além de problemas de ordens ambientais graves. Não obstativo, dissipou-se por todo planeta a imagem de um modelo de vida ocidental de alto consumo, conforto material e permanente entretenimento (Oliveira, 2010, p. 4).

Na perspectiva de avançar na perplexidade da articulação entre o desenvolvimento e a sustentabilidade, diversos autores que atuam com a questão ambiental têm se destacado. Os sociólogos Eduardo Viola e H. Leis (1995) e Antonio Carlos Diegues (1996) propõem a utilização do conceito de sociedades sustentáveis, no lugar do desenvolvimento sustentável. Pois, além da grande dificuldade conceitual e empírica de articulação entre o contexto econômico e ambiental, todos os autores compreendem, como justificativa para essa abordagem, a aproximação entre política neoliberal e a mercantilização das questões ambientais nos dias atuais. De acordo com Diegues (2002, p. 4), centraliza-se tais atitudes de críticas aos conceitos de desenvolvimento sustentável como se apresentam hoje elaborados pelos documentos oficiais, citados no Relatório Brundtland.

METODOLOGIA

Tratou-se de uma pesquisa bibliográfica acerca da temática, e o levantamento bibliográfico considerou como fonte artigos científicos, publicações de notícias e boletins em sites oficiais de organizações governamentais e da sociedade civil, onde foram coletados apenas artigos referentes ao tema Globalização e Meio Ambiente. Assim sendo, serão excluídos das análises quaisquer artigos que contenham dados duvidosos e que não correspondem ao tema a ser desenvolvido. A busca foi realizada nas seguintes plataformas e portais: consultas a livros, periódicos e artigos científicos, teses de doutorado e dissertações de mestrado disponíveis no acervo das bibliotecas da Universidade Federal do Pará (UFPA), da Universidade Estadual do Pará (UEPA), Google, Google Acadêmico e Periódicos CAPES (Coordenação de Aperfeiçoamento de Pessoal de Nível Superior).

A revisão bibliográfica integrativa consiste na análise de estudos já existentes sobre uma determinada temática, permitindo a inclusão de diferentes tipos de pesquisas, como quantitativas e qualitativas, experimentais e não experimentais. O principal diferencial desse método é a possibilidade de abranger uma ampla variedade de abordagens sem comprometer o rigor metodológico característico da revisão sistemática.

RESULTADOS

De acordo com Santos (2000), no presente, estamos cientes do massacre da globalização que discutiremos mais adiante, bem como o neoliberalismo, que é uma escola de pensamento que defende a liberdade de mercado sem intervenção do governo, privatização e redução do governo ao papel de zelador que emite leis que raramente são seguidas pela sociedade. Isso faz com que o Estado deixe de ser a fonte da produção que se concentra nas mãos de um pequeno número de pessoas enquanto um grande número é "coisificado".

Devido à necessidade de espoliação e produção de mais valor para manter tal sistema, que aumenta a riqueza de um pequeno grupo ao mesmo tempo que exclui a grande maioria da população mundial, como se vê hoje por meio das estatísticas, foi necessário o desenvolvimento e manutenção desse novo sistema, ainda mais perverso e exclusivo, para que o fosso entre ricos e pobres cresça ainda mais.

O processo de globalização se intensificou nas últimas décadas, impulsionado pelos avanços tecnológicos que surgiram e avançaram rapidamente diante de nossos olhos. Esses avanços tornaram necessário que tudo se atualizasse com apenas uma rápida olhada. Outro fator determinante é a velocidade com que as informações estão sendo transmitidas por meio de técnicas nesse campo, atingindo milhões de pessoas instantaneamente, principalmente pela internet, TV, rádio, sistemas de satélite ou outros sistemas que cobrem o mundo inteiro.

Outra característica distintiva da globalização é a globalização da economia, que será discutida com mais detalhes nos parágrafos seguintes. Esse processo também é caracterizado por mudanças nas relações interpessoais, pois tem um impacto significativo na cultura das pessoas, nas crenças religiosas e em diversas outras esferas da vida, como será visto mais adiante. Segundo Milton Santos:

> A globalização é, de certa forma, o ápice do processo de internacionalização do mundo capitalista. Para entendê-la, como, de resto, a qualquer fase da história, ha dois elementos fundamentais a levar em conta: O Estado das técnicas e o Estado das Políticas (Santos, 2000, p. 23).

O componente ideológico dos discursos atuais é nos fazer acreditar em uma globalização fantástica que só beneficia a vida humana. Eles nos fazem acreditar que todos estão no centro do uso da tecnologia e da informação, fazendo com que nos sintamos reis e rainhas da tecnologia e da informação. Isso porque a maioria da população tem dificuldade em romper com essa interpretação e vivenciar a realidade. Essa máquina é a mídia de massa, algo com poder de despertar que gera ideias de acordo com as demandas dos grupos predominantes.

É sobre essa base, por meio da mídia capitalista massiva sob o controle de grandes grupos hegemônicos, que se estimula o consumo, levando à produção industrial massiva, à busca de matérias-primas na natureza, bem como à poluição massiva do ar, da água e da terra, que está aumentando os problemas de saúde pública.

Segundo Santos (2000), a globalização tem beneficiado apenas uma parcela da população mundial, deixando a maioria excluída de seus benefícios. Essa disparidade se reflete na falta de acesso à tecnologia, na impossibilidade de muitos viajarem e conhecerem diferentes culturas, e na exclusão de grande parte da população dos costumes e benefícios originados nos centros de poder global.

O governo é incapaz de lidar com preocupações financeiras ou promover o crescimento de grandes grupos hegemônicos internacionais. Em vez disso, investe na área e cria incentivos para facilitar a instalação de grandes empresas. Essa ação é direcionada a um seleto grupo de empresas que detêm do maior capital do mundo e que estão destruindo constantemente a qualidade de vida sem levar em conta os potenciais danos de longo prazo.

A base do processo de desenvolvimento e do diálogo entre o homem e a natureza é transformação das sociedades humanas. O espaço geográfico é um dos fatores fundamentos da chamada "segunda natureza" — aquela que o homem criou —, consequência da prática social sobre os elementos fundamentais que compõem a "natureza primordial":

> A história do homem sobre a Terra é a história de uma rotura progressiva entre o homem e o entorno. Esse processo se acelera quando, praticamente ao mesmo tempo, o homem se descobre como indivíduo e inicia a mecanização do planeta, armando-se de novos instrumentos para tentar domina-lo. A natureza artificializada marca uma grande mudança na história humana da natureza. Hoje, com a tecnociência, alcançamos o estágio supremo dessa evolução. O homem se torna fator geológico, geomorfológico, climático e a grande mudança vem do fato de que

> os cataclismos naturais são um incidente, um momento, enquanto hoje, a ação antrópica tem efeitos continuados e cumulativos, graças ao modelo da vida adotado pela humanidade (Santos, 1997, p. 17).

A evolução descrita até aqui culminou na fase atual, em que não se ouve mais falar diariamente sobre a preservação da natureza. Em vez disso, os especialistas estão agora muito preocupados com questões decorrentes das mudanças climáticas antropogênicas, incluindo aquecimento global, questões relacionadas à destruição do ozônio e esgotamento de recursos, seca e desmatamento em nossa região amazônica, entre outras coisas.

Com efeito, a natureza, em sua existência pré-humana, viu-se profundamente alterada pela ação humana. Apesar das diversas formas de exploração que o mundo sofreu, a história recente testemunha uma transformação significativa: a união da natureza, antes socialmente fragmentada, a interesses corporativos, nacionais e de classes hegemônicas. Consequentemente, a natureza deixa de ser uma aliada, e o ser humano perde sua posição de companheiro (Santos, 1997, p. 19).

CONCLUSÃO

Em *Por uma outra globalização: do pensamento único à consciência universal* (2000), Santos vislumbra a possibilidade de uma globalização diferente, na qual a interação entre pessoas, raças e culturas seria incentivada em escala global. Nesse cenário, o acesso à informação seria amplo e o crescimento pessoal, em todas as esferas da vida, seria favorecido, sempre em harmonia e respeito ao próximo.

Como resultado, a busca por uma diversidade social genuína permite que as pessoas se misturem respeitosamente e ainda tenha uma população pacificamente aglomerada sem violência. Os conflitos, juntamente com os benefícios das técnicas, estavam ao alcance de todos; assim, o espaço humano nunca foi tão crucial para o curso da história. Em vez disso, buscamos um desenvolvimento sustentável em que o meio ambiente possa voltar a ser amigo da humanidade. Uma geografia refundada inspirada nas realidades contemporâneas pode ser uma ferramenta efetiva, teórica e prática para a refundação do planeta se, como diz Sartre, "entender é mudar", avançar e "ir além de mim mesmo".

REFERÊNCIAS

ALTVATER, E. Os desafios da globalização e da crise ecológica para o dis-curso da democracia e dos direitos humanos. *In:* HELLER, A. *et al.* (org.). **A crise dos paradigmas em ciências sociais e os desafios para o século XXI.** Rio de Janeiro: Contraponto, 1999. p. 109-153.

AQUINO, D. O. **História das Sociedades:** Das Comunidades Primitivas às Sociedades Medievais. São Paulo: Editora Ao Livro Técnico, 2005.

CAVALCANTE, M. B. **Convite à Geografia.** João Pessoa: Sal da Terra, 2009.

DIEGUES, A. **O mito moderno da natureza intocada**, Hucitec, São Paulo, 1996

FORTES, P. A. C.; RIBEIRO, H. Saúde Global em tempos de globalização. **Dossiê Saúde e Sociedade,** São Paulo, v. 23, n. 2, p. 366- 375, jun. 2014. Disponível em: https://doi.org/10.1590/S0104-12902014000200002, Acesso em: 25 jun. 2022.

FURTADO, Celso. **O mito do desenvolvimento econômico.** São Paulo: Paz e Terra, 1974.

GÓMEZ, J. M. Globalização da política: mitos, realidades e dilemas. *In*: OLIVEIRA, E. C. de. **Crescimento e desenvolvimento econômico**: a sustentabilidade como modelo alternativo. São Paulo: Alternativa, 2020, p. 4-20.

GUERRA, Antônio José Teixeira. **A Questão Ambiental** – Diferentes Abordagens. 3. ed. Rio de Janeiro: Bertrand Brasil. 2007.

OLIVEIRA, E. C. O crescimento e desenvolvimento econômico: a sustentabilidade como modelo alternativo. *In*: FÓRUM AMBIENTAL DA ALTA PAULISTA, 2., São Paulo, 2 jun. 2006. **Anais** [...]. São Paulo: Anap, 2006.

PEREIRA, R. R. Território, saúde e ambiente: Novas formas de articulação. **Geografia:** Revista do programa de Pós-Graduação em Geografia, Londrina, v. 18, n. 1, p. 193-206, jun. 2009. Semestral. Disponível em: http://www.uel.br/revistas/uel/index.php/geografia/ Acesso em: 25 jun. 2022.

SANTOS, Milton. **Pensando o espaço do homem**. 4. ed. São Paulo: Hucitec, 1997a.

SANTOS, Milton. **Técnica, Espaço, Tempo** – Globalização e Meio Técnico-Científico Informacional. 3. ed. São Paulo: Editora Hucitec. 1997b.

SANTOS, Milton. **Por uma outra globalização:** do pensamento único à consciência universal. 10. ed. Rio de Janeiro: Record, 2000.

SILVA, R. C. P. Da. Meio Ambiente e Globalização. **Presença – Revista de Educação, Cultura e Meio Ambiente**, Porto Velho, n. 24, v. 6, , p. 1-9, maio 2002. Disponível em: https://revistapresenca.unir.br/artigos_presenca/24reginachellypinheiro_meioambienteeglobalizacao.pdf. Acesso em: 25 jun. 2022.

VECCHIATTI, Karin. **Três fases rumo ao desenvolvimento sustentável:** do reducionismo à valorização da cultura. São Paulo: São Paulo em Perspectiva, 2004. p. 90-95.

VIOLA E.; LEIS, H. **O ambientalismo multissetorial no Brasil para além da Rio-92: o desafio de uma estratégia globalista viável.** In: VIOLA, E.; LEIS, H.; SCHERER-WARREN, I; GUIVANT, J.; VIEIRA, P. F.; KRISCHKE, P. J. (orgs.). *Meio ambiente, desenvolvimento e cidadania*: desafio para as Ciências Sociais. São Paulo: Cortez, 1995.

INSERÇÃO DAS UNIDADES DE CONSERVAÇÃO: OS AVANÇOS E OS DESAFIOS ENFRENTADOS NO MUNICÍPIO DE PARAUAPEBAS – PA

Ediclelcio Lopes da Costa
Paulo Alves de Melo

INTRODUÇÃO

A busca por alternativas para os problemas ambientais, principalmente na década de 1980, mobilizou diversos atores sociais do mundo inteiro para assumirem compromissos que estabeleciam metas e ações globais para solucionar esses problemas. Da mesma forma, outros questionamentos começaram a surgir, dentre os quais, aqueles relacionados ao desenvolvimento: como podemos aliar o equilíbrio ambiental com o desenvolvimento econômico?

Nesse sentido, conferências internacionais sobre o meio ambiente foram sendo criadas com esse propósito, construir soluções para os problemas ambientais que estavam se intensificando, ao mesmo tempo em que se pudesse promover o desenvolvimento econômico no mundo. Contudo, esses dois aspectos, equilíbrio ambiental e desenvolvimento econômico, que permeiam as agendas internacionais sobre o meio ambiente, passam a ser estabelecidas nas legislações ambientais de diversos países-membros dessas conferências.

Na esteira dessas conferências, destacamos a lei brasileira que trata sobre o Sistema Nacional de Unidades de Conservação (SNUC), que surge no embalo da Convenção sobre Diversidade Biológica (CDB), estabelecida na ECO-92, a Conferência das Nações Unidas sobre Meio Ambiente e Desenvolvimento. Essa convenção foi a base para a elaboração do SNUC, cumprindo com os três eixos principais dessa convenção: a conservação da diversidade biológica, o uso sustentável da biodiversidade e a repartição justa e equitativa dos benefícios provenientes da utilização dos recursos genéticos.

Contudo, com a formulação do SNUC, novos desafios começaram a aparecer, especialmente, em relação à aplicação do SNUC nas políticas ambientais dos municípios brasileiros, que é o foco desta pesquisa. Para que possamos compreender o porquê de o SNUC não ter sido aplicado pelos municípios, será verificado a situação do município de Parauapebas. Esse município apresenta uma realidade ambiental particular, com a presença de importantes jazidas de minério, cuja exploração mineral faz parte da história de formação do município, o que nos instiga a questionar por que não existe uma Unidade de Conservação (UC) municipal em uma área com uma importante biodiversidade. Com base nisso, este trabalho pretende analisar os principais avanços e desafios do município de Parauapebas na criação e gestão de uma UC, a partir de uma revisão bibliográfica e documental, além de produção cartográfica para subsidiar o entendimento sobre o município.

CONTEXTO DE CRIAÇÃO DO SISTEMA NACIONAL DE UNIDADES DE CONSERVAÇÃO DA NATUREZA (SNUC)

O objetivo da Unidade de Conservação (UC) seria o seu uso múltiplo sustentável dos recursos florestais e a pesquisa científica, com ênfase em métodos para exploração sustentável de florestas nativas. O Instituto Chico Mendes de Conservação da Biodiversidade (ICMBio) é o órgão gestor da unidade, sendo amparado pela Lei de nº 9.985/2000.

A Lei nº 9.985/2000 instituiu o Sistema Nacional de Unidades de Conservação da Natureza, o SNUC, o qual orienta sobre critérios e normas para a criação, implantação e gestão das unidades de conservação, objetivando a adequada criação, implementação e gestão das UCs no Brasil. Essa lei auxilia o ordenamento das inúmeras leis dispostas sobre as diversas categorias de manejo de UCs, sejam estas federais, estaduais ou municipais. Entre as diretrizes que regem o SNUC, está o estabelecimento da garantia de que o processo de criação e a gestão das unidades de conservação sejam feitos de forma integrada com as políticas de administração.

Segundo a própria lei, em seu inciso I, do art. 2.º, unidade de conservação é todo:

> [...] espaço territorial e seus recursos ambientais, incluindo as águas jurisdicionais, com características naturais relevantes, legalmente instituído pelo Poder Público, com objetivos de conservação e limites definidos, sob regime especial de administração, ao qual aplicam garantias adequadas de proteção (Brasil, 2000, n. p.).

As unidades de conservação se dividem em dois grupos: 1. Unidades de Proteção Integral e 2. Unidades de Uso Sustentável. O primeiro grupo tem o objetivo de preservar a natureza, sendo admitido apenas o uso indireto dos seus recursos naturais, e nele temos as seguintes categorias: Estação Ecológica; Reserva Biológica; Parque Nacional; Monumento Natural; e Refúgio de Vida Silvestre.

Já o segundo grupo tem o objetivo de compatibilizar a conservação da natureza com o uso sustentável de parcela dos seus recursos naturais. Nesse grupo temos as categorias: Área de Proteção Ambiental; Área de Relevante Interesse Ecológico; Floresta Nacional; Reserva Extrativista; Reserva de Fauna; Reserva de Desenvolvimento Sustentável; e Reserva Particular do Patrimônio Natural.

A criação de uma unidade de conservação é feita através de ato do poder público. Essa criação deve ser precedida de estudos técnicos e de consulta pública que permitam identificar a localização, a dimensão e os limites mais adequados para a unidade, conforme regulamento. Os levantamentos de recursos naturais são de suma importância, pois geram informações sobre a distribuição geográfica das espécies de animais e plantas, ressaltando a abundância em diferentes locais, além de proporcionar dados relevantes para a criação de unidades de conservação (Costa; Silva, 2019).

O Plano de Manejo também é de fundamental importância para uma Unidade de Conservação. Ele deve abranger a área de conservação, sua zona de amortecimento e os corredores ecológicos, incluindo medidas com o fim de promover sua integração à vida econômica e social das comunidades vizinhas. Esse plano pode ter ampla participação da população residente em algumas categorias e deve ser elaborado no prazo de cinco anos a partir da data de sua criação.

Em se tratando de licenciamento ambiental, por exemplo, os empreendimentos com significativos impactos ambientais, considerado pelo órgão ambiental responsável, com base no EIA/RIMA, o empreendedor é obrigado a apoiar a implantação e manutenção de unidade de conservação do Grupo de Proteção Ambiental, de acordo com a lei.

As áreas protegidas concentram a maior parte das formações vegetais, enquanto no perímetro urbano há poucos fragmentos de vegetação remanescente. Florestas primárias estão presentes exclusivamente no interior da Floresta Nacional de Carajás. O perímetro urbano de Parauapebas está praticamente desprovido de cobertura vegetal primária dada a acelerada ocupação e pelas áreas adjacentes utilizadas para atividade agropecuária (Costa; Silva, 2019).

No município de Parauapebas, das áreas já com proteção ambiental, três são Unidades de Conservação (UC) e uma é Terra Indígena (TI). São as UCs: Floresta Nacional (FLONA) de Carajás, Parque Nacional (PARNA) Campos Ferruginosos e a Área de Proteção Ambiental (APA) do Igarapé Gelado. Apesar da existência dessas áreas protegidas no município, elas estão localizadas distantes do perímetro urbano, enquanto Parauapebas apresentou forte crescimento urbano no passado, não havendo proteção em partes de seu território nas formas originais (Costa; Silva, 2019).

O Morro dos Ventos, um dos maiores morros do município de Parauapebas, está localizado entre os bairros Maranhão e Jardim Canadá. A proposta é que a unidade de conservação pertença ao grupo de Unidade de Proteção Integral, grupo este que objetiva a preservação dos ecossistemas possibilitando a realização de pesquisas científicas e o desenvolvimento de atividades de educação, interpretação ambiental, recreação em contato com a natureza e turismo ecológico.

OS AVANÇOS E DESAFIOS ENFRENTADOS PELO MUNICÍPIO DE PARAUAPEBAS PARA A CRIAÇÃO E GESTÃO DE UCs

A formação do município de Parauapebas está diretamente ligada com a descoberta da maior reserva de minério de ferro do mundo, na década de 1960, que na época fazia parte do município de Marabá. Assim, a partir disso e com a autorização do governo federal, a Companhia Vale do Rio Doce obteve a concessão para a exploração de minério nessa região, o que possibilitou a implantação do projeto "Ferro-Carajás", visando a criação de um grande complexo de exploração de minério (Parauapebas, 2022). Por meio desse projeto, a vila Rio Verde foi construída na região, sendo posteriormente administrada pelo município de Marabá. Por volta de 1987, essa vila passou a ser chamada de Parauapebas, sendo emancipada e reconhecida como um município (Parauapebas, 2022).

Atualmente, o município de Parauapebas, localizado na região sudeste do estado do Pará (Figura 1), apresenta uma extensão territorial de aproximadamente 6.885,794 km² e possui cerca de 218 mil habitantes, segundo a estimativa do IBGE no ano de 2021.

Figura 1 – Mapa do município de Parauapebas

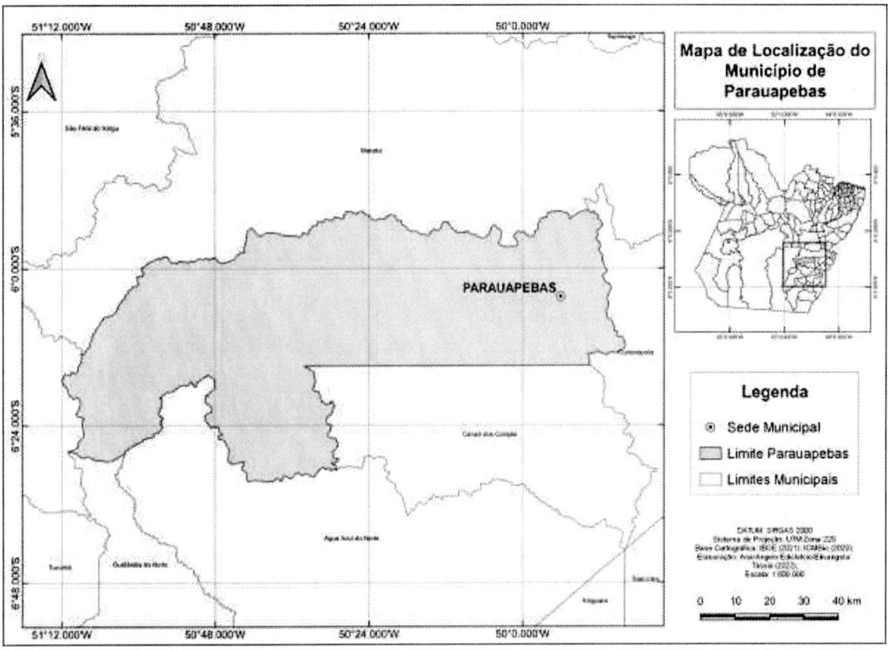

Fonte: o autor (2022)

O município de Parauapebas nasceu de um processo conturbado de ocupação, pois havia duas grandes atividades que atraíram pessoas de todas as regiões do Brasil em busca de emprego e melhor qualidade de vida, ocasionando uma ocupação desordenada na cidade. Tais atividades eram a implantação do Projeto Ferro Carajás (Figura 2), da Companhia Vale do Rio Doce, e a exploração do ouro de Serra Pelada, que acentuou o grande fluxo migratório para a região (PMP, 2019). Ainda hoje, o Projeto Ferro Carajás atrai inúmeras pessoas para o município, consequentemente propiciando maior desmatamento, principalmente pelas instalações de loteamentos (Costa; Silva, 2019).

Figura 2 – Programa Grande Carajás

Fonte: Vale

Esse contexto de formação é importante para que possamos observar que o município de Parauapebas apresenta como uma das importantes atividades econômicas no município a atividade de mineração, tendo a Vale como uma das principais empresas que realizam essa atividade.

Como coloca Albagli (2001), a atividade de mineração, juntamente à agropecuária, a geração de energia e a exploração da madeira, configura-se como um padrão de exploração econômica dos recursos da região amazônica que afeta significativamente o equilíbrio do meio ambiente, provocando também a perda da biodiversidade, além de não beneficiar a população local no que se refere às questões socioeconômicas.

Vale ressaltar que esse processo de riqueza e de pobreza de grande parte dos municípios paraenses foi motivado pela pressão exercida pelo governo brasileiro em busca do desenvolvimento econômico da região onde, consequentemente, por falta de políticas públicas mais efetivas não foi possível evitar as desigualdades socioeconômicas da região (Silva, 2013).

Segundo dados do DNPM (2011) — atual ANM — Parauapebas é a primeira cidade em arrecadação da Contribuição Financeira pela Exploração dos Recursos Minerais (CFEM), os chamados royalties da mineração. Estima-se que essa arrecadação, no ano de 2020, segundo a

ANM, chegou a R$ 1.534.894.165,49. Segundo Coelho (2015), no entanto, para que se pudesse chegar a esses valores, o estado do Pará — sobretudo o município socioeconômico de Parauapebas —, gerou alguns impactos ambientais locais, dentre eles:

- Poluição aérea por pó decorrente do transporte mineral;
- Construção e manutenção de represas de rejeitos;
- Contaminação, destruição e assoreamento de rios e reservatórios de água;
- Poluição sonora causada por explosões e movimentação de carga;
- Destruição de socioeconômicos sítios arqueológicos;
- Destruição de formas de produção tradicionais;
- Deslocamento de grandes contingentes populacionais para cidades próximas às jazidas.

Como forma de frear esses impactos socioambientais, em 1998 é criada a Floresta Nacional de Carajás (Figura 3), localizada no sudeste do Pará, subdividida entre os municípios de Parauapebas, Canaã dos Carajás e Água Azul do Norte, convergindo com o decreto de 1994 que estabeleceu o regulamento para as Florestas Nacionais, ainda que com previsão de livre continuidade da mineração — Decreto n.º 1.298 de 1994 (Brasil, 1994).

No entanto, de acordo com a Lei n.º 9.985 de 2000, referente ao SNUC, as florestas nacionais passaram a ter papel ainda mais explícito na conservação da biodiversidade, fortalecendo o processo de valorização destas áreas como patrimônio biológico e de serviços ambientais (Ribeiro *et al.*, 2017). Ainda segundo os autores, os maciços florestais da Flona de Carajás são em geral bem conservados, e há um grande investimento em sua proteção, incluindo fiscalização e prevenção e combate a incêndios florestais.

Além da Flona de Carajás, em Parauapebas, Água Azul do Norte e Marabá, está inserida a Terra Indígena Xikrin do Cateté que possui uma extensão territorial de 439,151 mil ha. De acordo com o Instituto Socioambiental (ISA), em 2022 a terra indígena de predominância Kayapó possuía 60,61% de área em Parauapebas; 3,30% em Marabá; e 35,91% em Água Azul do Norte, com um total de 1.183 pessoas vivendo nessa TI.

Figura 3 – Localização geográfica das UCs em Parauapebas

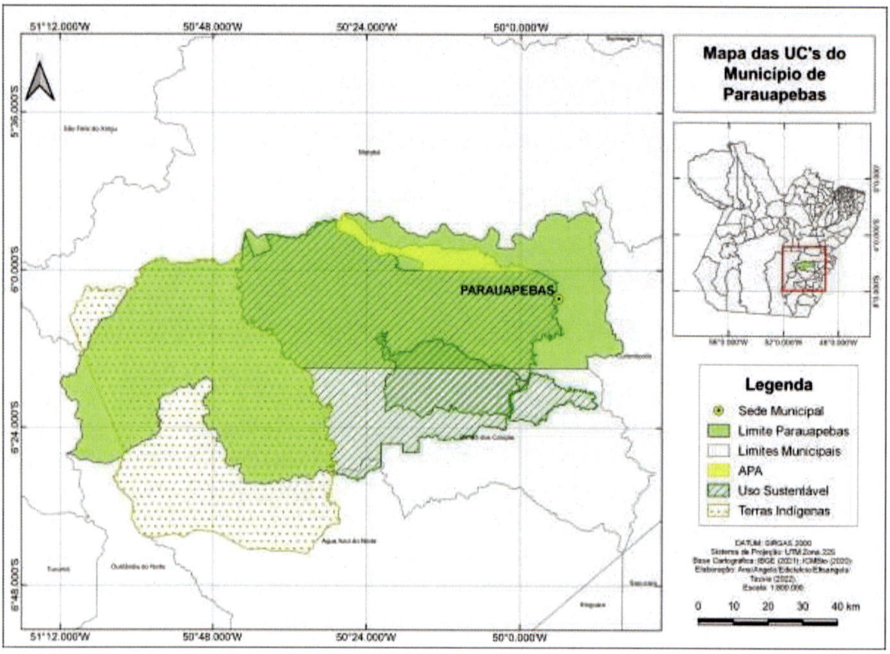

Fonte: o autor (2022)

Além das supracitadas, Parauapebas também possui a Área de Proteção Ambiental do Igarapé Gelado, que foi criada pelo Decreto Federal n.º 97.718, em 5 de maio de 1989, possuindo uma área mapeada de 23.175,11 hectares. A APA localiza-se nos limites da área norte de Serra dos Carajás, com uma extensão de cerca de 60 km no sentido Leste-Oeste. Além disso, a ocupação da APA possui importante papel agroecológico para as famílias residentes nesta área, tal qual para o município de Parauapebas, com agricultura familiar, agropecuária de subsistência, pastagem etc.

CONSIDERAÇÕES FINAIS

A legislação ambiental brasileira tem sido muito influenciada pelas discussões internacionais sobre o meio ambiente. Neste trabalho, mostramos o caso do SNUC (Sistema Nacional de Unidades de Conservação) que foi instituído através da lei 9.985/2000, sendo inspirada pela Convenção sobre Diversidade Biológica.

Percebemos que a sustentabilidade ambiental presente nessas discussões, que também estão vinculadas à legislação ambiental brasileira, não se torna efetiva quando se trata em aplicar leis ambientais. Neste trabalho em específico, abordamos a dificuldade na criação e gestão de Unidades de Conservação a nível municipal.

Parauapebas é um exemplo interessante de como, apesar de todo o contexto de exploração mineral do município e dos diversos impactos socioambientais para a região amazônica como um todo, o Governo Federal tenta frear estes com a criação das Unidades de Conservação citadas no trabalho, principalmente por se tratar de um município cuja biodiversidade é diferenciada e que precisa ser preservada. Ainda assim, diante da análise, entendemos que um dos entraves para que o município possa assumir, de fato, o protagonismo na gestão de unidades de conservação, está naquilo que é a base da economia do município: a exploração de recursos minerais.

Portanto, podemos considerar que o desenvolvimento econômico local é colocado como prioridade nas políticas públicas do município, já que as áreas que deveriam ser protegidas, preservadas, são destinadas para a exploração desenfreada dos recursos naturais. Ou seja, podemos perceber que ocorre um enfraquecimento da política ambiental municipal, dificultando a criação e gestão de UCs pelo município de Parauapebas.

REFERÊNCIAS

ALBAGLI, S. Amazônia: fronteira geopolítica da biodiversidade. **Parcerias Estratégicas,** Brasília, v. 12, 2001, p. 5-19. Disponível em: http://ridi.ibict.br/handle/123456789/105. Acesso em: 18 de fevereiro 2025.

BRASIL. Lei nº 9.985, de 18 de julho de 2000. Regulamenta o art. 225, § 1º, III, da Constituição Federal, institui o Sistema Nacional de Unidades de Conservação da Natureza e dá outras providências. **Diário Oficial da União.** Brasília, DF: Presidência da República, 19 jul. 2000. Disponível em: https://www.planalto.gov.br/ccivil_03/leis/l9985.htm. Acesso em: 18 de fevereiro 2025.

BRASIL. **Convenção sobre Diversidade Biológica**. Brasília, DF: Ministério do Meio Ambiente, 2020. Disponível em: https://www.gov.br/mma/pt-br/assuntos/biodiversidade-e-biomas/biodiversidade1/convencao-sobre-diversidade-biologica. Acesso em: 16 maio 2024.

BRASIL. Decreto nº 1.298, de 27 de outubro de 1994. Aprova o Regulamento das Florestas Nacionais, e dá outras providências. **Diário Oficial [da] República Federativa do Brasil**, Brasília, DF: Presidência da República, 31 nov. 1994. Disponível em: https://www.mineducacion.gov.co/portal/normativa/Decretos/381694:Decreto-1298-de-julio-25-de-2018. Acesso em: 15 maio 2024.

COELHO, T. P. Impactos e mineração da Vale S.A. em Parauapebas. *In:* BARROS, Joana; GUTTERRES, Anelise; DA SILVA, Evanildo Barbosa (org.). BRICS: tensões do desenvolvimento e impactos socioambientais. **FASE – Solidariedade e Educação**, Rio de Janeiro, v. 4, p. 47-62, 2015.

COSTA, B. E. S; SILVA, G. P. **Análise florística e fitossociológica de uma remanescente florestal para a implantação da Unidade de Conservação Morro dos Ventos - Parauapebas-PA.** Orientador: Carlos Alberto de Sousa Nogueira. 2019 54f. Trabalho de Conclusão de Curso (Bacharelado em Engenharia Florestal) – Universidade Federal Rural da Amazônia, Campus Parauapebas, 2019. Acesso em: http://bdta.ufra.edu.br/jspui/handle/123456789/1382, Acesso em: 18 de fevereiro 2025.

DEPARTAMENTO NACIONAL DE PRODUÇÃO MINERAL (DNPM). **Sumário Mineral/MME**. Brasília: DNPM/DIPLAM, 2011.

SILVA, J. M. P. da. Uso do território e impactos sócio-ambientais da atividade mínero-metalúrgica nas cidades de Parauapebas e Canaã dos Carajás no estado do Pará – Região Norte do Brasil. *In:* ENCUENTRO INTERNACIONAL DE GEÓGRAFOS DA AMÉRICA LATINA, 14., Lima, 2013. **Anais** [...]. Lima: Unp, 2013. v. 1. p. 23-43. Reencuentro De Saberes Territoriais Latinoamericanos.

PARAUAPEBAS. **História da cidade**. 2022. Disponível em: https://parauapebas.pa.gov.br/turismo/historia-da-cidade/. Acesso em: 18 fev. 2025.

RIBEIRO, A. A. *et al.* **Plano de Pesquisa Geossistemas Ferruginosos da Floresta Nacional de Carajás**: Temas prioritários para pesquisa e diretrizes para ampliação do conhecimento sobre os geossistemas ferruginosos da Floresta Nacional de Carajás e seu entorno. 1. ed. Brasília: ICMBio, 2017. 82 p. v. 1. Disponível em: https://www.icmbio.gov.br/portal/images/stories/plano_de_pesquisa_flona_carajas_-_06-09-2017_-_final_2.pdf. Acesso em: 1 jun. 2022.

ANÁLISE DOS CORREDORES VERDES, NA RODOVIA AUGUSTO MONTENEGRO EM BELÉM – PA

Elizio Ridrigues Azevedo
Enilson da Silva Sousa
Lúcio Correia Miranda

INTRODUÇÃO

A produção do espaço e o desenvolvimento urbano são elementos complexos para discussões objetivas. Deste modo, pode-se simplificar o entendimento dessas discussões, visando que pessoas do meio acadêmico que sejam externas à Geografia tenham o entendimento sobre essas questões urbanas, por mais complexas que sejam. Pode-se também apresentar para pessoas fora do âmbito acadêmico e fazer com que elas entendam o que está sendo proposto pela pesquisa. A presente pesquisa busca analisar a vegetação dos corredores verdes na Avenida Augusto Montenegro em Belém, Pará.

A Rodovia Augusto Montenegro está localizada no município de Belém – PA, na mesorregião do nordeste paraense. O município caracteriza-se por unidades geológicas representadas pelos sedimentos quaternários, formações barreiras e formação pós-barreiras. A deposição dessas unidades foi particularmente controlada pela formação e reativação de falhas normais e transcorrentes (Costa; Almeida; Ricci, 1996), como também pelas mudanças eustáticas e climáticas que geraram flutuações ao nível do mar (Rosetti, 2001).

Figura 1 – Mapa da localização de Belém

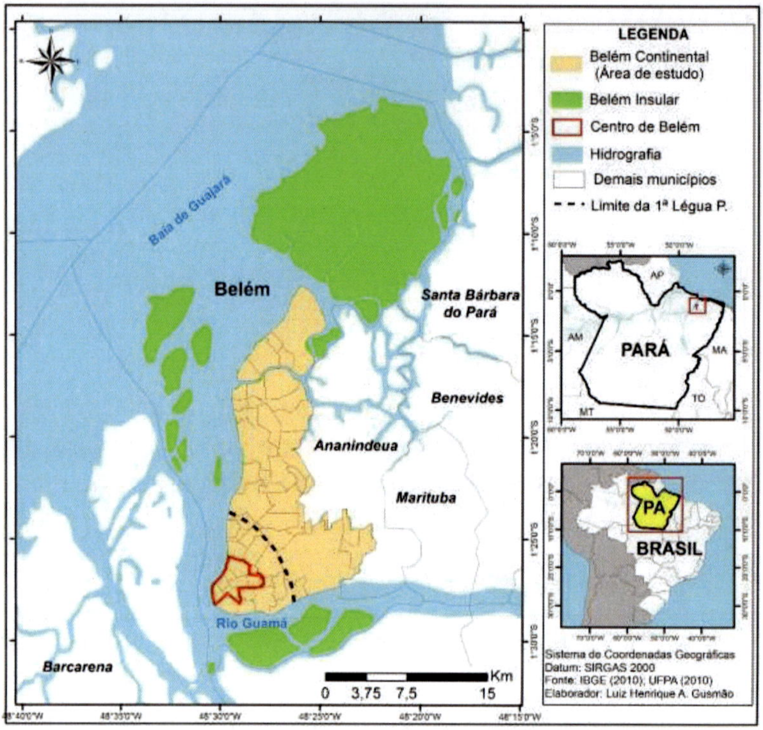

Fonte: Discente da UFPA, Gusmão (2010)

O trabalho tem ênfase na Rodovia Augusto Montenegro, que foi o corredor do BRT que teve o maior desmatamento em relação à Avenida Almirante Barroso.

A ciência geográfica busca compreender a interação entre o homem e o meio em que vive, e com o passar dos anos houve a necessidade de uma incorporação de novas tecnologias para auxiliar na análise do espaço geográfico.

Procura-se produzir estudos para que eles sejam utilizados em prol da sociedade. O crescimento urbano desenfreado afeta muitas cidades no Brasil. Este se dá por falta ou negligências de planejamento urbano, refletindo em problemas de gestão que afetam diretamente as pessoas até os dias atuais.

Diante da breve discussão exposta surgem alguns questionamentos, como, qual o entendimento da população local a respeito do que ocorre no espaço a seu redor no que se refere à qualidade de vida? O poder público tem o devido conhecimento para tomar providências com vistas a gestão ambiental local? Quais políticas devem ser executas para solucionar os problemas ambientais vigentes? De que maneira as análises podem auxiliar o entendimento tanto do poder público como da população acerca da análise espacial e ambiental?

Estudos sobre meio ambiente no Brasil tornaram-se cada vez mais presentes no âmbito acadêmico; nesse sentido, os anseios por estudos relacionados a meio ambiente crescem exponencialmente, uma vez que o crescimento urbano do município de Belém está em plena expansão, e esse crescimento deve ser praticado de acordo com as legislações ambientais.

A análise da área de estudo em questão objetiva facilitar o entendimento e futuros estudos voltados para o conhecimento da cobertura vegetal na Rodovia Augusto Montenegro em Belém do Pará. Este estudo visa auxiliar a implementação de meios para aumentar a quantidade da vegetação naquela região, pois, com o passar dos anos, observou-se que as ações antrópicas deterioraram grande parte do que antes era um corredor verde, que nos últimos anos foi convertido em concreto e asfalto, oriundos de projetos de mobilidade urbana da prefeitura de Belém, projetos estes que não solucionaram os problemas da mobilidade e não solucionaram os desmatamentos feitos naquela área.

Anos após o início do desmatamento na extensão da rodovia, observou-se, empiricamente, inúmeros problemas oriundos dessa redução da vegetação na rodovia. Menciona-se alguns problemas como o assoreamento, já que praticamente não há solo exposto no canteiro central da rodovia; a pequena quantidade de solo exposto que se tem na Rodovia está nas laterais, dividindo espaço com a ciclofaixa; há valas a céu aberto em alguns trechos, dividindo espaço com lixo em outros trechos. Outro problema observado é a não resolução da dificuldade na mobilidade urbana, uma vez que, mesmo com a derrubada de tantas espécies vegetais, ainda se constata até o presente ano inúmeros ônibus lotados e que não possuem ar-condicionado, aumentando também a sensação térmica dentro dos coletivos, mas também em quem caminha pela rodovia.

Após essas observações, sabe-se que há extrema necessidade em recuperar certa quantidade da vegetação que foi retirada e inseri-la na própria região, mesmo que não seja no canteiro central, pois isso será bastante vantajoso para a população local e para quem utiliza o transporte coletivo, em razão de diminuir a sensação térmica elevada que assola a população em períodos com menor incidência de chuvas. Trazendo mais arborização, haverá um aumento significativo da flora, dessa maneira aumentando mesmo que minimamente a infiltração de água no solo.

É possível caracterizar a região de Belém como possuidora de unidades litoestratigráficas, argilo-arenosas e arenoargilosas caracterizadas como sendo de épocas mioceno-pliocênicas oriundas de fatores tectono-estruturais (falhas normais e transcorrentes) (Rossetti, 2001). O nível Belém-Marajó é uma planície suave, com altura média de 6 a 15 metros sobre o nível médio das marés.

Estudos de Cardoso e Miranda (2016) revelam que a área de expansão de Belém, impulsionada pela Avenida Augusto Montenegro desde a década de 1960, passou por transformações significativas tanto em sua tipologia quanto no perfil socioeconômico de seus habitantes. Esse processo de fragmentação urbana é resultado das estratégias de diversos agentes que atuam na produção do espaço urbano local. Tais estratégias evidenciam a coexistência de práticas tradicionais, típicas de espaços de produção vernácula ou informal, com práticas modernas/industriais de urbanização, que buscam replicar o estilo de vida dos subúrbios norte-americanos nessa região da cidade.

O processo de expansão urbana consiste na apropriação do espaço urbano pelo homem em função de suas necessidades. Esse processo pode ser horizontal ou vertical, caracterizando dois tipos distintos de crescimento territorial urbano: crescimento extensivo e intensivo, respectivamente (Japiassú; Lins, 2014).

Com o advento da tecnologia, surgiram novas maneiras de analisar o ambiente ao redor da sociedade e suas inúmeras informações que estão contidas no espaço. Com essas informações no meio geográfico existem as geotecnologias.

Segundo Zaidan (2017), as geotecnologias constituem o conjunto de tecnologias para coleta, armazenamento, edição, processamento, análise e disponibilização de dados e informações com referência espacial geográfica. São compostas por soluções em hardware, software, *peopleware* e *dataware*. No rol das geotecnologias estão o geoprocessamento, Sistemas de Informações Geográficas (SIG) (GIS, SGI), Cartografia Digital ou Automatizada, Sensoriamento Remoto por Satélites, Sistema de Posicionamento Global (por exemplo, o GPS), Aerofotogrametria, Geodésia, Topografia Clássica, entre outros.

Segundo Bielenki e Barbassa (2014), estruturas vetoriais podem ser representadas por três formas básicas: ponto, linha e polígono, e essas formas são baseadas em coordenadas que as identificam num espaço cartesiano. Quanto aos dados ou estruturas *raster,* Bielenki e Barbassa (2014) entendem como o conjunto de linhas e colunas que formam a sua estrutura celular, em que cada elemento da imagem, chamado de pixel, cobre uma determinada área desta superfície e armazena uma informação correspondente que pode estar associada a uma classe de atributos ou a um valor numérico.

Quando se fala em Geotecnologias, é ilógico não citar os GISs ou SIGs, que são os Sistemas de Informações Geográficas. De acordo com Fitz (2008), SIG é um sistema constituído por um conjunto de programas computacionais, e entre suas utilidades estão: coletar, armazenar, recuperar, transformar e principalmente visualizar de dados espaciais do mundo real para um conjunto de propósitos específicos.

Para Miranda (2010), nos SIGs a realidade é representada como uma série de elementos geográficos, definidos de acordo com dois atributos de dados. O elemento de dado geográfico (espacial) é usado para providenciar uma referência para o elemento de dado atributo (não espacial). Ainda no SIG, o elemento geográfico é visto como mais importante que o elemento atributo, que é o que diferencia um SIG de outros sistemas de informação.

Dessa maneira, a utilização das geotecnologias com ênfase nos SIGs será crucial para melhor assimilação do trabalho, pois facilita, e muito, com o uso das imagens e mapas, as informações e a noção espacial que o leitor deve ter a respeito do assunto.

Diante dos dados levantados pela pesquisa bibliográfica, foi possível construir as análises existentes nesse trabalho, assim como posteriormente a produção de mapas temáticos.

Lima (2016) diz que o transporte e a expansão urbana são prováveis de serem vistos sob a ótica da base energética, que inclui os combustíveis, custo da ampliação do espaço urbanizado, implantação de infraestrutura e geralmente a destruição da cobertura vegetal, canalização e poluição de corpos hídricos.

A forma dos lugares deve ser levada em consideração para a emissão de informações a respeito do espaço. Entender e conhecer o espaço urbano é crucial para compreender a mobilidade urbana. Mobilidade é a condição em que se realizam os deslocamentos de pessoas e cargas no Brasil.

Lindau *et al.* (2013), produziram uma amostra a respeito das características físicas dos corredores prioritários presentes no continente americano.

Em anos/períodos chuvosos a Rodovia Augusto Montenegro sofre com alagamentos, por conta da impermeabilização do solo oriunda do asfaltamento e concretagem em toda a extensão da via.

A inundação, popularmente tratada como enchente, é o aumento do nível dos rios além da sua vazão normal, em que ocorre o transbordamento de suas águas sobre as áreas próximas a ele (Kobiyama *et al.*, 2006).

Para Lohmann (2011), inundações são os transbordamentos de água proveniente de rios, lagos e açudes, podendo ser classificadas em função da magnitude e da evolução. Dessa maneira, alagamentos, ainda segundo Lohmann (2011), podem ser considerados inundações em função da evolução.

Dito isso, o conceito de alagamentos, segundo Lohmann (2011), são águas acumuladas nos leitos das ruas e nos perímetros urbanos, por conta de fortes precipitações pluviométricas, em cidades com sistemas de drenagens ineficientes.

Assim, objetiva-se principalmente analisar a cobertura vegetal ao longo da extensão da rodovia e, dessa maneira, projetar futuras soluções visando elevar a quantidade de vegetação nos trechos com menor incidência de vegetação e, dessa forma, melhorar a qualidade de vida da população local, uma vez que a rodovia é uma área de expansão comercial e também residencial do município de Belém, e a cobertura vegetal torna-se parte da qualidade de vida local. O fenômeno relaciona-se com a redução da infiltração natural nos solos urbanos, a qual é provocada por: compactação e impermeabilização do solo; pavimentação de ruas e construção de calçadas, reduzindo a superfície de infiltração; construção adensada de edificações, que contribuem para reduzir o solo exposto e concentrar o escoamento das águas; desmatamento de encostas e assoreamento dos rios que se desenvolvem no espaço urbano; acumulação de detritos em galerias pluviais, canais de drenagem e cursos d'água; insuficiência da rede de galerias pluviais (Lohmann, 2011).

OBJETIVOS

a. Objetivo geral: analisar a vegetação ao longo da Rodovia Augusto Montenegro, em Belém (PA), e propor meios para melhora dessa qualidade.

b. Objetivo específico: analisar a Rodovia Augusto Montenegro e seus vestígios de vegetação em seu canteiro central.

PROCEDIMENTOS METODOLÓGICOS

Utilizou-se o levantamento bibliográfico como principal fonte para a obtenção dos dados para a pesquisa; as análises foram feitas sobre artigos acerca do assunto e também pela observação do dia a dia sobre a rodovia.

RESULTADOS E DISCUSSÕES

Projeto do BRT em Belém

Não se pode pensar em desmatamento sem antes refletir nas possíveis causas que levaram ao desmatamento. A cidade de Belém sofreu e sofre com o problema crônico da mobilidade urbana, que se deu por conta do crescimento desordenado do município frente à grande demora na tomada de decisão por parte do poder público municipal. No ano de 2012 foi anunciado o projeto do Bus Rapid Transit (BRT) para o município de Belém, pelo então prefeito em exercício Duciomar Costa. Após dez anos, atualmente no ano de 2022, três gestões se passaram e o projeto não surtiu o efeito esperado.

Na época de seu anúncio, utilizou-se o discurso de que o BRT teria sido viável na cidade de Curitiba – PR, entretanto, anos depois, observa-se a total ineficiência do projeto, bem como todo o impacto ambiental que ele causou e nos dias atuais continua causando, pois as obras continuam em outro trecho.

A rodovia teve seu canteiro central praticamente todo desmatado para a implantação de estações para comportar passageiros e blocos de concreto. No projeto do BRT constata-se que não houve a preocupação com a impermeabilização do solo e também arborização da via, sendo colocadas apenas algumas espécies de vegetais, a fim de manter certo paisagismo na rodovia cita-se a Lei Municipal n.º 8.489/05.

Figura 2 – Entroncamento (região comercial presente na Rodovia Augusto Montenegro)

Fonte: Diário do Pará, 2022

Atualmente sabe-se que, em termos de vegetação, o maior ponto de vegetação arbórea na rodovia está localizado na altura da Rua da Marinha, terreno pertencente a Marinha do Brasil, que aloca um quartel para treinamentos. No canteiro central da Rodovia a vegetação é quase inexistente e foi desmatada em quase 100% desde o início da implantação do BRT.

A análise espacial urbana do BRT Belém traz à tona a necessidade de comparar o projeto implementado em Belém com o projeto do BRT referência, que é o da cidade de Curitiba.

Foi criado em 2012 o BRTdata, que dispõe de pesquisas aplicadas para melhorar o estado da prática no projeto, planejamento, financiamento, implantação e operação de sistemas BRT. Esse banco de dados abrange informações sobre BRT e também corredores de ônibus exclusivos com segregação viária, incluindo qualquer tipo de faixa viária dedicada, desde as localizadas no centro da pista, que é o caso do BRT Belém, até as paralelas ao meio fio.

O BRT de Curitiba foi um dos primeiros do mundo a utilizar ônibus articulados, estações tubo, e ônibus biarticulados também na questão de possibilitar ultrapassagens, aumentando a capacidade, a velocidade média e a eficiência do funcionamento dos ônibus.

Na utilização de novas formas de transportes públicos, o BRT está nesse meio e, de 2012 até o ano atual, tornou-se tendência em inúmeras cidades do continente americano. Curitiba é um dos exemplos de gestão e implementação do BRT; em comparação com o BRT Belém, não houve um planejamento feito de forma correta, acarretando diversos problemas de cunho ambiental, estrutural e social.

Geotecnologias como ferramentas de gestão urbana e ambiental

atualmente as geotecnologias por meio dos Sistemas de Informações Geográficas podem ser utilizadas como importantes ferramentas de gestão para o poder público. Representações cartográficas por meio dos mapas possibilitam analisar o espaço de maneira a pensar-se na solução.

A proposição para o poder público é que as geotecnologias sejam empregadas para a melhora da qualidade ambiental no município de Belém, especificamente na Avenida Augusto Montenegro, pois foi a mais impactada no que diz respeito à cobertura vegetal. A aplicação de GPS, por exemplo, pode ser feita para mapear espécies de vegetais ao longo de toda a via, pois mesmo que o canteiro central tenha sido praticamente todo desmatado, nas laterais da via ainda há certa arborização, embora não seja em quantidade significativa ou mesmo em quantidade que vá impactar o microclima da região em que estão.

O GPS poderia ser utilizado para mapear possíveis áreas que podem receber novas espécies de árvores e trazer novamente a diversidade da flora presente para o local, embora seja difícil recuperar todas as espécies que foram perdidas. Deve ser feito também o mapeamento por parte do poder público, de toda a extensão da pista que tem concreto, das laterais, e dos meios de escoamento, como bueiros e galerias utilizadas para escoar água, porque tendo o conhecimento de toda a estrutura da rodovia, o poder público deverá gerir de forma mais incisiva a questão ambiental sobre arborização que norteia a rodovia.

Toda a proposição exposta a respeito de algumas geotecnologias, como GPS, softwares para confecção de mapas e análises periódicas de imagens de satélites, deu-se com o objetivo de haver manutenção e preservação no meio ambiente local, bem como melhorar a qualidade de vida da população que utiliza a via cotidianamente e sofre com a falta de arborização.

Empregar geotecnologias à gestão é acelerar a tomada de decisão e, assim, trazer benefícios à sociedade, pois as ferramentas das geotecnologias possibilitam a melhora do conhecimento sobre a área mapeada por parte dos órgãos gestores.

Avaliação da cobertura vegetal

O crescimento desordenado dos municípios impacta na qualidade de vida da população local ou regional, e a qualidade ambiental urbana está ligada, dentre outras, à preservação da vegetação local, uma vez que a cobertura vegetal em sua maioria é benéfica a quem convive nas proximidades.

No município de Belém, tem-se o exemplo do Bosque Rodrigues Alves, um importante ponto turístico numa parte completamente urbanizada da cidade. Nas suas redondezas sente-se um microclima diferente do restante da cidade; ao aproximar-se, a percepção aumenta por conta da redução da intensidade do calor.

O desenvolvimento urbano é inversamente proporcional à cobertura vegetal. Percebe-se isso no momento em que as diretrizes de preservação da cobertura vegetal não são colocadas em prática integralmente nos diversos projetos de urbanização que o poder público executa, seja de pavimentação, drenagem ou mesmo de mobilidade.

No município de Belém há o "Plano Diretor Municipal" que é um instrumento de gestão e planejamento do munícipio.

"Art. 2.º O plano diretor, que abrange a totalidade do território, é o instrumento básico da política urbana do Município e integra o sistema de planejamento municipal" (PMB, 2008).

O plano diretor do município apresenta uma série de obrigações da prefeitura com vistas ao meio ambiente, às atividades socioeconômicas, ao manejo da vegetação nas áreas degradadas, à paisagem urbana e à criação do sistema municipal de áreas verdes e de lazer.

No seu art. 56, afirma que:

> [...] são diretrizes do Plano Municipal de Gestão Ambiental Integrado: I – organizar e utilizar, de forma adequada, o solo municipal com vistas a compatibilizar sua ocupação com as condições exigidas à conservação e melhoria da qualidade ambiental da cidade; II – viabilizar atividades socioeconô-

> micas compatíveis com o desenvolvimento sustentável, valorizando a paisagem e a proteção do meio físico, como elemento fundamental da paisagem urbana; III – recuperar áreas degradadas, livres ou ocupadas, potencializando as suas qualidades materiais e imateriais para que possam ser incorporadas a unidades de paisagem; IV – promover o manejo da vegetação urbana de forma a garantir a proteção das áreas de interesse ambiental e a diversidade biológica natural; V – considerar a paisagem urbana e os elementos naturais como referências para a estruturação do território; VI – implementar o Sistema Municipal de Áreas Verdes e de Lazer; VII – criar mecanismos de incentivo à manutenção de áreas particulares de patrimônio natural preservadas.

De acordo com o plano diretor do município, áreas públicas e privadas estão inclusas no sistema municipal (art. 57) e os objetivos desse sistema são citados no sentido de aumentar as áreas verdes e também preservá-las. Em seu artigo 59, é citado o sistema viário e dito que nele deve haver manutenção e ampliação das áreas verdes. Além do sistema municipal de áreas verdes e de lazer, existe o plano municipal de arborização que visa planejar, diagnosticar e preservar a arborização no sistema viário e nas áreas verdes do município.

Observando e analisando os artigos do plano diretor municipal voltados para arborização urbana, constata-se que existe uma constante preocupação com a população com relação à qualidade ambiental e qualidade de vida da população. Nesse sentido, a questão da arborização viária está intimamente ligada à população e à qualidade ambiental que é oferecida pelo poder público.

Dito isso, buscou-se o entendimento a respeito de qualidade de vida. A OMS (1998) diz que qualidade de vida reflete a percepção dos indivíduos de que suas necessidades estão sendo satisfeitas ou, ainda, que lhes estão sendo negadas oportunidades de alcançar a felicidade e a autorrealização, com independência de seu estado de saúde físico ou das condições sociais e econômicas

A Rodovia Augusto Montenegro ao longo dos anos foi muito modificada, e atualmente, tornou-se um grande atrativo comercial e também de especulação imobiliária no que diz respeito à presença de condomínios. A rodovia é predominantemente comercial, embora haja condomínios, e em alguns trechos é utilizada como área de lazer pela população, para praticar esportes e atividades físicas.

Essa rodovia por muitos anos teve um sério problema com relação a pavimentação asfáltica e drenagens, pois quando incidia chuvas, mesmo que não fosse por muitos minutos, havia trechos que alagavam rotineiramente. Esse cenário mudou com a implantação do projeto de mobilidade urbana. O Bus Rapid Transit (BRT) trouxe a melhora da pavimentação e drenagem na maior parte da rodovia, mas em contrapartida houve derrubada quase que total das árvores do canteiro central da avenida.

A análise de qualidade ambiental proposta na rodovia em questão leva em consideração a quantidade de vegetação presente nos dias atuais e presença de depósitos de lixo feitos pela população dos bairros do entorno, visto que a implantação do BRT, a partir do ano de 2012, desmatou praticamente todas a cobertura vegetal do canteiro central da rodovia, nesse sentido, reduzindo de maneira significativa a arborização ao longo da rodovia. Ressalta-se também a questão da homogeneização topográfica que as inúmeras camadas de asfalto ocasionam, pois o asfalto é depositado por cima das camadas antigas, então, gerando mais um problema, que é a impermeabilização do solo, e, caso a drenagem não tivesse sido feita corretamente, seriam recorrentes as situações dos alagamentos no período de chuva.

Anterior ao BRT na Rodovia Augusto Montenegro tinha-se uma grande diversidade de espécies de árvores no canteiro central, e diferentemente da Avenida Almirante Barroso, na qual a prefeitura da época ainda deixou árvores no canteiro central, a rodovia não teve a mesma sorte, nem a população da área, porque com a derrubada de todas as árvores, perdeu-se a arborização presente e também o paisagismo ao longo da rodovia. Do ponto de vista estético e para uma parte da população, a implantação do BRT foi "boa", pois trouxe a solução para o problema dos inúmeros alagamentos que aconteciam há muitos anos na altura do entroncamento e também no km em que fica o Conjunto Eduardo Angelim.

A Lei municipal n.º 8.489/05 afirma que, caso haja a impossibilidade da preservação da vegetação, como é o caso do BRT, um novo espaço verde na área ou em outra definida pela Prefeitura Municipal de Belém deve ser criado, o que não ocorreu até o momento (Valente Filho *et al.*, 2019).

De acordo com as características físico-naturais da área de estudo, sabe-se que Belém possui uma altitude de 6 a 15 metros sobre o nível do mar. Nesse sentido, compreende-se que o município de Belém está bastante suscetível a alagamentos urbanos, caso a drenagem urbana não seja construída de maneira adequada, pelas características físicas e morfológicas da cidade. Outra possível qualificadora dos alagamentos é a crescente expansão urbana desordenada presente no município. Sabe-se também que atualmente a Rodovia Augusto Montenegro é o principal destino da expansão urbana de Belém, tanto no viés comercial como no residencial.

Com a expansão urbana, a especulação imobiliária aumentou ao longo dos anos, consequentemente elevando os investimentos do poder público naquela região da cidade, outrora vista como região afastada e rural do município. Os investimentos acabaram ocorrendo de forma acelerada e não planejada como deveria, trazendo à tona o imediatismo nas obras que executou, não efetuando na prática a construção de ferramentas de drenagens e a pavimentação necessária, a fim de reduzir os riscos de alagamentos nos períodos do ano que ocorrerem maior incidências de chuvas.

A Rodovia Augusto Montenegro sofreu mudanças em sua configuração ao longo dos anos, principalmente a partir da conclusão da segunda fase do projeto do BRT que compreende o trecho que vai do entroncamento, onde se inicia a rodovia, até a estação do Estádio Olímpico do Pará. Na área do entroncamento, antes das obras, eram constantes os alagamentos, mesmo fora de períodos chuvosos, e, com a maior incidência de chuvas, o problema se agravava bastante. Quem mais sofria era a população que morava e trabalhava no entorno, já que a área é uma grande área comercial a céu aberto. O problema dos alagamentos no local foi corrigido com as obras do BRT que incluíam drenagem do local.

Assim, sabe-se que alagamentos tem suas causas diretamente ligadas à completa impermeabilização ou mesmo parcial impermeabilização do solo.

Inserida neste contexto, a Rodovia Augusto Montenegro sofre principalmente com o problema da compactação e impermeabilização, pois já havia grande parte da via pavimentada, com a implantação do BRT, aumentou a espessura da camada de asfalto, inseriu-se o concreto e também as calçadas, dessa forma diminuindo a incidência de solo exposto ao longo da via.

Dentro desse cenário, observa-se que os Sistemas de Informações Geográficas podem ser usados como ferramentas de controle, gestão ou até monitoramento da área em questão, já que há uma grande problemática física e social que atinge a área. Física por conta dos possíveis alagamentos e inundações que podem ocorrer nos períodos com maior incidência de chuvas, bem como a ausência da arborização em quase toda a extensão da rodovia, causando certo desconforto a população local, que reside e trabalha com menos qualidade de vida, por conta da quase ausência de vegetação na área.

Por meio de imagens de satélites para monitorar o aumento da vegetação, caso sejam criados projetos nesse sentido, e também a criação de mapas periódicos de seis em seis meses, mapeando a localização de cada espécie, para verificar seu crescimento e analisar a qualidade do solo ao redor, elas seriam ferramentas interessantes no controle da vegetação na rodovia.

A recuperação das árvores que foram desmatadas deve ser feita, para dar cumprimento ao que o plano diretor de Belém exige, uma vez que, em caso de desmatamento para fins de uso do local, tanto o indivíduo quanto o poder público têm a obrigação de plantar vegetação em outro lugar, para compensar a perca. Sabe-se que a vegetação se faz necessária para manter os nutrientes do solo e também recuperar parte da infiltração da água no solo. É necessário recuperar diferentes tipos de espécies vegetais, pois algumas espécies tendem a absorver bem mais nutrientes quanto outras, como é o exemplo na árvore de eucalipto, que absorve mais nutrientes que outras espécies.

A configuração estrutural da área de estudo, no presente momento, no que toca à cobertura vegetal, não favorece mais o plantio de espécies de árvores como outrora favorecia, já que o canteiro central da Rodovia Augusto Montenegro é puramente concreto. Sendo inviável destruir concreto para plantar árvores, nesse caso a solução seria replantar as árvores nos canteiros laterais junto ao meio fio, local onde tem espaço em quase toda a extensão da rodovia e ainda tem-se certa incidência de solo exposto, que pode ser utilizado para o plantio.

A recuperação vegetal também é imensamente importante para a questão da arborização e paisagismo ao longo da Rodovia Augusto Montenegro, pois isso impacta diretamente a população local residente, profissional e transeunte, já que a rodovia é uma importante via de acesso para bairros mais distantes do centro e muitas pessoas passam por lá diariamente. A melhora na sensação térmica em dias com temperatura mais elevada por meio da recuperação da cobertura vegetal é crucial para uma melhor qualidade de vida da população que utiliza aquela via.

CONCLUSÃO

Ao longo da pesquisa, foram encontradas algumas dificuldades, sobretudo na confecção dos mapas, entretanto, sabe-se que o poder público erroneamente utilizou o projeto do BRT como solução para o problema da mobilidade urbana e na prática não resolveu nada acerca dos problemas que já existiam, como congestionamentos e ônibus lotados; o tempo de transporte diminuiu apenas para os ônibus que transitam na pista do BRT, os demais ônibus da frota continuam demorando demais em seu trajeto.

Sobre a arborização na Avenida Augusto Montenegro, muito trabalho de análise deve continuar sendo feito, objetivando alternativas para a recuperação de, senão toda, a maior parte da vegetação que fora retirada de lá. Isso impactará diretamente no meio ambiente e na qualidade de vida de toda a população que lá reside, trabalha ou trafega.

Por fim, diante das análises bibliográficas sobre o corredor verde que a Rodovia Augusto Montenegro ainda é, sabe-se que há muito a ser feito, e a gestão deve conhecer a região, para então tomar providencias, já que, caso não sejam tomadas providências mais incisivas, o corredor verde que é a rodovia deixará de ser corredor verde e tornar-se-á, apenas um corredor viário, perdendo toda a essência da floresta que um dia foi presente no local.

REFERÊNCIAS

AQUINO, C. M. S.; VALLADARES, S. G. Geografia, Geotecnologias e Planejamento Ambiental. **Geografia**, Londrina, v. 22, n. 1, p. 117-138, jan./abr, 2013.

BELÉM. **Plano Diretor do Município de Belém.** Belém, PA: Prefeitura Municipal de Belém, 2008. Disponível em: https://planodiretor.belem.pa.gov.br/. Acesso em: 8 mar 2025.

BIELENKI, C. J; BARBASSA, A. P. **Geoprocessamento e Recursos Hídricos**: Aplicações práticas. São Carlos: EdUfscar, 2014.

CARDOSO, A. C. D.; MIRANDA, T. B. O Caráter Seletivo Da Degradação Ambiental Na Área De Expansão De Belém (PA). *In*: SEMINÁRIO URBFAVELAS, 2., Rio de Janeiro, 23-26 nov. 2016. **Anais** [...]. Rio de Janeiro, [*s. n.*]. p. 1-10. Disponível em: https://www.researchgate.net/publication/331531596. Acesso em 18 fev. 2025.

COSTA, J. L.; ALMEIDA, H. G. G.; RICCI, P. S. F. Metamorfismo e divisão tectonoestratigráfica do grupo Gurupi no nordeste do Pará e noroeste do Maranhão. *In*: SIMPÓSIO DE GEOLOGIA DA AMAZÔNIA, 5., 1996, Belém. **Anais** [...]. Belém: SGB-Núcleo Norte, 1996. p. 110-112.

FITZ, P. R. **Geoprocessamento sem complicação.** São Paulo: Oficina de textos, 2008.

JAPIASSÚ, Luana Andressa Teixeira; LINS, Regina Dulce Barbosa. As diferentes formas de expansão urbana. **Revista Nacional de Gerenciamento de Cidades,** v. 2, n. 13, p. 15-25, 2014.

KOBIYAMA, M.; MENDONÇA, M.; MORENO, D. A.; MARCELINO, I. P. V. de O.; MARCELINO, E. V.; GONÇALVES, E. F.; BRAZETTI, L. L. P.; GOERL, R. F.; MORELLI, G. S. F.; RUDORFF, F. de M. **Prevenção de desastres naturais:** conceitos básicos. Florianópolis: Organic Trading, 2006. 45 p.

LIMA, V. As geotecnologias e a análise da qualidade ambiental como instrumento para o planejamento urbano. In: **ENCONTRO NACIONAL DE GEÓGRAFOS,** 18., 2016. **Anais...** Disponível em: http://www.eng2016.agb.org.br/site/anaiscomplementares2?area=10#V. Acesso em: 13 de março de 2025.

LOHMANN, M. **Regressão Logística e Redes Neurais aplicadas à previsão probabilística de alagamentos no município de Curitiba, PR.** Tese (Doutorado em Geografia) – Faculdade de Geografia, Universidade Federal do Paraná, Curitiba, 2011.

LINDAU, L. A.; PETZHOLD, G. S.; SILVA, C. A. M. e FACCHINI, D. BRT e Corredores prioritários para ônibus: panorama no Continente Americano. *In*: ANPET – CONGRESSO DE PESQUISA E ENSINO EM TRANSPORTES, 27., Belém-PA, 4-8 nov. 2013. **Anais** [...].Belém-PA: [*s. n.*], 2013.

MIRANDA, José Iguelmar. **Fundamentos de Sistemas de Informações Geográficas.** 2. ed. rev. e atual. Brasília, DF: Embrapa Informação Tecnológica, 2010. 425 p.

RICARDO, T. Z. **Geoprocessamento: conceitos e definições.** Revista de Geografia – PPGEO – UFJF, v. 7, n. 2, Juiz de Fora, MG, 2017.

ROSSETTI; D. F. Estratigrafia da sucessão sedimentar pós-barreiras (zona bragantina, Pará) com base em radar de penetração no solo. **Revista Brasileira de Geofísica,** Rio de Janeiro, v. 19, n. 2, p. 115, ago. 2001. Disponível em: https://doi.org/10.1590/S0102-261X2001000200001 Acesso em: 14 dez. 2024.

VALENTE FILHO, A. J. M.; COUTINHO, E. C.; GUTIERREZ, L. A. C. L.; PAES, G. K. A. A. Análise de impactos atmosféricos gerados durante a obra BRT (Bus Rapid Transit) na Avenida Augusto Montenegro, Belém-PA. **Revista Espaço e Geografia,** Brasília-DF, v. 22, n. 2, p. 609-645, 2019.

PAISAGEM E PATRIMÔNIO NATURAL NA PERCEPÇÃO DAS POPULAÇÕES TRADICIONAIS E DA DINÂMICA COSTEIRA NA PRAIA DO VAI QUEM QUER, ILHA DE COTIJUBA, BELÉM – PA

Alessandro Ferreira dos Santos
Cristina do Socorro Fernandes de Senna

INTRODUÇÃO

A paisagem é a marca da existência humana (Sauer, 1988). A paisagem é uma combinação dinâmica e instável dos elementos físicos, biológicos e humanos, pois a paisagem não é apenas natural, mas parte de uma totalidade que compreende a participação humana. A paisagem pode ser analisada e classificada, segundo os diferentes elementos naturais como o relevo, clima, vegetação, incluindo também a influência da cultura, da economia e das artes (Bertrand, 1971, p. 14).

O conceito de paisagem para a Geografia baseia-se em parte na construção da dimensão da natureza, sendo integrada por elementos físicos, biológicos e socioculturais, sendo também, parte da noção de natureza presente na memória social, portanto construída coletivamente, desde a ancestralidade humana, pois a afetividade em relação à observação de seus elementos constituintes naturais integra a percepção humana, presente na memória e na cultura.

Geógrafos como Bertrand (1971), Metzger (2001) e Maximiano (2004) têm debatido o conceito de paisagem, sendo fortemente influenciados pelas escolas alemã e francesa, sob a ótica de uma relação dinâmica entre fatores físicos, biológico e antrópicos que interagem, não sendo apenas um conceito construído a partir da natureza, mas da coexistência humana com a natureza e sua percepção.

A definição de Zona Costeira consiste no espaço geográfico de interação entre o mar, a terra e o ar, incluindo seus recursos renováveis ou não, abrangendo uma faixa marítima e outra terrestre. Para a faixa terrestre, considera-se os limites políticos administrativo dos municípios costeiros; e para a faixa marinha, definida por Convenção das Nações Unidas, considera-se 12 milhas náuticas, tomando como referência a linha de base da costa (Muehe, 2001; Brasil, 2006; Brasil, 2018).

O estado do Pará possui a oitava maior zona costeira em extensão do Brasil, contemplando 47 munícipios, sendo subdividida em cinco setores: Setor 1 – Marajó Ocidental; Setor 2 – Marajó Oriental; Setor 3 – Continental Estuarino, considerando a Região Metropolitana de Belém; Setor 4 – Fluviomarinho e o Setor 5 – Costa Atlântica Paraense (Semas, 2022).

A área de interesse deste trabalho se encontra no Setor 3 – Continental Estuarino e compreende a ilha de Cotijuba, pertencente à porção insular do município de Belém do Pará. Santos (2021) analisou os efeitos do balanço entre a erosão e a sedimentação na variação da linha de costa da ilha de Cotijuba, durante os anos de 1984-2018, totalizando 34 anos, a partir da aquisição e análise de imagens LANDSAT, concluindo que as áreas erodidas totalizavam 33.931,83 m^2, enquanto as áreas em sedimentação somavam 42.175,15 m^2, com erro acumulativo de ± 556,8 m^2 para medidas areolares. As taxas médias na fase de avanço do nível médio do mar foram de 2,13 m^2/ano, enquanto as taxas médias de recuo da linha da costa foram de 1,64 m^2/ano.

Dessa forma, os dados produzidos mostraram setores litorâneos com baixa, média e alta erosão e acumulação, podendo gerar outras análises ligadas à vulnerabilidade desses espaços, tendo em vista a beleza cênica da paisagem, atraindo veranistas durante os finais de semana, principalmente na estação seca, gerando renda aos moradores locais, pois boa parte da população de baixa renda do município de Belém – PA chega à ilha de Cotijuba para descanso, lazer e turismo.

Assim, o artigo tem como objetivo analisar os processos de dinâmica costeira, com a geração de áreas praiais com diferentes graus de vulnerabilidade, percebidas pelos moradores locais e a população frequentadora da ilha de Cotijuba, integrados também aos conceitos de paisagem cultural e patrimônio natural, pois tais perspectivas podem demostrar como a população percebe os processos da dinâmica costeira na geração e na modificação da paisagem com diferentes usos e ocupações, uma vez que as modificações são referentes não apenas às forçantes naturais, mas também ocasionadas pela ação antrópica, desde a retirada da cobertura vegetal, da areia da praia ou de rochas distribuídas pelas enseadas e falésias (Santos, 2021; França *et al.*, 2022).

ÁREA DE ESTUDO

A ilha de Cotijuba é uma das 39 ilhas que compõem o arquipélago do município de Belém, conhecida como Belém Insular. Encontra-se a 33 km de distância da sede municipal e 9 km do Distrito de Icoaraci. É limitada ao norte pela baia de Marajó e a leste pelo furo do Mamão, apresentando características naturais preservadas em sete praias, com as seguintes denominações: Prainha, Farol, Amor, Saudade, Funda, Flexeira e Vai Quem Quer.

A pesquisa foi realizada na porção norte da ilha de Cotijuba, na praia Vai Quem Quer, juntamente com a comunidade Pedra Branca, sendo localizada pelas latitudes 1.º12'30" e 1.º13'30" Sul, e entre as longitudes 48.º31'0" e 48.º34'0" W Gr. A porção norte é recortada por promontórios e falésias, as praias apresentando-se em forma de enseada. O clima, a geomorfologia e a dinâmica de maré são os fortes atrativos naturais que a ilha oferece, atraindo grande contingente de veranistas durante os períodos de férias, finais de semana e festas de final de ano.

Figura 1 – Mapa de localização da porção norte da ilha de Cotijuba

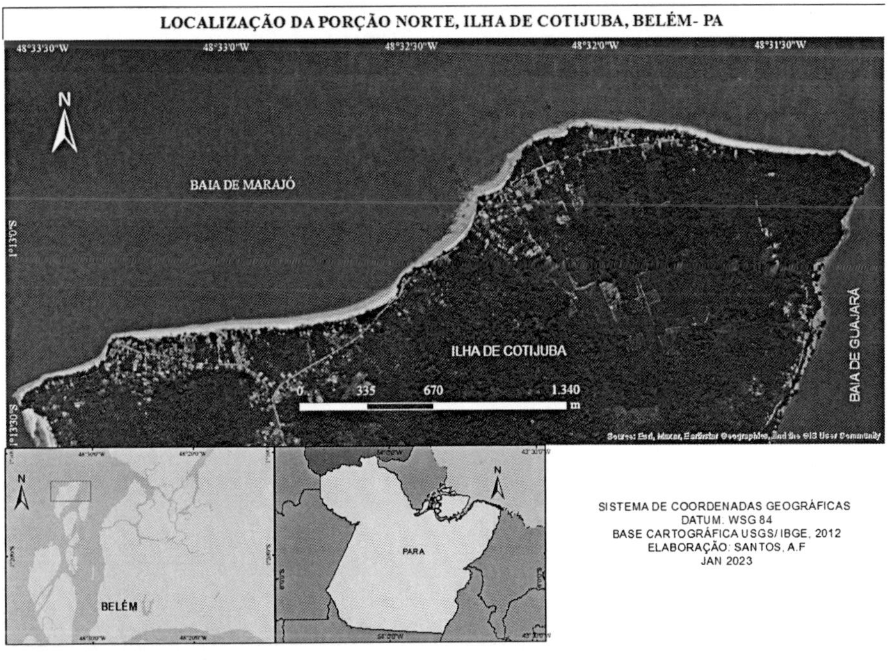

Fonte: o autor (2023)

A região das ilhas de Belém em sua gênese é formada por processos de sedimentação que formaram os grupos Barreiras e Pós-Barreiras. Segundo França (2003), a ilha do Marajó possui arranjos estratigráficos e constituição litológica influenciada pela Foz do Amazonas. Durante o Neógeno, ocorreram as deposições sedimentares responsáveis pelas formações geológicas Pirabas e Barreiras/Pós-Barreiras, constituindo os Planaltos Rebaixados da Amazônia e afloram na costa sudeste da ilha do Marajó (Rossetti *et al.*, 1989; França, 2003).

A ilha de Cotijuba, em termos geomorfológicos, apresenta planícies marinhas e fluviomarinhas que correspondem às áreas de acumulação datadas do Holoceno, representado por uma faixa de sedimentos lamosos e arenosos associados a um conjunto de ilhas. O Planalto Costeiro de Cotijuba se estende por toda a porção norte da ilha, onde são observadas as falésias ativas que variam de dois a sete metros de altura. A porção norte possui evidências de falhas normais e transcorrentes (Igreja *et al.*, 1990). Uma dessas evidência é a formação de um terraço arenoso, atualmente ocupado por moradias, onde tais processos da neotectônica são forçantes endógenas que modelam a costa norte da ilha de Cotijuba, formando compartimentos em praias de enseada, guarnecidas por falésias e promontórios (Santos, 2021).

A ocupação urbana da ilha interage com as transformações naturais as quais a área está sujeita, onde as feições erosivas e acrescida são intensificados devido à interferência humana. Esses processos não ocorrem de modo uniforme devido a fatores como o clima, a intensidade pluviométrica, a posição geográfica, a velocidade das correntes, o vento e força das ondas, os elementos físicos e biológicos que estão distribuídos no norte de Cotijuba.

A formação histórica de Cotijuba se dá junto com o processo de ocupação e expansão da cidade de Belém que teve seu início em 1616, além disso, perpassa por volta de 1784 com o engenho da Fazendinha, propriedade pertencente ao Capitão Luiz Pereira da Cunha, que produzia e beneficiava a agricultura da ilha com a produção de arroz. Atualmente o engenho faz parte da memória de Cotijuba, e suas ruinas atraem pesquisadores, estudantes e turistas que buscam entender os processos históricos de ocupação da ilha de Cotijuba.

Outro momento que marca a história de Cotijuba refere-se à presença de uma colônia penal, que foi instalada na ilha por Magalhães Barata, em 1945, com o intuito de cárcere para reeducação social, a fim de penalizar presos de correção, menor periculosidade, sendo sujeitos considerados “vagabundos”.

Já o Educandário Nogueira de Farias hoje está em ruinas, mas tem uma rugosidade marcante. Possuía o objetivo de ser uma colônia reformatória para menores infratores, órfãos, abandonados e delinquentes para a reintegração na sociedade.

Com o crescimento acelerado de Belém, as ilhas de Mosqueiro, Caratateua (Outeiro) Cotijuba e Combu vêm sofrendo nas últimas décadas inúmeras mudanças socioambientais. Com expansão dos equipamentos urbanos, a busca da população por espaços de lazer e contato com a natureza acabam intensificando a ocupação nas ilhas, em busca de belezas naturais e cênicas que as ilhas oferecem.

A ocupação da ilha tem traços rurais, visto que abriga comunidades que vivem de agricultura, extrativismo e pesca. A ocupação urbana é marcada por pequenos comércios, restaurantes e serviços de hotelaria.

PROCEDIMENTOS METODOLÓGICOS

O estudo de reconhecimento da paisagem na parte norte da ilha de Cotijuba foi realizado através de revisão bibliográfica; o uso de ferramentas das geotecnologias; a atividade de campo juntamente com roteiros de entrevistas, que auxiliaram a análise da percepção dos moradores no reconhecimento da paisagem e os diferentes usos e ocupações. Através de conversas com locais, foi possível entender um pouco mais de suas percepções a respeito da paisagem natural, da dinâmica costeira da área a ser estudada onde foram relatados sobre os fenômenos de erosão e a retirada de materiais encontrados na praia e nas falésias para construção de muros e residências.

A abordagem deu-se a partir de um estudo prévio sobre os aspectos da geografia física, da geomorfologia e da vulnerabilidade de risco estudada anteriormente (Santos, 2021), em que o autor descreve as dinâmicas erosiva e progradacional que atuam na porção norte da ilha de Cotijuba, representada na figura 2. Tal trabalho representa a descrição física dos fenômenos naturais (Brasil, 2018). Dessa forma, o estudo foi aprofundado nas questões ligadas à dinâmica costeira, vulnerabilidade e percepção da paisagem voltada para uma questão mais humana que envolva a descrição da percepção das comunidades.

A percepção ambiental apresenta diferentes conceituações, perpassando diversas áreas do conhecimento científico, da psicologia à arquitetura. Nesse sentido, busca-se integrar o conceito ao estudo, primeiramente, como o entendimento das relações existentes entre o ser humano e o meio ambiente, pois há diferenças nas interações sociais, vivências e construção social do espaço habitado, vivido, construindo traços culturais identitários, a partir de inter-relações individuais e coletivas, em suas formulações de vivência com o meio ambiente.

Portanto, as interpretações advindas das comunidades sobre o seu meio ambiente geram diferentes concepções, visto que cada indivíduo, cada comunidade percebe, reage e se apropria do meio de acordo com suas vivências, necessidades e de seus aspectos culturais.

Desse modo, procura-se entender como a comunidade do Vai Quem Quer e do Pedra Branca, habitantes da porção norte da ilha de Cotijuba, percebe os fenômenos naturais presentes na ilha. As informações foram obtidas por meio de conversas abertas com alguns moradores da ilha, além de observações e percepções sobre a paisagem. Segundo Quaresma (2005), é uma metodologia que obriga o pesquisador a se aproximar da realidade através de coleta de dados e informações e, assim, obter respostas mais bem fundamentadas.

A conversa com os moradores ampliou a percepção sobre a dinâmica da paisagem na porção norte da ilha de Cotijuba, auxiliando a análise de dados na construção do conhecimento coletivo comunitário. As entrevistas foram abertas, objetivando explorar com detalhes o que os moradores pensam sobre a vulnerabilidade à erosão, tendo em vista a dinâmica da paisagem, podendo perceber ou não as mudanças que ocorreram ao longo de 34 anos, permitindo aos entrevistados a liberdade para responder as perguntas em um contexto de conversa informal, com interferência mínima do pesquisador, a fim de coletar o máximo de relatos.

RESULTADOS E DISCUSSÃO

Paisagem e patrimônio natural

O homem interage com a paisagem desde o início da cultura humana; a relação homem-natureza, a apropriação dos recursos naturais e a produção do espaço fazem parte dos processos de interpretação e apropriação da paisagem. Assim, o conceito foi sistematizado, posteriormente, na escola alemã, sob a égide de Alexander von Humboldt com sua análise empírica e científica da paisagem (Marques Neto, 2008). Nesse sentido, a escola alemã debruçou-se sobre os estudos e inventários de cunho geográfico, a fim de integrar o espaço geográfico, utilizando o termo paisagem.

O conceito de paisagem baseia-se em uma geografia analítica, preocupada com as dinâmicas espaciais relacionadas com a compreensão dos processos que ocorrem na superfície terrestre. Além disso, a visão da paisagem é entrelaçada com a geografia física, sofrendo forte influência da geomorfologia, climatologia e biogeografia, tendo um caráter holístico.

A paisagem faz parte dos estudos e das discussões abarcadas pelos geógrafos, visto que pode ser considerada uma parte de qualquer da superfície da terra, sendo encontrada em seu estado natural, modificada ou artificializada, pois a paisagem primeiramente é entendida e constituída por elementos da natureza, que compõem a fisionomia vegetal de um dado local, o relevo, a estrutura geológica, posteriormente associada com as ações modificadoras antrópicas, seja no desenvolvimento urbano, industrial, a partir da análise e reprodução do espaço e através de atividades socioeconômicas, culturais e ambientais.

O patrimônio pode ser entendido como um conjunto de elementos humanos e naturais, materiais ou imateriais que compõem a identidade cultural de um grupo de indivíduos, sendo passado de geração ou criado no presente (Zanirato, 2009).

A Conferência Geral da Organização das Nações Unidas para a Educação, Ciência e Cultura, reunida em Paris de 17 de outubro a 21 de novembro de 1972, tratou sobre a Convenção para a Proteção do Patrimônio Mundial, Cultural e Natural. Durante a convenção, a ONU, em seu artigo 2, definiu que os monumentos naturais construídos por formações físicas, biológicas, ou as formações geológicas com sua fisiografia, constituem habitats de animais e vegetais com valores de ciência e conservação, ou ainda constituem locais com valor universal excepcional do ponto de vista da ciência, conservação ou beleza natural, sendo considerados patrimônios naturais.

Ainda segundo Zanirato (2009), o patrimônio natural pode ser classificado de acordo com o seu valor científico, sendo também importante para a conservação ecológica e do ponto de vista estético, da beleza natural. Assim, o valor científico é aquele em que os fenômenos naturais são importantes para a produção do conhecimento e da história natural do planeta, atribuídos às áreas da arqueologia, da história, da geologia, da geografia e áreas afins. O valor ecológico dos patrimônios naturais compactua com a conservação das espécies em risco de extinção, visto que os animais e vegetais são importantes para manutenção de processos ecológicos e biológicos. O valor estético se expressa como a natureza é notada, em suas condições naturais e da beleza natural atribuída ao conceito de pureza e preservação, sendo intocada.

Portanto, a praia é um ambiente com vários aspectos naturais que podem ser considerados como parte do patrimônio natural brasileiro, sendo amparada por lei e vista como um ambiente social, de interação, lazer, econômico e turístico. O parágrafo 3, da lei nº 1.661, datada de 16 de maio de 1988, rege o gerenciamento costeiro no Brasil e define praia como sendo um ambiente coberto ou descoberto pelo regime de marés, sendo acrescida de material detrítico como areias, cascalhos, seixos, pedregulhos, até onde a vegetação natural se inicia, ou ocorrendo no limite das falésias, onde se inicia outro ecossistema, ou ambiente costeiro.

Proteção e preservação do patrimônio natural

A lei n.º 1.661, datada de 16 de maio de 1988, instituiu o gerenciamento costeiro, integrado em seu art. 10. Ela mostra que as praias são ambientes públicos e de uso comum. Nesse sentido, a praia também é um ambiente que precisa de zelo, visto que conservá-la é uma forma de garantir, para outras gerações, o uso dos valores arquitetônicos, naturais e culturais, juntamente com os símbolos de representatividade técnica, histórica e social. (Zanirato, 2009).

A ilha de Cotijuba é uma Área de Proteção Ambiental (APA), instituída pela Lei Municipal 5.621, de 27 de novembro de 1990. Portanto, é obrigatória a manutenção da cobertura vegetal, bem como impedida a circulação de veículos motorizados, com exceção dos veículos de saúde e da segurança pública.

Entretanto, são utilizados motos, charretes e "motorretes" além de tratores agrícolas chamados "bondes", que transportam a população local e os turistas. Santos (2021) afirmou que a proximidade da estrada com a borda da falésia e a circulação dos tratores agrícolas influenciam no aumento da erosão, visto que o peso dos tratores abala os sedimentos friáveis que integram a falésia do setor central. Nesse sentido, a circulação dos veículos causa um impacto ambiental, e esse impacto é percebido de diferentes formas, somadas aos processos dinâmicos costeiros, com o contínuo recuo da estrada, sendo necessário interromper ou reordenar sua utilização. As falésias alcançam aproximadamente sete metros de altura, sendo possível vê-las de uma distância considerável.

Percepção ambiental ligados aos riscos da erosão costeira

Cada indivíduo possui uma reflexão do seu espaço vivido a partir de sua percepção, de seu lugar e de sua realidade. As suas relações com o espaço perpassam os sentidos, atrelados à sua cognição. Todos os indivíduos apresentam percepções diferentes, devido às suas subjetividades (Zanini *et al.*, 2021). Nesse sentido, ao observar a natureza, cada indivíduo terá uma percepção distinta, e as suas relações subjetivas com a natureza permitirão que sua interação e sua percepção sejam pessoais; cada indivíduo reagirá com os elementos visuais e táteis de diferentes formas.

Ainda, os estímulos sensoriais que se relacionam com a paisagem e com o espaço dão-se por meio de experiências. A percepção do ambiente é uma impressão pessoal absorvida por laços afetivos de cada ser humano, assim, o ambiente social e físico tem uma determinada influência direta no processo de percepção do ambiente (Melazo, 2005).

O estudo da percepção ambiental e dos riscos à erosão observados na porção norte da ilha de Cotijuba são baseadas nos estudos sobre a vulnerabilidade costeira (França, 2020), definidos por Santos (2021), nos quais dois setores apresentam vulnerabilidade alta à erosão costeira. Foram utilizados os mapas de dinâmica costeira e conversas abertas com os moradores e comerciantes locais para traçar a percepção destes sobre os fenômenos analisados (Figura 2).

Os dados apontam os setores da costa que mais sofrem com a erosão e os pontos que menos sofrem, além disso, apontam também os lugares que mais mudaram sua paisagem, seja naturalmente, com a queda das falésias ou da vegetação, além de áreas que passaram por mudanças antrópicas, com a retirada de materiais da praia, construção de obras de engenharia ou construção de estabelecimentos comerciais.

Alguns moradores a partir de conversas abertas apontam a retirada da vegetação para a construção de casas de veraneio e construção de estrada como fatores que implicam na vulnerabilidade acentuada pela erosão.

A percepção sobre a erosão é mais apontada para os setores três e quatro, visto que as falésias apresentam feições erosivas expressivas e pode se observar tentativas de contenção onde o morador utiliza sacos com areia para conter o avanço das ondas. Um morador informou que a erosão nessa parte central da praia ocorre devido à construção de residências, juntamente ao desmatamento das árvores, que se intensificou nos últimos anos. A área central é apontada como a mais erosiva, tanto pelos moradores quanto pelo trabalho de Santos (2021), que classifica os setores com alta vulnerabilidade à erosão.

Figura 2 – Grau de dinâmica costeira da orla norte da ilha de Cotijuba, Belém-PA

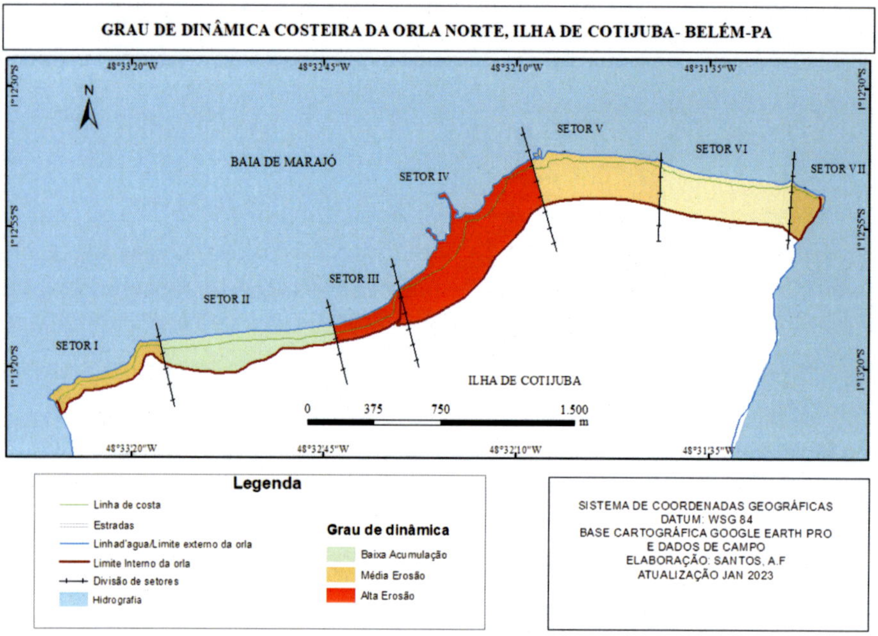

Fonte: o autor (2022)

A paisagem nessa área apresenta um campo de matacões, blocos caídos das falésias que se encontram escuros e lateritizados. Além disso, as falésias apresentam sulcos erosivos notáveis, mostrando a intensificação da erosão. São perceptíveis também os perfis verticais do solo, com afloramentos de rochas.

Figura 3 (A) – Contenção da erosão por sacos de areia para minimizar a força das ondas e maré. (B): falésia com blocos tombados no sopé. (C): Falésia com maior percepção da erosão

(A)

(B)

(C)

Fonte: o autor (2022)

O uso socioespacial da praia Vai-Quem-Quer pela comunidade Pedra Branca

A praia Vai Quem Quer é uma das praias mais visitadas da ilha de Cotijuba, e seu acesso se dá por uma única via, na qual os "bondes" tratores agrícolas, motos, charretes e "motocharretes" são utilizados na viagem que dura cerca de 40 minutos. A porção norte possui cerca de 4,8 km de extensão e conta com uma vasta enseada com depósitos de areia. Nessa porção da ilha concentram-se os bares, restaurantes e serviços de hospedagem, mais procurados nos períodos de veraneio, durante a estação seca.

Os moradores afirmam que a praia Vai Quem Quer tem sofrido muito com a erosão e o desabamento das falésias, além da retirada de areia e blocos de arenitos que são vendidos para as construções de casas e preparação de fundações.

> [...] a ribanceira já caiu bastante porque pra lá eles tiram areia pra vender. Claro né? Quanto mais casa é construída na ilha mais eles venderiam em pedra. E eles pegam de lá. É que eles ficavam pra tirar areia naturalmente as árvores próximas vai caindo. Entendeu? [...] Eu entendo assim, mas no ponto de vista da erosão aqui é descontrolado, tira a retirada de pedra, de areia por conta própria. [...] parte lá do Vai Quem Quer (Conversa realizada em 12 ago. 2022).

Para resgatar a dinâmica da paisagem no fundo da memória, vale questionar as mudanças da paisagem, os usos dos espaços e as funções atribuídas a ele. O levantamento de imagens históricas (antigas) e atuais ajuda a construir os cenários de uso e ocupação, além de relatos colhidos por entrevistas.

Vale apontar um conceito de cartografia de memórias. Este se mostra uma metodologia importante para catalogar a produção dos espaços comunitários pelos grupos sociais, que, segundo Feierman *apud* Bargas (2015), é importante para o desvelamento das condições de produção desses "novos" discursos políticos e para o conhecimento científico. Além disso, Bargas (2015) afirma que os mapas sociais são simbólicos, pois perpassam representação das relações pessoais dos sujeitos, devido ao fato de se sentirem parte do local, possuindo suas percepções e identidades.

Figura 4 – Mudanças na paisagem. (A): Depósito de matacões; (B): Construção de paredão com arenitos da praia, em estabelecimento hoteleiro

(A)

(B)

Fonte: o autor (2022)

A praia Vai Quem Quer, portanto, apresenta-se como um local de captação de recursos visto que os blocos de pedras laterizadas e os matacões que estão distribuídos em grande parte da praia são utilizados por alguns moradores para a construção da fundação de suas casas, mas também são usados na construção de muros (Figura 4B).

Outro uso comum é a balneabilidade, sendo considerada uma das praias apropriadas para o banho. É também considerada pelos moradores como uma das praias mais atrativas da ilha pela sua beleza natural; apresenta conservação boa e pouca sujeira, mas em períodos de férias escolares e finais de ano, o lixo na ilha se torna um grande problema. A faixa de areia é bem explorada pelos estabelecimentos comerciais, que instalam barracas, sombrinhas, mesas e cadeiras para serem utilizadas pelos banhistas.

Figura 5 – Áreas mais utilizadas para o banho e para a atividade turística e comercial. (A): A bela paisagem com os banhistas. (B): A paisagem é marcada pela distribuição de elementos comerciais. (C): banhistas ocupando barracas oferecidas por restaurantes

(A)

(B)

(C)

Fonte: o autor (2022)

CONSIDERAÇÕES FINAIS

Em suma, o conceito de paisagem tem sido construído a partir de vários aspectos, desde a observação das características naturais até a correlação com a existência humana, sendo alvo de investigação de várias ciências, incluindo os interesses e objetivos particulares de cada pesquisa e métodos de estudo, concentrada no aspecto visual; a complexidade de inter-relações entre os elementos físicos e destes com os elementos culturais; a possibilidade de cartografar a paisagem, já que a mesma ocupa um espaço mensurável; a diversidade da escala da paisagem — do local ao planetário; a possibilidade de classificar paisagens em unidades diferenciadas ou homogêneas; a possibilidade de classificar paisagens com ênfase em um elemento, ou mais elementos de sua composição — vegetação, clima ou cultura.

Nota-se uma relação de uso social para além do turismo na praia do Vai Quem Quer, e os efeitos são percebidos na dinâmica da paisagem, na mudança da vegetação e na deposição dos sedimentos ao longo da faixa de areia, na zona supramaré. Os arenitos são removidos, utilizados na construção de moradias, mudam a paisagem e a relação socioespacial nessa área e tem uma demanda predominantemente econômica devido aos serviços turísticos oferecidos.

Ao perceber as mudanças que ocorrem na paisagem, é possível pensar sobre a conservação e a proteção desses ambientes praiais, que são sensíveis e vulneráveis, pois a partir das percepções construídas coletivamente, a partir dos indivíduos, é possível perceber a mudança na linha de costa, o recuo contínuo das falésias e a mudança no perfil de economia do local. Além disso, a interação entre o homem e a natureza, em algumas partes da ilha, promove a erosão; outrora a paisagem foi integrada aos usos, desde o banho ao uso dos restaurantes, lazer e turismo.

A paisagem, portanto, possui elementos naturais, que chamam a atenção da população. Alguns desses elementos, como rochas e areia são utilizados para muitos fins, desde a construção de casas a elementos arquitetônicos. A paisagem é assim vista, integrada e usada como recurso para a população de Cotijuba.

Ainda há muito o que se tratar, embora o plano diretor municipal trate sobre o zoneamento ambiental e urbano da pesquisa sobre a ilha, é necessário que o poder público direcione políticas de conservação ambiental para garantir a manutenção do patrimônio natural, construído socialmente, na ilha de Cotijuba.

REFERÊNCIAS

BARGAS, J. K. R.; CARDOSO, L. F. C. Cartografia social e organização política das comunidades remanescentes de quilombos de Salvaterra, Marajó, Pará, Brasil. **Boletim do Museu Paraense Emílio Goeldi. Ciências Humanas,** Belém-PA, v. 10, n. 2, p. 469-488, maio-ago. 2015.

BERTRAND, G. **Paisagem e geografia física global: esboço metodológico.** 13º Caderno de Ciência da Terra. São Paulo: USP-IG, 1971.

BOMFIM, N. R. A geografia da percepção e a percepção da geografia na escola. **Geografia,** Rio Claro, v. 23, n. 1, p. 75-89, abr. 1998.

BRASIL, Ministério do Meio Ambiente. **Panorama de erosão costeira no Brasil** [recurso eletrônico] / Ministério do Meio Ambiente, Secretaria de Recursos Hídricos e Qualidade Ambiental, Departamento de Gestão Ambiental Territorial; Organização: Dieter Muche. Brasília, DF: MMA, 2018.

BRASIL. Ministério do Meio Ambiente; Ministério do Planejamento, Orçamento e Gestão. **Projeto Orla:** fundamentos para gestão integrada. Brasília: MMA/SQA; Brasília: MP/SPU, 2006.

FRANÇA, C. F. *et al.* Erosão da orla costeira grande-bispo, ilha de Mosqueiro, Belém/PA, através da análise de indicadores. **Geografia Ensino & Pesquisa,** Santa Maria-RS, v. 24, p. e20, 2020.

FRANÇA, C. F.; SOUZA FILHO, P. W. M. Análise das mudanças morfológicas costeiras de médio período na margem leste da Ilha de Marajó (PA) em imagem Landsat. **Revista Brasileira de Geociências**, São Paulo, v. 33, n. 2, p. 127-136, 2003.

FRANÇA, C. F. **Morfologia e mudanças costeiras da margem leste da Ilha de Marajó (PA).** 144 p. Tese (Doutorado em Geologia) – Universidade Federal do Pará, Belém, 2003.

FRANÇA, C. F; PIMENTEL, M. A. P. S; SOUZA, F. A. (org.). **Dinâmica costeira através da análise de indicadores. Estudos de caso:** ilhas de Mosqueiro, Cotijuba, Marajó e Ajuruteua (Brasil), Beira (Moçambique) e Santiago de Cuba. 1ed. Ananindeua: Itacaiúnas, 2022, v. 1, p. 182.

IGREJA, H. L. S.; BORGES, M. S.; ALVES, R. J.; COSTA JÚNIOR, P. S. C.; COSTA, J. B. S. 1990. Estudos neotectônicos nas ilhas de Outeiro e Mosqueiro, NE do Estado do Pará. *In*: CONGRESSO BRASILEIRO DE GEOLOGIA, 36., Natal, 28 out.-1 nov. 1990. **Anais** [...]. Natal: SBG, 1990. v. 5. p. 2110-2123.

KARPINSKI, C. Informação, memória e patrimônio natural. *In*: Encontro Nacional de Pesquisa em Ciência da Informação: descobrimentos da Ciência da Informação: desafios da MultiInter e Transdisciplinaridade, 17., Salvador-BA, 2016. **Anais** [...]. Salvador-BA: Benancib, 2016. p. 1-19.

MARQUES NETO, R. Considerações sobre a paisagem enquanto recurso metodológico para a Geografia Física. **Caminhos da Geografia.** Uberlândia-MG, v. 9, n. 26, p. 243-255, 2008.

MAXIMIANO, L. A. Considerações sobre o conceito de paisagem. **RA' E' GA,** Curitiba, n. 8, p. 83-91, 2004.

MELO, O. C. **O lugar e a comunidade na Ilha de Cotijuba – PA**. Orientador: Gilberto de Miranda Rocha. 2010. 149 p. Dissertação (Mestrado em Geografia) – Universidade do Estado do Pará, Belém, 2010.

METZGER, J. P. O que é ecologia de paisagem? **Biota Neotropica,** v. 1, n. 1 e 2, p. 1-9, 2001.

MUEHE, D. Critérios Morfodinâmicos para o Estabelecimento de Limites da Orla Costeira para fins de Gerenciamento. **Revista Brasileira de Geomorfologia,** São Paulo, v. 2, n. 1. p. 35-44, 2001.

PARÁ. Secretaria de Estado de Meio Ambiente e Sustentabilidade (SEMAS). **Com o segundo maior litoral do Brasil, Pará institui política de**

gestão da zona costeira. 2024. Disponível em: https://www.semas.pa.gov.br/2024/04/10/com-o-segundo-maior-litoral-do-brasil-para-institui-politica-de-gestao-da-zona-costeira/#:~:text=Zona%20costeira%20%E2%80%93%20Na%20zona%20costeira,cont%C3%ADnua%20de%20manguezais%20do%20mundo. Acesso em: 13 de março 2023.

QUARESMA, S. N. C. **Memorial da ilha da redenção:** o Educandário Nogueira de Faria e a ilha de Cotijuba (1932-1976). Orientadora: Maria do Perpétuo Socorro Gomes de Souza Avelino de França. 2017. 149 f. Dissertação (Mestrado em Educação) – Universidade do Estado do Pará, Belém, 2017.

ROSS, J. L. S. O registro cartográfico dos fatos geomórficos e a questão da taxonomia do relevo. **Revista do Departamento de Geografia**, v. 6, p. 17-29, 1992.

ROSSETTI, D. F.; TRUCKENBRODT, W.; GÓES, A. M. Estudo paleoambiental e estratigráfico dos Sedimentos Barreiras e Pós- Barreiras na região Bragantina, Nordeste do Pará. **Boletim do Museu Paraense Emílio Goeldi, Ciências da Terra,** Belém-PA, v. 1, n. 1, p. 25-71, 1989.

SANTOS. A. F. **Caracterização Morfológica e Dinâmica da Orla Norte da Ilha de Cotijuba, Belém-PA**. 2021. Trabalho de Conclusão de Curso (Licenciatura em Geografia) – Instituto de Filosofia e Ciências Humanas, Universidade Federal do Pará, Belém, 2021.

SILVA, G. V.; CARIPUNA, L. A.; SILVA, M. L.; PONTES, A. N.; SILVA, G. S. E. Percepção Ambiental na Área de Proteção Ambiental na ilha de Cotijuba, Belém, Pará. **Enciclopédia Biosfera,** [*s. l.*], v. 10, p. 3977-3985, 2014.

ZANINI, A. M. *et al.* Estudos de percepção e educação ambiental: um enfoque fenomenológico. **Ensaio. Pesquisa em Educação e Ciências,** Belo Horizonte-MG, v. 23, [n. p.], 2021.

ZANIRATO, S. H. Usos sociais do patrimônio cultural e natural. Patrimônio e Memória. **UNESP-FCLAs-CEDAP,** São Paulo, v. 5, n. 1, p. 137-152, out. 2009.

ENTRE RIOS E ÁRVORES DA UNIVERSIDADE FEDERAL DO PARÁ: RELAÇÕES SOCIEDADE-NATUREZA COMO BASE PARA EDUCAÇÃO AMBIENTAL EM BELÉM – PA

Vanice Carvalho Silva
Daniel Palma Perez Braga
Felipe Kevin Ramos da Silva
Enilson da Silva Sousa

INTRODUÇÃO

A humanidade há séculos vem passando por inúmeros processos de construções e transformações socioeconômicas, destacando-se as revoluções industriais como ponto de partida para grandes mudanças nas formas de trabalho, com aplicações de tecnologias, facilitando o desenvolvimento produtivista. O meio rural também foi fortemente influenciado por esse processo, considerando-se a "revolução verde", que ampliou o estabelecimento do agronegócio, o êxodo rural e consequentemente a urbanização. Devido a esse modelo de progresso capitalista, o mundo vem sofrendo uma crise socioambiental generalizada, provocando impactos negativos como o desmatamento, a perda da biodiversidade e as mudanças climáticas.

Dentre esses impactos negativos, também ocorre uma reconfiguração da relação da sociedade com a natureza, em que é notável o progressivo aumento do distanciamento entre ambos. Junto ao processo de urbanização e apropriação da natureza, esta passa a servir como objeto de exploração predatória em um modelo desenvolvimentista insustentável. Sabe-se que um dos caminhos propostos para o desenvolvimento sustentável é a educação ambiental. A partir dela se propicia o aumento de conhecimentos, a mudança de valores e o aperfeiçoamento de habilidades, condições básicas para estimular maior integração e harmonia dos indivíduos com o meio ambiente. Sendo assim, é imprescindível compreender como e em que nível se dá a interação sociedade-natureza por meio da relação pessoas-árvores/rios.

Nesse propósito, busca-se desenvolver esta pesquisa, a partir da relação entre pessoas, os rios e árvores que fazem parte da dinâmica da paisagem na Universidade Federal do Pará (UFPA), situada em Belém do Pará, e, a partir dessa compreensão, entender se a educação ambiental pode servir como método pedagógico que possa fortalecer seus vínculos, para que a sociedade possa ter uma relação mais harmoniosa com o meio ambiente a partir de seu próprio contexto. Portanto, este estudo busca responder duas perguntas principais: (i) como as pessoas percebem e interagem com os elementos naturais da paisagem? (ii) o que os rios e árvores podem oferecer de conhecimento como instrumento pedagógico para educação ambiental?

Para elucidar essas questões, foram levantadas informações em campo, por meio de observações e entrevistas, considerando-se uma análise a partir do rio Guamá e seus afluentes, os rios Tucunduba e Sapucajuba, assim como as árvores das suas margens, como os *signos*[23] de análise, que integram a paisagem na UFPA. A partir desta análise, discute-se o papel da educação ambiental, sua pertinência frente às narrativas/percepções, bem como reflexões sobre sua importância para promover o aumento da conexão consciente na relação sociedade-natureza.

O LUGAR PELA PERSPECTIVA OBSERVADA: OS RIOS, AS ÁRVORES E AS PESSOAS NA UFPA

O estudo se insere sobre o território de quase 450 hectares de abrangência dentro dos limites da UFPA, campus Guamá, município de Belém, estado do Pará. Vale ressaltar que a UFPA é uma das maiores universidades do Brasil. Fundada em 1957, hoje possui mais de 34 mil estudantes de graduação matriculados, posicionando-se dentre as 30 melhores do país e, atualmente, com a maior produção científica sobre a Amazônia (UFPA, 2024; UFPA, 2023; G1 Pará, 2024).

Situada em uma região de várzea, cuja hidrografia se insere na Baía do Guajará, composta pelo rio Guamá e seus afluentes, os igarapés (rios estreitos) Tucunduba e Sapucajuba, a vegetação natural original da UFPA pode ser descrita como floresta ombrófila densa aluvial (de planície/vegetação de várzea/mata ciliar/zona ripária) (Rodrigues; Luz, 2007; Radam,

[23] Expressão utilizada por Dardel (2015) para designar os elementos das paisagens que, de uma forma ou de outra, afetam as atitudes e valores humanos, atribuindo sentidos, percepções e experiências.

1974). Porém, sabe-se que essa vegetação original foi, em sua maior parte, desmatada ou drasticamente alterada, assim como os solos antropizados ou aterrados, em função das obras de infraestrutura do campus, com significante modificação das condições biofísicas originalmente naturais do seu espaço geográfico, que demandaram ações de reflorestamento (Ferreira, 1995; Lisbôa, 2011; Paiva; Luz; Silva, 2022).

O levantamento de informações se concentrou em locais onde a configuração da paisagem permite/facilita a interação das pessoas com os cursos d'água e suas árvores, às margens dos rios Guamá, Sapucajuba e Tucunduba (vide a Figura 1), sendo esta ordem crescente do lugar menos sombreado por árvores para o lugar com maior densidade de sombra. Foram feitas observações empíricas, descritas nesta seção, e a partir delas a elaboração de um roteiro de entrevista semiestruturado para captar a percepção da comunidade que frequenta a UFPA sobre sua interação com este lugar.

Figura 1 – Locais de coleta de dados, observação e entrevistas, às margens dos rios: (I) Guamá; (II) Tucunduba; (III) Sapucajuba. Dentro da Universidade Federal do Pará

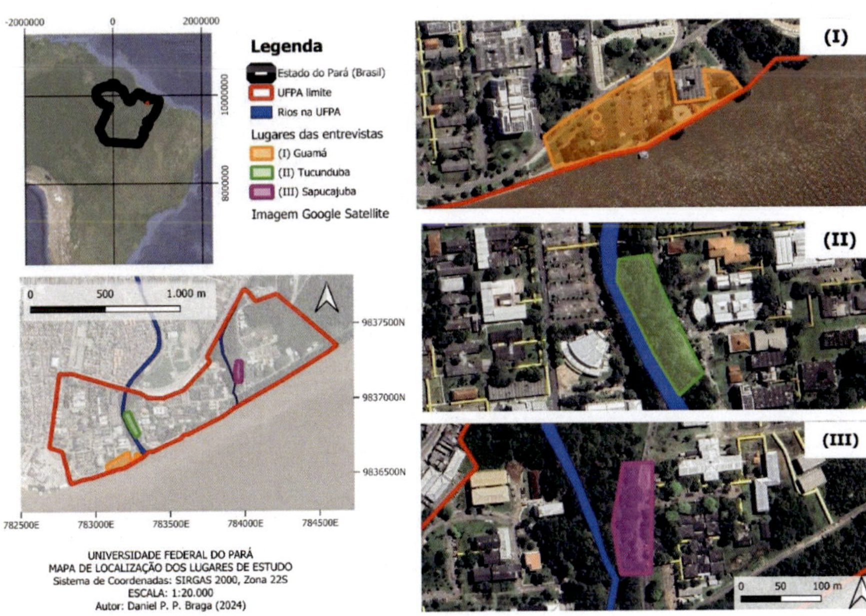

Fonte: elaborado pelos autores a partir do Google Earth

As observações foram conduzidas de forma livre para anotações de caracterização qualitativa, tanto do meio ambiente relacionado às espécies de árvores e aos tipos de rios quanto das pessoas em sua interação espontânea com esses elementos da natureza. Em cada um dos três locais/rios, o tempo de observação foi de 5 horas e 30 minutos, contemplando os períodos da manhã e tarde — geralmente entre 09h a 12h e 14 a 17h — totalizando 16,5 horas acumuladas em observações diretas, durante dias úteis da semana (segunda a sexta-feira).

A seguir, serão detalhados descritivamente/qualitativamente os aspectos levantados sobre os três lugares estudados.

O Guamá, as árvores e as pessoas na UFPA

O rio Guamá faz parte do Complexo Hídrico do Utinga, responsável por abastecer grande parte da Região Metropolitana de Belém, e possui mais de 80 mil metros de comprimento linear, sendo cerca de 2.500 metros sob as margens da UFPA, as quais estão sob pressões de erosão em eventos concentrados. Dado sua vasta extensão hidrográfica, compreendendo 19 municípios do nordeste paraense, o rio Guamá, segundo Rocha e Lima (2019) apresenta grande diversidade de usos do solo, cujos indicadores de sustentabilidade demonstram-se medianos/intermediários, sendo o quesito ambiental frágil e o social com pior desempenho. Apesar da sua dimensão em volume de água, as ações antrópicas já podem estar comprometendo sua qualidade a partir de indicadores tróficos (Varela *et al.*, 2020), potencializando-se pelos efeitos de extremos climáticos (Marinho *et al.*, 2020), mas por outro lado a contaminação por metais pesados ainda pode ser baixa (Santos *et al.*, 2012).

O local estudado foi às margens da foz do rio Guamá (Figura 2), na orla da UFPA em frente ao prédio da reitoria. A infraestrutura observada ressalta o calçamento e os bancos de alvenaria, sem a presença de pontes e um ponto de acesso para embarcações, que permite embarque/desembarque de passageiros para as ilhas da outra margem. O ambiente mostra-se relativamente pouco arborizado, com árvores dispersas (menos adensadas), consequentemente com maior insolação, em comparação aos outros rios da UFPA. A vegetação foi 100% replantada; apesar de ainda haver plantas de aninga (*Montrichardia linifera*) características da vegetação original, ocorre o predomínio de espécies exóticas, destacando-se gramíneas introduzidas e as árvores de manga (*Mangifera indica*), oiti (*Moquilea tomentosa*) e jambolão (*Syzygium cumini*), indicando tendência ao paisagismo e arborização urbana, ao invés da restauração ecológica.

Figura 2 – O lugar de estudo a partir da margem do rio Guamá, na Universidade Federal do Pará (UFPA), ilustrando a extensa largura do rio com mais de 1.500 metros, o deslocamento fluvial de populações locais, a infraestrutura da orla construída e pessoas usufruindo em momentos de descanso e entretenimento

Fonte: os autores (2024)

Dada sua infraestrutura de instalações, calçadas largas (próprias para caminhada e ciclismo) e bancos com vista cênica para o volumoso rio Guamá, observou-se que a orla apresenta maior potencial atrativo para os diversos públicos da UFPA, seja a comunidade acadêmica ou não, a fim de praticar esportes e observar a paisagem, por exemplo. Essas condições proporcionam um ambiente ventilado por ar fresco que vem do rio e circula entre as árvores e caminho das pessoas, possibilitando uma sensação de tranquilidade, relaxamento e paz, porém os locais de sombra podem ser disputados nos momentos de maior calor.

Durante o período de campo observaram-se diversas atividades de lazer e esporte naquele espaço, individuais e coletivas, como por exemplo a prática de exercícios físicos, leitura de livros, descanso, alimentação, entre outras. O uso de dispositivos celulares nos espaços da orla do rio Guamá, especialmente embaixo de uma sombra de árvore, é bastante típico. Em momentos que poderiam ser de contemplação da natureza, muitas pessoas demonstram-se mais focadas na tecnologia do celular do que no ambiente em si, que serve tanto para conectar com coisas externas, quanto para registros do momento. Pode-se dizer que poucas pessoas fazem uso direto das árvores, exceto pelo uso da sua sombra, enquanto o rio é intensamente utilizado para deslocamentos a partir de diversos tipos de embarcações, para vários fins, desde acesso à universidade, pesca artesanal ou comercial e transporte de produtos como açaí e madeira.

O Tucunduba, as árvores e as pessoas na UFPA

O rio/igarapé Tucunduba representa a segunda maior bacia urbana de Belém, grande parte dela canalizada e impermeabilizada (Luz; Rodrigues; Cristo; Silva, 2012), com aproximadamente 3.600 metros de extensão linear, sendo quase 500 metros totalmente dentro da UFPA. O rio é emblemático pelo elevado nível de poluição ambiental (Rocha *et al.*, 2023) e incapacidade do poder público em conduzir soluções eficazes, recebendo o esgoto da cidade sem o devido tratamento, além do depósito indiscriminado de resíduos sólidos que potencializam sua contaminação por efluentes domésticos (Luz; Rodrigues; Cristo; Silva, 2012; Leal; Ramos, 2022).

Conforme Costa *et al.* (2021), a variação das marés interfere significativamente na qualidade da água, com a piora de índices (por exemplo, oxigênio dissolvido) durante a maré seca/vazante. Sendo assim, considera-se o nível de degradação da água desse rio o pior dentre os outros abordados neste estudo.

No local de estudo, o rio Tucunduba perpassa os Bosques Benito Calvazara e Camilo Viana, na UFPA, sendo administrado pela servidora Gina Calvazara; ele contém um dos principias projetos de Educação Ambiental da universidade, destacando-se a compostagem dentre outros trabalhos diversos. Observou-se que é um lugar bem cuidado/zelado, com infraestrutura de calçada que percorre uma área bem arborizada/sombreada, havendo bancos e mesas, e duas pontes de acesso, uma para passagem tanto de carro quanto de pedestres e a outra só para pedestres (Figura 3).

Figura 3 – O lugar de estudo a partir da margem do rio Tucunduba, na Universidade Federal do Pará (UFPA), ilustrando a largura do rio com cerca de 20 metros durante a cheia, o deslocamento fluvial de populações locais, a infraestrutura da ponte para carros e passarela para pedestres, a calçada construída em sua margem, e pessoas usufruindo em passagem e momento de estudo

Fonte: os autores (2024)

As árvores que ocupam essa paisagem, em grande parte, expressam-se como vegetação de mata ciliar, com espécies nativas da Amazônia, inclusive algumas endêmicas deste bioma ou do Brasil, estratificadas em pequeno e grande porte, identificando-se espécies como: pau-mulato (*Calycophyllum spruceanum*), açaí (*Euterpe oleracea*), andiroba (*Carapa guianensis*), palheiteira (*Clitoria fairchildiana*), assacú (*Hura crepitans*), sumaúma (*Ceiba pentandra*), paricá (*Schizolobium parahyba* var. *amazonicum*), dentre outras. Também há arvores exóticas cultivadas/naturalizadas, como manga, bambu (*Bambusa sp.*) e jambo (*Syzygium jambos*). Adicionalmente, pôde- se observar várias plantas ornamentais, deixando o ambiente ainda mais belo.

Durante o período de campo, observou-se que as pessoas utilizam esse espaço principalmente como passagem entre os edifícios e para aguardar o ônibus que circula dentro do campus. Também é recorrente o uso do rio como via de transporte fluvial, principalmente por comunidades locais que se deslocam entre o rio Guamá e a cidade de Belém. As atividades de lazer apresentaram-se reduzidas; poucas pessoas realmente pararam para comer ou ler um livro, assim como uma única pessoa foi observada praticando caminhada como esporte. O uso do celular demonstrou-se frequente para a maioria das pessoas. Apesar da passagem de barcos pelo rio e da grande quantidade/diversidade de espécies arbóreas, o ambiente por si só parece insuficiente para estimular a diversificação das interações das pessoas com a natureza, considerando que apenas duas pessoas foram observadas contemplando a paisagem.

O Sapucajuba, as árvores e as pessoas na UFPA

O Sapucajuba é um rio/igarapé urbano com pouco mais de mil metros em comprimento linear, totalmente dentro da UFPA, sendo sua maior parte no Setor da Saúde, e com relativamente boa cobertura florestal, considerando-se toda sua extensão, aproximadamente quatro hectares preservados (Cardoso; Calvazara, 2024). Ao mesmo tempo, está sob fortes influências das ocupações e despejos irregulares que depositam seus resíduos líquidos e sólidos diretamente neste curso d'água, sem devido tratamento (Costa; Penner; Monteiro; Costa, 2021; Cardoso; Calvazara, 2024). Sabe-se que as características físicas do solo desse rio nem sempre são favoráveis à retenção de contaminantes, tornando-o relativamente vulnerável, em potencial risco de poluição (Silva *et al.*, 2019).

O local de estudo é referenciado pelo Hospital Universitário Betina Ferro de Souza, que oferece serviços públicos de odontologia e atendimento de fisioterapia. Conforme descrito por Cardoso *et al.*, (2024), a comunidade que busca esse atendimento compreende um público normalmente em situações de vulnerabilidade/prioridade, como idosos, deficientes e crianças, que chegam a pé percorrendo passagens pouco sombreadas. Esse lugar também tem sido alvo de projetos de extensão e educação ambiental, também coordenados pela servidora Gina Calvazara, que promove a reabilitação do espaço, além de zelar pela conservação da natureza para fins de atendimento à sociedade (Cardoso; Calvazara, 2024).

Essa região fica um pouco mais afastada dos prédios principais da universidade e tem menor fluxo de pessoas. Em termos de infraestrutura, observou-se que há uma ponte para carros e pessoas, alguns bancos e mesas em locais específicos de sombra e um caminho para andar, porém em menor proporção e sem calçamento pavimentado (Figura 4). Essas condições diferem dos outros lugares estudados no Guamá e Tucunduba.

Figura 4 – O lugar de estudo a partir da margem do rio/igarapé Sapucajuba, na Universidade Federal do Pará (UFPA), ilustrando a largura do rio com cerca de oito metros durante a cheia, a infraestrutura da bancos e mesas

Fonte: autora da pesquisa, 2024

É um lugar bem organizado e pode ser usado tanto para lazer enquanto momento de estudos. Porém, observou-se que as pessoas em geral utilizam o espaço como passagem ou para aguardar o ônibus, complementarmente aos achados de Cardoso *et al.* (2024) que apontam para os "ambientes de ensino", "passarelas, jardins ou estacionamento" e "acesso desde o Portão 4 em direção à ponte do Sapucajuba". Adicionalmente, observou-se que o Sapucajuba não possui deslocamentos por embarcações pela via fluvial, provavelmente devido a sua largura mais estreita, menor volume de água (com poluentes) e menor comprimento, que limita acesso às áreas do interior da cidade.

A vegetação é de mata de várzea típica da floresta ombrófila densa da Amazônica, em alguns trechos mais adensado e outros com mais exposição ao sol, com espécies de árvores já citadas anteriormente, acrescentando-se o pau-formiga (*Triplaris americana*) dentre as nativas e o eucalipto (*Eucalyptus spp.*) como exótica. O espaço de lazer é organizado em dois pontos, o primeiro embaixo de árvores como o buriti (*Mauritia flexuosa*), açaí e inajá (*Attalea maripa*), onde há uma mesa pequena e duas cadeiras, o outro espaço possui mesas e bancos sombreados com árvore mangueira e açaí plantado recentemente.

Durante o período de campo, observou-se um modesto uso do espaço para atividades de lazer e esporte, bem como um encontro de amigos e poucas/raras observações de caminhada, corrida ou bicicleta. O uso do celular ocorreu sempre que alguém estava a esperar o ônibus. Apesar do ambiente arborizado, apenas uma pessoa foi vista interagindo diretamente a partir de registros fotográficos de plantas, animais e o rio.

SIGNIFICADOS E INTERAÇÕES COM A PAISAGEM PELA PERSPERCTIVA DOS SUJEITOS SOCIAIS SOBRE SEUS (RE) CONHECIMENTOS

Ao realizar o total de 24 entrevistas aleatórias, nos três lugares estudados, às margens dos rios Guamá, Tucunduba e Sapucajuba, primeiramente, foram levantadas informações de caracterização dos entrevistados, conforme a tabela 1. A maior parte das entrevistas foi feita com mulheres (63%), estudantes (75%) e menores de 25 anos de idade (63%). Dentre a idade média de 31 anos, pode-se destacar que adultos entre 25 e 50 anos não foram entrevistados nos rios Tucunduba e Sapucajuba, indicando a menor frequência dessa faixa etária nesses espaços, onde predominam jovens estudantes.

Tabela 1 – Perfil das pessoas (total = 24 entrevistas), de acordo com sexo, profissão e idade/geração, segregado por lugar de estudo

	Sexo		Profissão		Idade / geração			
LUGAR/ RIO	Homens	Mulheres	Estudantes	Outros	Média (anos)	< 25 anos	25 a 50 anos	> 50 anos
GUAMÁ	3	5	5	3	32	2	6	0
TUCUNDUBA	4	6	9	1	24	9	0	1

	Sexo		Profissão		Idade / geração			
LUGAR/ RIO	**Homens**	**Mulheres**	**Estudantes**	**Outros**	**Média (anos)**	**< 25 anos**	**25 a 50 anos**	**> 50 anos**
SAPUCAJUBA	2	4	4	2	36	4	0	2
TOTAL	**9**	**15**	**18**	**6**	**31**	**15**	**6**	**3**

Fonte: os autores (2024)

Na sequência da entrevista, foram levantados aspectos de percepção sobre a interação e conhecimento da sociedade (representada pelas pessoas que frequentam o espaço em questão) com a natureza (representada pelas árvores e rios). Perguntou-se sobre o significado das árvores/rios e, segundo a perspectiva dos entrevistados, esse significado pode ser bastante diverso ou peculiar conforme a percepção/vivência de cada pessoa. Dentre os significados, pode-se destacar expressões relativamente contraditórias. Desde emoções ligadas à vida de forma ampla e às memorias vividas, até a intelectualidade racional, mais ligada a interpretações acadêmicas ou aos usos dos rios e das árvores para interesses próprios ou de terceiros. Conforme disse o entrevistado e o Quadro 1 a seguir:

"Não sei explicar no momento, mas elas têm um valor tanto sentimental, quanto de utilidade." (Entrevista 15 realizada no dia 26 de setembro de 2024, Rio Tucunduba).

Quadro 1 – Respostas selecionadas quando perguntado o que rio e as árvores significa para o entrevistado

Rios	Árvores
Eu não tenho tanto contato com este rio só que acho muito importante para manutenção do meio ambiente, tanto aqui para campus, tanto para outras partes que ele se prolifera. (Entrevista 9, realizada no dia 25 de setembro de 2024, Rio Tucunduba)	Ah oxigênio total, né acredito muito que arboriza dá para ver a diferença do ar quando chega para lá e quando chega aqui totalmente diferente que a gente respira, é um ar puro cheiro diferente e quando a gente chega aqui sente este calor essa falta de oxigênio que as árvores dão. (Entrevistado 1, realizada no dia 14 de agosto de 2024, Rio Guamá).

Rios	Árvores
É triste olhar para ele, porque está muito poluído, mas ele é importante pra mobilidade de algumas pessoas. (Entrevista 9, realizada no dia 25 de setembro de 2024, Rio Tucunduba)	As árvores, estão no seu hábitat natural, a Universidade enquanto infraestrutura instalação predial, elas estão aqui a posteriores ocupando os espaços que é intrínsecos e naturalmente de direito da flora, fauna e das águas... então a arvore está associada a equilíbrio dos diversos biomas e dos diversos ecossistema, está associado a manutenção da vida de todas as formas de vida no planeta terra, daí, a vital e dispensável importância e relevância das árvores conectadas com os animais. (Entrevista 1, realizada no dia 14 de agosto de 2024, Rio Guamá).
Esse rio aqui para mim é beleza sem tamanho sem igual não é só o fato de estar aqui todos os dias dentro dessa imensidão essa beleza para mim é maravilhosa. (Entrevista 3, realizada no dia 14 de agosto de 2024, Rio Guamá).	Elas são o pulmão da Terra não é então basicamente sem elas a gente não vive, não. Elas são importantes. (Entrevista 6, realizada no dia 25 de agosto de 2024, Rio Tucunduba).
Ele um dos maiores marco das nossas vidas ele tem uma conexão comigo pela terra que eu nasci a gente é conectado pelo rio como a gente fala lá porque, é através do rio que gente consegue a maior parte do nosso sustento que é através das redes de água e dos terrenos que a gente usa. Então o que ele significa para mim? Ele é tudo. (Entrevista 13, realizada no dia 26 de setembro de 2024, Rio Tucunduba).	É uma sensação de liberdade, de bem-estar porque está tão quente né, tanto estresse que a gente vive aqui, que a gente se sentar aqui na orla debaixo de uma arvore e pegar um vento é uma sensação de liberdade mesmo de estar leve, de desestressar um pouco de tudo o que acontece aqui dentro. (Entrevistado 5, realizada no dia 14 de agosto de 2024, Rio Guamá).

Fonte: os autores (2024)

As entrevistas apresentam percepções de significado das árvores muito associadas ao ar que respiramos, pela função de gerar oxigênio, assim como os rios transmitem a sensação de paz, tranquilidade e vida. Ainda, é notável uma certa diferenciação relativa aos diferentes lugares/ rios estudados. Para os rios Guamá e Tucunduba há uma demonstração de carinho, pertencimento, importância aos modos de vida e à cultura local, que não emergem tanto nas falas para o rio Sapucajuba. De modo geral, tanto Sapucajuba quanto Tucunduba se expressam com sentimentos de tristeza ou indignação sobre seu estado de degradação/poluição.

Para aprofundar as relações sociedade-natureza além das percepções de significado, buscou-se entender aspectos de interação e conhecimento sobre os elementos da paisagem. Nesse sentido, analisou-se o nível de interação/conhecimento calculado a partir da categorização de cada uma das respostas para as cinco perguntas específicas equivalentes (pareadas entre rios e árvores), interpretando-se as respostas nos níveis de intensidade: "nenhum" = 0; "pouco" = 1; "intermediário" = 2; "muito" = 3. Ao final da categorização, foi calculada a média para definir o nível médio de interação/conhecimento entre essas categorias por entrevistado. Esse nível médio foi analisado comparativamente entre os três lugares estudados (Figura 5).

Figura 5 – Nível médio de interação/conhecimento das pessoas entrevistadas (total = 24) sobre os elementos da paisagem (rios e árvores), para cada lugar/rio estudado. Os valores atribuídos às respostas representam as categorias: "muito" > 2; "intermediário", = entre 1 e 2; "pouco" <1)

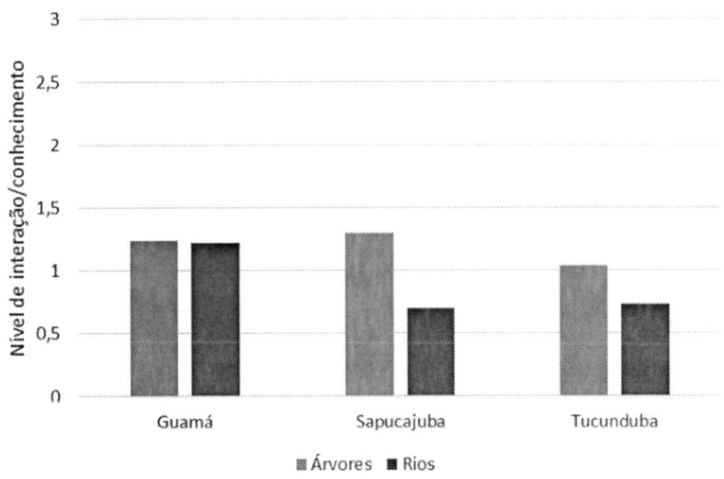

Fonte: os autores (2024)

Esses resultados ilustram que o nível de interação/conhecimento das pessoas está, de modo geral, de baixo a intermediário. Esse nível expressa aspectos da relação sociedade-natureza, demonstrando que há poucas interações ou subutilizações dos elementos da paisagem, bem como ocorre, individualmente, nas respostas das entrevistas uma simplificação ou falta de conhecimento sobre as possibilidades de usos humanos e funções ecológicas dos rios e das árvores.

Esse achado manifesta-se evidente quando os entrevistados, individualmente, demonstram não saber que existem três rios na UFPA, desconhecendo completamente o nome do Sapucajuba e parcialmente o Tucunduba. O principal uso praticado pelos entrevistados foi o transporte fluvial, mas quando se somam as respostas em coletivo sobre as possibilidades de uso humano, além do transporte destaca-se a pesca/alimentação. Com menor frequência foi citado o uso para turismo/passeio, publicidade, canoagem (esporte) e banho. É importante ressaltar que as ocupações irregulares acabam usando negativamente o rio como esgoto para despejo dos seus resíduos urbanos. Dentre as possíveis funções ecológicas, os entrevistados mencionaram: regulação do ciclo da chuva (água), abrigo/habitat para fauna aquática e vegetação, dinâmica de várzea e fertilidade do solo.

Similarmente, ainda corroborando as limitações relacionadas à interação e ao conhecimento, há um desconhecimento generalizado sobre as árvores, tanto na identificação dos seus nomes quanto sobre as múltiplas possibilidades de utilizações humanas e funções ecológicas. Nota-se que as árvores mais reconhecidas são as frutíferas com valor alimentar, como a manga e o açaí. Mais raramente outras espécies foram citadas, sendo elas: taperebá, jambolão, castanhola/ameixa, murici, coco da praia, cinzeiro, sumaúma, eucalipto, embaúba, andiroba, bambu, castanheira, ajuru, pau-mulato e jambo. De modo geral, o principal uso praticado pelos entrevistados foi a sombra e uma minoria disse usar para abrigo, estudar ou comer a fruta. Demonstra-se, portanto, um baixo uso efetivo das árvores na UFPA, ao considerar que os entrevistados como um todo também relataram outras poucas possibilidades de se usar, como: artesanato, madeira ou medicinal/químico.

Normalmente, as respostas sobre a função das árvores predominaram em produzir oxigênio, deixar o ar mais respirável, "manter o ar livre" (ventilação), ou "esfriar" o meio ambiente ("absorver calor", "conforto termo dinâmico"). Porém, outras funções foram relatadas com menor frequência, como: manutenção da floresta ou da vida, preservação do meio ambiente, restauração ecológica, habitat para animais ou outras plantas (por exemplo, epífitas e cipós), sombreamento associado ao controle de gramíneas e proteção/conservação/estabilidade do solo contra erosão. Portanto, as pessoas, individualmente, não souberam detalhar quais são as diversas funções das árvores.

A partir das entrevistas analisadas, evidenciam-se, portanto, significados de importância vital dos elementos da paisagem, mas, ao mesmo tempo, grandes desconexões na relação sociedade-natureza. Ressaltando a problemática da pesquisa de tal forma que, indo além da problemática, exalta-se a necessidade de ações que promovam uma reconexão a partir de conhecimentos mais aprofundados e interativos sobre os rios e as árvores. Portanto, existem possibilidades de se ampliar tanto as interações diretas quanto os conhecimentos sobre rios e as árvores. Ou seja, pode-se promover um (re)conhecimento, no qual a educação ambiental pode servir como instrumento pedagógico nesse ambiente/contexto universitário.

PERCEPÇÃO E EDUCAÇÃO AMBIENTAL: INTERFACES DA EXPERIÊNCIA SOCIEDADE-NATUREZA

> *Em nenhuma outra região o rio assume tanta importância fisiográfica e humana como na Amazônia, onde tudo parece viver e definir-se em função das águas: a terra, o homem, a história. Aqui, mais do que em qualquer outra parte, será acertado dizer que o rio condiciona e dirige a vida.*
> *(Eidorfe Moreira, 1990)*

Este tópico abordará a relação simbiótica entre sociedade-natureza, valorizando a subjetividade e o sentido de pertencimento ao espaço vivido. A partir da Geografia Cultural e Humanista, entende-se que a paisagem não é um simples cenário estático, mas sim um espaço dinâmico, em que a interação sociedade-natureza gera significados e experiências. Yi-Fu Tuan (2012) destaca a importância da *topofilia*, o apego emocional aos lugares, como base para a percepção ambiental e a construção de práticas educativas críticas. De forma semelhante, Eric Dardel (2011) enxerga o espaço geográfico como uma extensão da existência humana, em que a fenomenologia da paisagem emerge como elemento essencial para a compreensão das interações sociedade-natureza.

Desta feita, a educação ambiental, ao dialogar com essas experiências cotidianas, tornar-se-á um campo fundamental para promover uma consciência crítica e sustentável, valorizando as particularidades culturais e as práticas locais. A relação entre sociedade e natureza é um dos pilares fundamentais para compreender o desenvolvimento de uma educação ambiental crítica e engajada. Na UFPA, essa questão adquire um caráter singular devido à sua localização no coração da Amazônia, uma das regiões com maior biodiversidade do planeta.

As interações entre rios, florestas e populações humanas moldam as dinâmicas culturais, sociais e econômicas da região, criando um cenário no qual a sociedade e a natureza são elementos centrais da vivência cotidiana. Eidorfe Moreira (1989) acentua essa ideia ao analisar o rio como importante recurso para as dinâmicas de vidas na região amazônica, onde, este elemento, tem uma função essencial. A educação ambiental, nesse contexto, não pode se dissociar da realidade amazônica e deve ser pensada a partir das percepções locais, um ponto de partida essencial para o desenvolvimento de uma consciência crítica em termos de atitudes e valores ambientais (Tuan, 2012).

Nesse contexto, a Geografia Cultural, como vertente do pensamento geográfico, permite-nos uma leitura da relação entre sociedade-natureza que transcende os aspectos físicos e econômicos. Ela propõe que o espaço é uma construção social, carregada de significados e valores simbólicos, o que é especialmente relevante na Amazônia, como podemos observar na pesquisa de Silva (2019). Segundo Paul Claval (1999), a geografia cultural examina as maneiras pelas quais as sociedades humanas atribuem sentido ao seu entorno, reconhecendo que a paisagem natural é, nela mesma, uma paisagem cultural.

Trazendo essa concepção para nosso contexto, na UFPA, a proximidade com os rios e árvores amazônicas pode se traduzir em uma cultura acadêmica ligada à biodiversidade e os saberes tradicionais, podendo ser integrada ao ensino e à pesquisa científica, apesar de que, no entanto, ainda há muito o que trabalhar nessa perspectiva, considerando que, em campo, observou-se, além da frágil relação sociedade-natureza, a necessidade de uma educação ambiental integrada aos valores de pertencimento amazônico.

Conforme entrevista, podemos observar:

> Este rio (Guamá), para além dos detalhes técnico-científicos, que são inúmeros associados ao rio, e estão sendo estudados inclusive pela própria universidade à margem do rio, denota aí a necessidade de todos nós, da humanidade como um todo, de cuidar e preservar as florestas, águas, animais... Enfim, todo esse complexo sinergicamente conectado de árvores, águas, animais e seres humanos.

> Então, esse rio consegue garantir por mais alguns milhões de anos, eu acredito, sob a perspectiva da geologia, uma vida razoável e agradável pra região amazônica, pro Brasil e pro nosso planeta. Todo mundo é capaz de ajudar o planeta com relação a manutenção do equilíbrio termoquímico do próprio planeta, como um grande... denominado pela termodinâmica, como um reservatório térmico. E por ser um reservatório térmico, é possível trocar a energia térmica com outras entidades menores e, em razão da excessiva massa, garantir a manutenção da temperatura. Então, o rio tal com uma atmosfera, um rio desse porte, ele se comporta como um reservatório térmico. É possível trocar a energia térmica. Tanto ele receber quanto ele ceder energia térmica para outros sistemas e, ainda assim, a variação de temperatura sua ocorrer de forma infinitesimal. Ou seja, ele mantém aproximadamente a flutuação média do valor de temperatura do rio, ajudando como um grande capacitor térmico aqui na região (Entrevistado 2, realizada no dia 14 de agosto de 2024, Rio Guamá).

A entrevista desse professor revelou um dos aspectos fundamentais à compreensão deste estudo: a intelectualidade avançada em contexto acadêmico, sob seu sentido racional, evidenciando-se a percepção sobre a importância ecológica e termodinâmica de um rio amazônico, destacando sua função como um reservatório térmico, um conceito relacionado à termodinâmica. Para além dos aspectos técnicos, há uma compreensão holística do rio, na qual a conexão sinérgica entre árvores, águas, animais e seres humanos é central.

A fala remete à "descrição densa" de Clifford Geertz (1973), em que os significados simbólicos associados ao rio transcendem as descrições científicas, incorporando valores culturais e sociais profundos. Nesse sentido, o rio não é apenas um elemento físico da paisagem, mas também uma parte integral do tecido social e ambiental que sustenta a vida na Amazônia.

Sob a ótica de Yi-Fu Tuan (2013), a percepção do rio como um "reservatório térmico" ilustra a interdependência entre natureza e cultura. Tuan (2013), ao analisar as interações entre espaço e lugar, sugere que a maneira como os seres humanos experimentam e interpretam os elementos naturais molda suas atitudes e ações em relação ao meio ambiente.

Nesse sentido, o entrevistado, ao associar o rio à ideia de equilíbrio termoquímico, expressa um senso de responsabilidade global para a preservação ambiental, sublinhando a necessidade de cuidar do rio não apenas como um recurso natural, mas como um agente vital no equilíbrio ecológico da região amazônica. Assim, a fala carrega um sentido de pertencimento e respeito à natureza, características essenciais para a educação ambiental.

Observa-se essa questão em uma outra entrevista:

> O rio tem aquela música que diz: esse rio aqui é minha rua, né, então, como eu moro pra lá e é ele que me dá acesso aqui. Então, sem a esse rio não teria como chegar até aqui. Se não fosse ele, seria pela alça viária, seria muito ruim, seria uma viagem muito longa. Tenho colegas que vem de lá pra cá, então, eles preferem vir pelo barco de que pelo carro, porque até chegar em Ananindeua e vir pra cá, e chegar aqui, é muito distante. Então, o rio, além de dá os peixes e camarão pra gente, olha, dá tudo isso pra gente (risos) (Entrevista 1, realizada no dia 14 de agosto de 2024, Rio Guamá).

A fala da entrevistada 1 (estudante) reflete uma relação existencial profunda com o rio, evidenciando o caráter simbólico e funcional dessa paisagem para a comunidade local. Para o entrevistado, o rio não é apenas um meio de transporte, mas uma "rua" vital que liga seu cotidiano ao restante da cidade, como descrito na metáfora da canção. Nesse caso, o rio é intencionalmente percebido pela entrevistada como uma "rua", evidenciando sua centralidade nas práticas de deslocamento e interação social. A percepção do rio como uma parte vital da rotina diária da entrevistada faz emergir a compreensão de que a natureza não é separada do humano, mas, ao contrário, coexiste em uma relação de interdependência.

Essa percepção remete à ideia de Eric Dardel (2011), que afirma que o espaço geográfico é uma realidade vivida, um lugar carregado de significados existenciais, para além de sua função utilitária. Nesse sentido, o rio se torna uma extensão do viver, fundamental tanto para o deslocamento quanto para o sustento, fornecendo peixes e camarões. O espaço geográfico, aqui, é mais do que um suporte físico, sendo impregnado de subjetividade e simbolismo.

Além disso, a fala também se conecta às ideias de Eidorfe Moreira (1989), que destaca a Amazônia como um espaço em que a natureza e a cultura se entrelaçam de forma única. O rio, nesse contexto, é o elemento que estrutura as dinâmicas de vida, oferecendo alternativas mais acessíveis e rápidas em contraste com as vias rodoviárias. Dessa forma, a mesma entrevistada segue dizendo:

> Eu gosto muito dizer que esse rio é minha rua porque eu venho para UFPA e volto todos os dias por ele e, assim, se não fosse ele, meu trajeto pra cá seria muito maior. Então, para mim é de extrema importância mesmo. É um meio de transporte. Se não fosse ele eu teria que vir pela alça-viária, pegar todo um trânsito, teria que sair muito cedo e chegar muito tarde em casa. Aqui a gente pega a lancha uma e meia e as duas horas estou em casa (Entrevista 5, realizada no dia 14 de agosto de 2024, Rio Guamá).

A entrevistada 5 (estudante) revela a relação cotidiana entre a entrevistada e o meio ambiente, com destaque para o uso do rio como principal meio de transporte. O rio, descrito como uma "rua", assume um papel fundamental na vida do indivíduo, reduzindo o tempo de deslocamento e oferecendo um trajeto alternativo à alça viária, que seria mais demorado e cansativo, conforme é relatado.

A partir da perspectiva da Geografia Cultural e Humanista, o relato da entrevista revela uma relação simbiótica entre a entrevistada e o meio ambiente, especificamente o rio. A descrição do rio como "rua" carrega forte significado cultural, demonstrando como os elementos naturais são apropriados pelas comunidades ribeirinhas não apenas como recursos materiais, mas também como parte de sua identidade e cotidiano. Assim, a experiência relatada na entrevista destaca a importância de valorizar o conhecimento local e as práticas cotidianas no desenvolvimento de políticas de educação ambiental contextualizadas.

Carl Sauer (1967), um dos pioneiros da Geografia Cultural, destaca que a paisagem é produto da interação entre o homem e o meio ambiente, e essa relação vai além do uso econômico, englobando valores simbólicos e culturais. Nesse sentido, o rio não é visto apenas como um recurso natural, mas como uma extensão da vida social da entrevistada. A dependência do rio enquanto via de transporte revela o "espaço vivido", conceito que Yi-Fu Tuan (2023) desenvolve ao enfatizar como os sujeitos atribuem significado aos lugares com base em suas experiências e práticas cotidianas.

Nos debates contemporâneos, autores como Dardel (2015) ampliam essa visão ao incorporar a dimensão subjetiva e fenomenológica na análise das paisagens e do espaço geográfico. Eric Dardel enfatiza que a relação entre o ser humano e o espaço é ontológica, isto é, o espaço não é apenas um pano de fundo, mas parte integrante da existência humana. No caso da entrevistada, o rio assume um papel de "ser-no-mundo", essencial para sua mobilidade e sobrevivência, conferindo-lhe um sentido existencial e vital.

A análise fenomenológica desse relato nos permite compreender a experiência vivida da entrevistada em relação ao ambiente, particularmente ao rio, que não é visto apenas como um espaço físico, mas como um meio essencial para sua existência cotidiana. Husserl (2006) propõe que a fenomenologia se ocupa de investigar a consciência e suas intencionalidades, ou seja, a forma como os indivíduos atribuem sentido ao mundo à sua volta.

Além disso, essa vivência revela o conceito de "habitar" desenvolvido por Heidegger (2001), em que o ato de habitar não significa apenas residir fisicamente em um local, mas estar envolvido em um modo de ser no mundo, marcado pela interação ativa com o espaço circundante.

O uso do rio como principal via de deslocamento configura essa experiência fenomenológica do habitar, na qual o sujeito encontra sentido e funcionalidade na paisagem natural. Essa compreensão abre caminho para práticas de educação ambiental que não apenas valorizam o conhecimento científico, mas também integram as vivências concretas dos indivíduos em seu meio, como argumenta Reigota (2009), promovendo um processo educativo contextualizado e que fomenta a preservação ambiental a partir da consciência crítica dos sujeitos.

Essa narrativa evidencia uma íntima conexão entre os moradores ribeirinhos e os recursos naturais disponíveis, mostrando que o rio não é apenas uma paisagem estática, mas parte integrante das práticas sociais e econômicas. A dependência do rio, enquanto rota diária para a UFPA, reflete a importância da preservação dos corpos d'água na Amazônia, enfatizando a relevância de uma educação ambiental que valorize essas interações.

No âmbito da educação ambiental, pesquisadores como Marcos Reigota (2009) contribuem para a compreensão de como essas experiências diárias com o meio ambiente podem ser base para práticas educativas transformadoras, enfatizando a conscientização crítica, em que o sujeito, ao refletir sobre seu entorno, passa a se compreender como parte desta paisagem o que, em certa medida, nos aproxima de uma interpretação fenomenológica, na qual sujeito e objeto, sociedade e natureza, essência e existência, estão interconectados.

Reigota (2009), por sua vez, ressalta a necessidade de construir um diálogo entre as vivências dos sujeitos e a preservação ambiental, reforçando que a educação ambiental deve ser contextualizada e focada nas realidades locais. Nesse sentido, a experiência narrada na entrevista é um exemplo claro de como o cotidiano dos indivíduos pode ser incorporado às práticas de educação ambiental, criando uma consciência crítica voltada para a sustentabilidade e a preservação dos recursos naturais.

Desta feita, Yi-Fu Tuan, em sua obra sobre "percepção ambiental", sugere que o modo como percebemos os espaços ao nosso redor é mediado por nossas experiências e relações afetivas com a paisagem (Tuan, 2012). No contexto amazônico, essa percepção se torna ainda mais importante ao tratarmos de educação ambiental, sustentabilidade e/ou planejamento ambiental. São dimensões que precisam estar fortemente ligadas à ideia de pertencimento ao lugar, de modo que, os recursos naturais, nesse caso o rio e as árvores, sejam considerados essenciais para o bom funcionamento do ambiente.

A proximidade com os ecossistemas fluviais e florestais pode promover uma sensibilidade ambiental peculiar, na qual os elementos da natureza — como os rios Guamá, Tucunduba e Sapucajuba que margeiam ou permeiam o campus da UFPA — não são apenas recursos, mas também espaços de identidade e pertencimento. Essa percepção ambiental, que emerge da vivência entre rios e árvores, deve ser central na formação de uma consciência ambiental crítica nos estudantes e pesquisadores da universidade.

De acordo com Eric Dardel (2015), o ser humano habita o mundo não apenas de forma material, mas também de maneira simbólica, afetiva e existencial. Essa perspectiva humanista pode estar profundamente presente na formação acadêmica da UFPA, em que a Amazônia não é apenas um objeto de estudo, publicação e titulação, mas um sujeito ativo no processo educativo como base, inclusive, de vida.

A interdisciplinaridade é outro aspecto chave na construção de uma educação ambiental que se baseia nas relações sociedade-natureza. Disciplinas como Geografia, Antropologia, Sociologia, Arquitetura, Biologia, Engenharia Florestal, Engenharia Ambiental e Desenvolvimento Rural, por exemplo, cruzam-se e dialogam, formando uma teia de conhecimentos que permitem uma compreensão mais holística da Amazônia. Esse diálogo interdisciplinar, aliado à proximidade física e simbólica com os ecossistemas amazônicos, faz da UFPA um lugar privilegiado para a promoção de uma educação ambiental inovadora e engajada (Claval, 1999).

Complementarmente, a transdisciplinaridade vem sendo cada vez mais adotada com intuito de promover a troca de saberes dialogada com as comunidades locais e a partir das suas realidades, o que se apresenta de forma promissora nesse contexto de educação ambiental, em que o sujeito é parte integral da própria dinâmica da paisagem em construção. A integração entre a comunidade acadêmica e os saberes locais também se destaca como um fator relevante para a construção de uma educação ambiental crítica. Populações tradicionais, como ribeirinhos e povos indígenas, possuem uma relação íntima e histórica com a natureza amazônica, que difere substancialmente da visão ocidental de domínio e exploração dos recursos naturais.

Na UFPA, há um esforço contínuo para incorporar essas perspectivas ao ensino e à pesquisa, mas que precisa ser ainda mais ampliado e aprofundado ao ponto de reconhecer o valor desses conhecimentos para a preservação e o manejo sustentável dos recursos naturais. Nesse sentido, a percepção ambiental discutida por Yi-Fu Tuan contribui para uma mudança de paradigma. Ele sugere que o modo como as pessoas se relacionam com o ambiente pode ser transformado a partir de uma revalorização das experiências diretas com a natureza (Tuan, 2013).

Além disso, o contato diário com as árvores e os rios pode possibilitar uma compreensão mais profunda das questões ecológicas e sociais que envolvem a Amazônia. As aulas de campo, que são uma prática comum em muitos cursos da UFPA, permitem que os alunos vivenciem diretamente a complexidade e a riqueza dos ecossistemas amazônicos. Isso não apenas fortalece o aprendizado teórico, mas também promove uma conexão emocional com o ambiente, essencial para a formação de uma ética ambiental sólida.

CONSIDERAÇÕES FINAIS

As evidências encontradas neste estudo, considerando-se suas limitações metodológicas, não possuem a presunção de definir uma realidade estática como verdade absoluta, tão pouco esgotar a compreensão da relação sociedade-natureza referente aos lugares estudados. Portanto, manifesta-se a importância de maiores estudos, que possam ampliar e aprofundar a compreensão dos múltiplos fatores envolvidos e que podem estar influenciando nas interações e conhecimentos das pessoas com os elementos da paisagem. Diante do exposto pelas entrevistas, podemos observar que a sociedade, caracterizada pela comunidade da UFPA, demonstra uma relação sociedade-natureza paradoxal. Há, por um lado, atributos emocionais e racionais que valorizam o meio ambiente, em seus significados e sua importância socioecológica, que pode ser atribuída tanto ao sentimento de pertencimento quanto às influências disciplinares do ensino acadêmico. Por outro lado, se expressa uma forte relação de interesse sobre a natureza, seja por necessidades de sobrevivência/trabalho ou ainda em função das lógicas desenvolvimentistas de exploração dos recursos naturais e acumulação, cujo distanciamento das relações sociedade-natureza passa ser amplificado pelo atual envolvimento tecnológico/virtual, cada vez mais influente nos cotidianos por meio dos celulares, dentre outros dispositivos.

Associada aos processos formativos e de ensino-aprendizagem relacionados à educação ambiental, a concepção de pertencimento para fins de estreitamento da relação sociedade-natureza deve ser enfocada na atualização/implementação do Plano Diretor Institucional da Cidade Universitária, na qual se deve estabelecer o planejamento dos espaços e sua arborização urbana, bem como das matas ciliares que protegem as águas nas Áreas de Preservação Permanente (APPs), definidas pelo Código Florestal Brasileiro, Lei n.º 12.651 de 2012.

A UFPA, como instituição de ensino superior na Amazônia, pode desempenhar um papel central na promoção de uma educação ambiental que seja contextualizada e transformadora. Ela se torna um espaço de convergência entre o conhecimento científico e os saberes tradicionais, promovendo um diálogo que é fundamental para o desenvolvimento de soluções sustentáveis para os desafios ambientais enfrentados pela região. Em diálogo com a Geografia Humanista, que privilegia a subjetividade e a experiência humana no espaço, essa educação tem como objetivo fomentar uma relação mais equilibrada e sustentável com o ambiente.

A partir das relações entre sociedade e natureza, a universidade precisa cada vez mais construir um currículo que valoriza a Amazônia como espaço de vida, de conhecimento e de resistência. A educação ambiental na UFPA pode reconhecer essas interações, propondo um currículo que integre tanto o conhecimento científico quanto os saberes locais, fortalecendo-se aspectos da inter/transdisciplinaridade.

Na UFPA, essa revalorização pode acontecer não apenas através das disciplinas acadêmicas, mas também por meio de projetos de extensão e pesquisas que aproximem a universidade das comunidades locais. Essas iniciativas são fundamentais para fortalecer uma educação ambiental que seja sensível às especificidades regionais e que valorize as múltiplas formas de conhecimento.

Por fim, a educação ambiental na UFPA reflete a necessidade urgente de repensar nossa relação com o ambiente natural, especialmente em um contexto de crises ecológicas globais. Através da valorização das percepções ambientais, do conhecimento local e da inter e transdisciplinaridade, a universidade contribui para a formação de cidadãos críticos, capazes de atuar de maneira consciente e responsável na preservação da Amazônia e na promoção de um futuro mais sustentável.

REFERÊNCIAS

CARDOSO, A. C.; CALVAZARA, G. B. **Várzea do Igarapé Sapucajuba:** laboratório experimental sensível à água. Belém: Universidade Federal do Pará, 2024.

CLAVAL, P. **Geografia Cultural**. Florianópolis: EdUFSC, 1999.

COSTA, A. L. da; PENNER, G. C.; MONTEIRO, M. J.; COSTA, A. P. da. Dinâmica Da Qualidade Da Água Superficial No Campus Da UFPA Em Belém-Pa. **Studies in Environmental and Animal Sciences**, Curitiba, v. 2, n. 3, p. 81-199, 2021.

DARDEL, E. **O Homem e a Terra:** natureza da realidade geográfica. Tradução de Werther Holzer. São Paulo: Perspectiva, 2011.

DARDEL, E. **O Homem e a Terra:** natureza da realidade geográfica. Tradução de Werther Holzer. São Paulo: Perspectiva, 2015.

MOREIRA, E. **Belém e sua expressão geográfica: estudo de geografia urbana.** Belém-Pa.: Editora Universitária UFPA, 1989.

FERREIRA, C. F. **Produção do espaço urbano e degradação ambiental**: um estudo sobre a várzea do Igarapé do Tucunduba (Belém-PA). 1995. Dissertação (Mestrado em Geografia) – Universidade de São Paulo, São Paulo, 1995.

GEERTZ, C. **A interpretação das culturas**. Rio de Janeiro: LTC, 1973.

HEIDEGGER, M. **Ser e Tempo**. 15. ed. Petrópolis: Vozes, 2001.

HUSSERL, E. **A Ideia da Fenomenologia**. Tradução de Paulo Afonso de Paula Oliveira. Rio de Janeiro: Edições 70, 2006.

LEAL, M. V. S.; RAMOS, A. C. D. A bacia hidrográfica urbana do Tucunduba: impactos no uso e ocupação do solo em Belém, Pará. **Sustentabilidade**, [*s. l.*], v. 3, p. 1-11, 2022.

LISBÔA, L. S. **Uso e ocupação do solo na UFPA, Amazônia, Brasil**: história, evolução e desafios. 2011. Dissertação (Mestrado em Ciência Ambiental) – Universidade de São Paulo, São Paulo, 2011.

LUZ, L.; RODRIGUES, J. E.; CRISTO, L.; SILVA, A. L. Estudo geomorfológico em bacias urbanas: uma análise da bacia do Tucunduba, Belém-PA. *In:* SINAGEO – SIMPÓSIO NACIONAL DE GEOMORFOLOGIA, 9., Rio de Janeiro. **Anais** [...]. Rio de Janeiro: Sinageo, 2012. Disponível em: https://www.sinageo.org.br/2012/trabalhos/2/2-284-516.html. Acesso em: 26 ago. 2024.

MARINHO, E. R.; VITORINO, M.; MOURA, M. N.; BARBOSA, I. C.; COSTA, L. G.; SILVA, E. R.; DIAS, F. G. Extremos climáticos associados à qualidade de água do rio Guamá, São Miguel do Guamá, Pará. **Revista Ibero-Americana de Ciências Ambientais,** Aquidabã-SE, v. 11, n. 6, p. 262-273, 2020. Disponível: https://doi.org/10.6008/CBPC2179-6858.2020.006.0022. Acesso: 18 set. 2025.

PAIVA, B. S., LUZ, L. M. da; SILVA, C. N. da. Sistemas de áreas verdes da Cidade Universitária Professor José da Silveira Netto, da UFPA, em Belém (PA). **Novos Cadernos NAEA,** Belém-PA, v. 25, n. 1, p. 297-323, 2022.

RADAM. **Mapa fitoecológico.** Folha SA. 22, Belém. Brasília: DNPM, 1974.

REIGOTA, M. **O que é Educação Ambiental?** 4. ed. São Paulo: Brasiliense, 2009.

ROCHA, L. S.; NASCIMENTO, J. N.; SADEK, C. C.; SOUSA, L. H. de; WIRTZ, A. L.; WIRTZ, O. H.; RIBEIRO, H. M. Análise de qualidade das águas do igarapé Tucunduba dentro da área da urbana da UFPA, campus Guamá – Belém (PA). **Revista Foco,** v. 16, n. 9, p. 1-13, Manaus-AM, 2023.

ROCHA, N. C.; LIMA, A. M. A sustentabilidade hídrica na bacia do rio Guamá, Amazônia Oriental/Brasil. **Sociedade & Natureza**, v. 32, p. 141-160, Uberlândia-MG, 2019.

RODRIGUES, J. E.; LUZ, L. M. Mapeamento da cobertura vegetal da Área Central do município de Belém PA, através de sensores remotos de base orbital (sensor TM, LANDSAT 5 e sensor CCD, CBERS 2). *In*: SIMPÓSIO BRASILEIRO DE SENSORIAMENTO REMOTO, 13., Florianópolis, 2007. **Anais** [...]. Florianópolis: Inpe, 2007. p. 1063-1070.

SANTOS, S. N.; LAFON, J. M.; CORRÊA, J. A.; BABINSKI, M.; DIAS, F. F.; TADDEI, M. H. Distribuição e assinatura isotópica de Pb em sedimentos de fundo da foz do rio Guamá e da Baía do Guajará (Belém – Pará). **Química Nova,** São Paulo, v. 35, n. 2, p. 249-256, 2012.

SAUER, C. O. A Morfologia da Paisagem. *In:* CASTRO, I. E. de; GOMES, P. C. C.; CORRÊA, R. L. (org.). **Geografia:** Conceitos e Temas. Rio de Janeiro: Bertrand Brasil, 1995.

SILVA, R. C.; FERREIRA, C. C.; SANTOS, J. S. dos; JESUS, D. M. de; MIRANDA JUNIOR, R. P.; SILVA, A. I. da; FERNANDES, L. L. Determinação da velocidade de infiltração e do nível do lençol freático da bacia hidrográfica do Igarapé Sapucajuba localizada em Belém/PA. **Brazilian Journal of Development**, Curitiba-PR, v. 5, n. 12, p. 32.374-32.395, 2019.

TUAN, Y. **Topofilia:** Um Estudo da Percepção, Atitudes e Valores do Meio Ambiente. São Paulo: Difel, 1980.

TUAN, Y. **Space and Place:** The Perspective of Experience. Minneapolis: University of Minnesota Press, 1977.

TUAN, Y. **Perception of the Environment**. Minneapolis: University of Minnesota Press, 1974.

UFPA completa 67 anos se mantendo como universidade com maior produção científica sobre a Amazônia. **G1 Pará**, 2024. Disponível em: https://g1.globo.com/pa/para/noticia/2024/07/02/ufpa-completa-67-anos-se-mantendo-como-universidade-com-maior-producao-cientifica-sobre-a-amazonia.ghtml. Acesso em: 08 out. 2024.

UFPA. **UFPA em números 2024 (ano-base 2023)**. Belém-PA: UFPA, 2024. Disponível em: https://ufpanumeros.ufpa.br/. Acesso em: 10 out. 2024.

UFPA. **UFPA é a 28ª melhor universidade brasileira na edição 2024 do Times Higher Education World University Rankings.** Belém-PA: UFPA, 2023. Disponível em: https://ufpa.br/ufpa-e-a-28a-melhor- universidade-brasileira-na-edicao-2024-do-times-higher-education-world-university- rankings-2/. Acesso em: 5 out. 2024.

VARELA, A. W.; SOUZA, A. de; AVIZ, M. D. de; PINFILDI, G. V.; SANTOS, R. M.; SOUSA, P. H.; SANTOS, M. L. Qualidade da água e índice de estado trófico no rio Guamá, município de Belém (Pará, Brasil). **Revista Gestão & Sustentabilidade Ambiental**, Chapecó-SC, v. 9, n. 4, p. 695-715, 2020.

CRIAÇÃO DE ÁREAS DE PROTEÇÃO AMBIENTAL NA REGIÃO METROPOLITANA DE ANANINDEUA: UMA PROPOSTA DE CRIAÇÃO DA APA DE ANANINDEUA, NO RIO MAGUARI, ENTORNO DA ORLA DE ANANINDEUA

Francisco de Assis Miranda Junior
Enilson da Silva Sousa

INTRODUÇÃO

A criação de Áreas de Proteção Ambiental (APA) tem se destacado como uma estratégia fundamental para a conservação da biodiversidade, especialmente em regiões metropolitanas onde a pressão urbana sobre os recursos naturais é crescente. Na Região Metropolitana de Belém (RMB), o município de Ananindeua vem enfrentando desafios relacionados à urbanização acelerada, o que reforça a necessidade de políticas públicas voltadas para a preservação ambiental. Dentre as áreas que merecem atenção, o entorno do rio Maguari, especialmente na orla de Ananindeua, apresenta-se como uma região de relevante interesse ecológico, social e econômico, sendo fundamental para a qualidade de vida dos seus habitantes.

A proposta de criação da Área de Proteção Ambiental (APA) de Ananindeua no rio Maguari surge a partir da identificação da degradação ambiental causada pelo crescimento urbano desordenado. Estudos como os de Dias (2011) indicam que áreas como o rio Maguari sofrem com a poluição das águas, a destruição de manguezais e o avanço de construções irregulares, impactando diretamente a fauna e flora locais. Essas dinâmicas ambientais tornam imperativa a implementação de medidas que conciliem o desenvolvimento urbano com a conservação dos recursos naturais (Gouveia, 2012).

A metodologia utilizada neste estudo inclui o trabalho de campo e a observação participativa, ferramentas essenciais para a compreensão das dinâmicas socioambientais em áreas urbanas. Segundo Gil (2008), o trabalho de campo permite uma análise direta do ambiente estudado, possibilitando a coleta de dados primários que ajudam na caracterização da área e na identificação dos principais problemas ambientais. Além disso, a observação participativa, como destaca Geertz (1989), oferece uma perspectiva privilegiada, permitindo a interação direta com as populações locais e a percepção ambiental de como a população local se relaciona com o ambiente.

O trabalho de campo foi realizado em diferentes pontos ao longo da orla de Ananindeua, com foco nas áreas de maior vulnerabilidade ambiental, como os trechos onde há maior presença de construções irregulares e despejo de efluentes no rio. Durante essas visitas, foram realizadas entrevistas com moradores e pescadores locais, que forneceram informações valiosas sobre as transformações ambientais e socioeconômicas da região. A observação participativa permitiu acompanhar de perto a rotina dos habitantes e entender como a degradação ambiental tem impactado suas atividades cotidianas.

Para embasar a criação da APA de Ananindeua, este estudo se apoia em uma análise comparativa com outras áreas de proteção ambiental já existentes na região Norte. A APA de Belém, por exemplo, tem sido uma referência na promoção do equilíbrio entre a conservação ambiental e o uso sustentável dos recursos naturais. A experiência dessa unidade de conservação demonstra que é possível integrar as necessidades de desenvolvimento urbano com a preservação dos ecossistemas naturais.

Adicionalmente, foi considerada a legislação vigente sobre Áreas de Proteção Ambiental, como o Sistema Nacional de Unidades de Conservação da Natureza (SNUC), instituído pela Lei n.º 9.985/2000, que estabelece diretrizes para a criação e gestão de unidades de conservação no Brasil. O artigo 15 dessa legislação prevê que as APAs devem conciliar a conservação ambiental com o uso sustentável, permitindo que atividades econômicas possam ser realizadas, desde que não comprometam a integridade dos recursos naturais.

A criação da APA de Ananindeua, portanto, visa não apenas a preservação do rio Maguari e seu entorno, mas também a melhoria das condições de vida das populações locais, promovendo um desenvolvimento mais sustentável. Essa proposta está em consonância com o que autores como Ostrom (2009) e Diegues (1998) defendem em suas pesquisas sobre a importância da gestão participativa nas unidades de conservação, envolvendo diretamente as populações locais na gestão e preservação do meio ambiente.

Diante desse cenário, o presente estudo busca contribuir para o debate sobre a criação de áreas protegidas em regiões metropolitanas, propondo uma APA para Ananindeua que leve em consideração tanto os aspectos ecológicos quanto sociais. A implementação de uma área de proteção no rio Maguari poderá trazer benefícios significativos para a conservação ambiental e para a qualidade de vida dos moradores da região, servindo como um exemplo de sustentabilidade urbana.

Caracterização e localização do município de Ananindeua

O município de Ananindeua – PA está localizado na Região metropolitana de Belém – PA, e a área do município era de 190,581 km². Vizinho dos municípios de Marituba, Belém e Bujaru, Ananindeua se situa a 18 km ao Norte-Leste de Belém. Situado a 20 metros de altitude, Ananindeua tem as seguintes coordenadas geográficas: Latitude: 1° 21' 59'' Sul, Longitude: 48° 22' 20'' Oeste.

A população do município, segundo o IBGE Cidades, em 2022, era de 478.778 habitantes, e a densidade demográfica era de 2.512,2 habitantes por quilômetro quadrado, com estimativa de 507.838 habitantes para o ano de 2024. Na comparação com outros municípios do estado, ficava na segunda posição dos 144 municípios do estado. Já na comparação com municípios de todo o país, ficava nas posições 46 e 49 de 5570. Na educação, em 2010, a taxa de escolarização de 6 a 14 anos de idade era de 96,7%. Na economia, em 2021, o PIB per capita era de R$ 16.542,68. Na comparação com outros municípios do estado, ficava nas posições 53, entre os 144 entre os municípios do estado (IBGE Cidades, 2024).

Mapa 1 – Mapa de Localização do Município de Ananindeua – PA

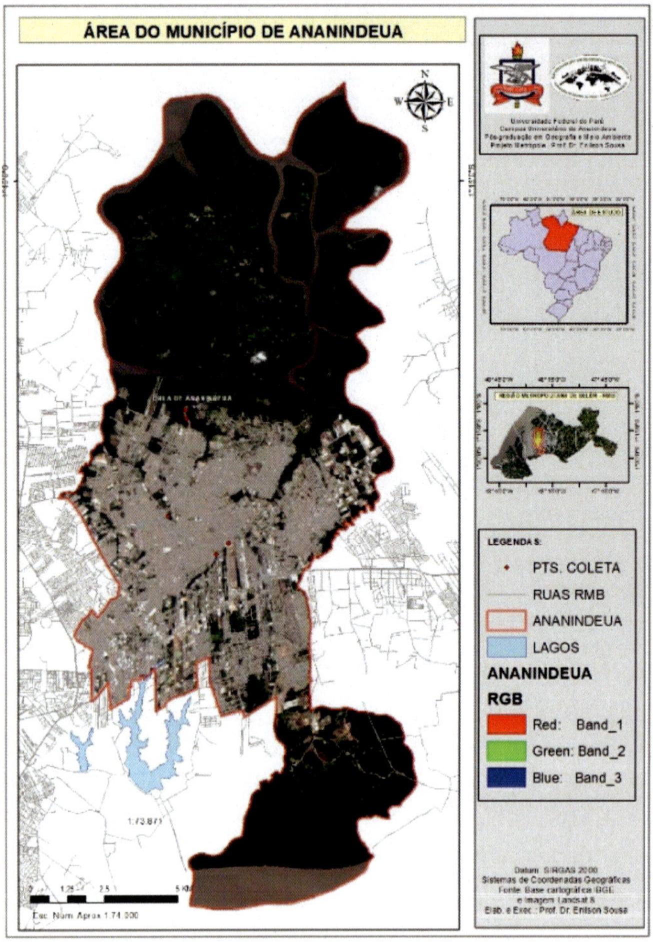

Fonte: Projeto Metrópole, elaboração Prof. Dr. Enilson da Silva, UFPA-CANAN

Caracterização ambiental e socioeconômica da orla de Ananindeua e do rio Maguari

A região metropolitana de Ananindeua, situada na Grande Belém, destaca-se por seu expressivo crescimento populacional e por abrigar áreas de relevante importância ambiental, como o rio Maguari e sua orla. No entanto, a urbanização acelerada tem causado pressões sobre os ecossistemas locais, afetando tanto a qualidade ambiental quanto as condições de vida das populações locais.

A necessidade de uma análise mais detalhada sobre as características ambientais e socioeconômicas dessa área se impõe, considerando os desafios atuais de preservação ambiental e desenvolvimento sustentável. Para isso, é essencial compreender os fatores que moldam o uso e a ocupação do solo, os impactos ambientais decorrentes da urbanização e as dinâmicas socioeconômicas locais (Gouveia, 2012).

O rio Maguari, situado no município de Ananindeua, é um dos principais cursos d'água que atravessam a região, desempenhando um papel central na vida das comunidades locais, especialmente as que dependem da pesca e da agricultura de subsistência. Segundo Dias (2011), a hidrografia da área sofre influência direta das marés, o que favorece a presença de manguezais em suas margens. Esses ecossistemas são fundamentais para a manutenção da biodiversidade local, abrigando uma rica fauna, incluindo espécies de aves, peixes e crustáceos, como discutido por Santos (2014). A vegetação típica dessa região inclui, além dos manguezais, áreas de floresta secundária, que têm sido progressivamente substituídas por construções urbanas e áreas de pastagem.

A urbanização desordenada ao longo da orla do rio Maguari tem provocado a degradação dos ecossistemas ribeirinhos, com a destruição de manguezais e a contaminação das águas. O despejo irregular de esgoto doméstico e industrial no rio é um dos principais fatores de poluição hídrica, prejudicando a qualidade da água e ameaçando a fauna aquática. Essa situação compromete não apenas a biodiversidade, mas também as atividades econômicas tradicionais, como a pesca, que depende diretamente da qualidade ambiental do rio.

A urbanização acelerada em Ananindeua nas últimas décadas resultou na expansão de áreas residenciais e comerciais nas proximidades do rio Maguari. O crescimento urbano, frequentemente desordenado e sem planejamento adequado, tem levado ao aumento de construções irregulares na orla do rio, intensificando o processo de impermeabilização do solo e a perda de áreas vegetadas. Como consequência, a região sofre com inundações frequentes, agravadas pelo assoreamento do rio, um fenômeno amplamente discutido por Becker (2001), que alerta para a necessidade de ações de mitigação.

Além disso, a remoção de vegetação nativa ao longo das margens do rio Maguari tem impactos diretos sobre a fauna local, particularmente sobre as espécies de aves que utilizam os manguezais para nidificação.

A fragmentação de habitats devido à urbanização reduz a capacidade de regeneração natural dos ecossistemas, tornando a recuperação dessas áreas um desafio. Nesse contexto, a criação de uma Área de Proteção Ambiental (APA) se apresenta como uma alternativa viável para garantir a preservação da biodiversidade local e assegurar a qualidade ambiental necessária para o desenvolvimento sustentável.

A região da orla do rio Maguari é marcada pela presença de comunidades que dependem do rio para suas atividades econômicas e para a subsistência. A pesca artesanal e a agricultura de pequeno porte são as principais fontes de renda para muitas famílias que vivem nessa área. No entanto, a pressão urbana tem gerado conflitos entre o uso tradicional do solo pelas comunidades locais e as novas demandas impostas pela expansão urbana e pela especulação imobiliária.

A ocupação irregular das margens do rio, muitas vezes realizada por famílias de baixa renda, reflete a ausência de políticas públicas eficazes de ordenamento territorial. A falta de regulamentação adequada do uso do solo tem facilitado a proliferação de moradias em áreas ambientalmente sensíveis, resultando em impactos sociais e ambientais significativos. Esse cenário de vulnerabilidade socioambiental é agravado pela carência de infraestrutura básica, como saneamento e acesso a serviços públicos, o que afeta diretamente a qualidade de vida da população.

Diante da complexidade das dinâmicas ambientais e socioeconômicas que envolvem a orla do rio Maguari, é evidente a necessidade de políticas públicas que conciliem o desenvolvimento urbano com a conservação ambiental. Conforme discutido por Diegues (1998), as áreas vulneráveis em regiões metropolitanas são particularmente vulneráveis aos impactos da urbanização, o que exige a implementação de estratégias integradas de gestão ambiental e uso sustentável dos recursos naturais.

A criação de uma APA na região da orla de Ananindeua é uma proposta que visa justamente mitigar os impactos negativos da urbanização sobre os ecossistemas locais, garantindo ao mesmo tempo o uso sustentável dos recursos naturais pelas populações locais. Esse tipo de unidade de conservação, conforme previsto pelo Sistema Nacional de Unidades de Conservação (SNUC) permite a conciliação entre a preservação ambiental e o desenvolvimento econômico, desde que haja uma gestão participativa que envolva as populações locais.

A implementação de uma APA na região do rio Maguari, além de proteger os ecossistemas, pode fomentar o turismo sustentável e promover atividades econômicas compatíveis com a conservação, como o ecoturismo e a pesca artesanal. Conforme Becker (2001), a gestão dessas áreas protegidas deve ser baseada em processos participativos, que incluam os moradores locais no planejamento e na tomada de decisões, assegurando que suas necessidades e conhecimentos sejam considerados na formulação das políticas de conservação.

Proposta de criação da APA de Ananindeua: objetivos, estrutura e gestão participativa

A crescente urbanização das regiões metropolitanas tem gerado impactos ambientais profundos, principalmente em áreas urbanas e ecossistemas frágeis. O município de Ananindeua, na Região Metropolitana de Belém (RMB), enfrenta pressões resultantes do crescimento populacional desordenado, o que afeta diretamente o rio Maguari e suas margens.

Em resposta a esses desafios, propõe-se a criação da Área de Proteção Ambiental (APA) de Ananindeua, voltada para a preservação dos ecossistemas do rio Maguari e a mitigação dos impactos socioambientais. A APA deve seguir as diretrizes estabelecidas pela Lei n.º 9.985/2000, que regulamenta o Sistema Nacional de Unidades de Conservação da Natureza (SNUC), além de considerar as implicações da Lei n.º 9.605/1998, a Lei de Crimes Ambientais, que visa proteger o meio ambiente por meio de punições adequadas a práticas degradantes.

A criação da APA de Ananindeua visa, em primeiro lugar, preservar os recursos naturais associados ao rio Maguari, como os manguezais, a vegetação, e a biodiversidade local, elementos essenciais para o equilíbrio ecológico da região. Estudos realizados por Dias (2011) destacam a importância dos manguezais como berçários para diversas espécies aquáticas e como barreiras naturais contra erosão e inundações. Além disso, a APA pretende promover a recuperação de áreas degradadas, garantindo a proteção do ciclo hidrológico do rio e a qualidade de vida das populações locais, que dependem dos recursos naturais para sua subsistência.

Outro objetivo central é regularizar o uso do solo nas margens do rio Maguari, com o intuito de combater a ocupação irregular e os despejos clandestinos de resíduos que contribuem para a poluição do rio. A expansão desordenada da cidade de Ananindeua tem causado a destruição de áreas sensíveis, como as matas ciliares, que desempenham um papel fundamental na manutenção da qualidade das águas e na proteção contra enchentes. A APA proporcionará mecanismos de fiscalização e controle, facilitando a aplicação da Lei de Crimes Ambientais (Lei n.º 9.605/1998), que prevê sanções para infrações ambientais como poluição de corpos hídricos, desmatamento ilegal e ocupação indevida de Áreas de Preservação Permanente (APPs).

A estrutura da APA de Ananindeua deverá ser delineada a partir de três componentes fundamentais: zoneamento ambiental, fiscalização efetiva e planos de manejo sustentável. O zoneamento, segundo, é uma das principais ferramentas para ordenar o uso do solo em unidades de conservação, garantindo que áreas de maior sensibilidade ambiental sejam protegidas e destinadas à preservação integral. Na APA de Ananindeua, o zoneamento deverá incluir zonas de proteção rigorosa, nas áreas de manguezal e nas margens do rio Maguari, onde qualquer atividade econômica de impacto direto sobre o ecossistema será estritamente proibida.

O zoneamento deverá ser complementado por áreas de uso sustentável, onde atividades como pesca artesanal, turismo ecológico e agricultura de baixo impacto poderão ser permitidas, desde que não comprometam os recursos naturais. A adoção de práticas sustentáveis será um dos pilares da APA, com foco na capacitação das comunidades locais para o manejo consciente dos recursos, seguindo a lógica da convivência harmônica entre o desenvolvimento econômico e a preservação ambiental, como defende Diegues (1998).

Além disso, a fiscalização será um elemento chave para o sucesso da APA. De acordo com a Lei n.º 9.605/1998, crimes ambientais como o despejo de resíduos e o desmatamento não autorizado devem ser combatidos com multas e sanções administrativas, além de medidas de compensação ambiental. Para garantir o cumprimento das regras estabelecidas na APA, será necessário implementar uma equipe de fiscalização composta por técnicos ambientais e membros das próprias populações locais, que poderão atuar como guardiões do território, ajudando na vigilância e na denúncia de infrações.

A gestão participativa é um dos principais pilares para a efetividade de uma unidade de conservação, especialmente em áreas com forte presença de populações em situações de vulnerabilidades socioeconômicas, como é o caso da orla de Ananindeua. A Lei n.º 9.985/2000 já prevê a participação social na gestão de APAs, um modelo que tem se mostrado eficaz na inclusão das demandas locais nas decisões relacionadas ao uso e conservação dos recursos naturais.

A participação comunitária na APA de Ananindeua deverá ser incentivada por meio de conselhos gestores formados por representantes do poder público, moradores locais, pescadores, ONGs e outras instituições da sociedade civil. Ostrom (2009) aponta que a gestão participativa de APAs é essencial para a criação de soluções que considerem as especificidades socioambientais das populações envolvidas. Esse processo de governança compartilhada permitirá que as comunidades tenham voz ativa nas decisões sobre a utilização dos recursos, evitando conflitos e promovendo a preservação de suas tradições e modos de vida.

Dentro desta perspectiva, a ideia é que, segundo Ostrom (2009), a gestão participativa também seja fundamental para a implementação de planos de manejo sustentável, que terão como objetivo orientar as atividades permitidas dentro da APA. O envolvimento das populações locais na elaboração desses planos garantirá que o conhecimento tradicional seja valorizado e incorporado nas práticas de conservação, reforçando a importância da convivência entre o saber científico e o saber local.

A Lei de Crimes Ambientais (Lei n.º 9.605/1998) estabelece as bases jurídicas para a punição de práticas que causam degradação ambiental em território brasileiro, incluindo aquelas que afetam diretamente as áreas e as unidades de conservação. No contexto da APA de Ananindeua, essa lei será um instrumento fundamental para combater as infrações que têm comprometido a qualidade ambiental do rio Maguari, como o lançamento de efluentes não tratados e o desmatamento das margens do rio para construção de moradias ilegais.

Um dos principais desafios da gestão da APA será garantir a aplicação efetiva dessa legislação, especialmente em uma região com históricos de ocupações irregulares e ausência de fiscalização adequada. A criação da APA poderá facilitar a aplicação das sanções previstas na Lei n.º 9.605/1998, ao fornecer um aparato legal mais robusto e organizado para a proteção do território. De acordo com Milaré (2005), a Lei de Crimes Ambientais é um dos instrumentos mais eficazes para coibir práticas que resultam em degradação de áreas protegidas, desde que associada a políticas de fiscalização eficientes e a mecanismos de reparação ambiental.

A criação da APA de Ananindeua no entorno do rio Maguari é uma medida urgente e necessária para mitigar os impactos ambientais causados pela urbanização desordenada e garantir a preservação dos ecossistemas ribeirinhos. A proposta de gestão participativa, alinhada ao zoneamento ambiental e à aplicação rigorosa da Lei de Crimes Ambientais, permitirá que a APA não só conserve os recursos naturais, mas também promova o desenvolvimento sustentável das comunidades locais. Assim, a APA de Ananindeua pode tornar-se um modelo de conservação ambiental urbana, no qual a proteção dos ecossistemas caminha junto com a qualidade de vida da população.

Vale ressaltar que a Prefeitura de Ananindeua, no ano de 2024, criou um Grupo de Trabalho para viabilizar a criação da Unidade de Conservação Municipal de Uso Sustentável de Ananindeua – PA (Decreto n.º 2.046, de 3 de junho de 2024). Desse resultado, saiu a área representada no mapa 2, que aponta a área de criação da UC na região do Rio Maguarí, no município.

Mapa 2 – Imagem da proposta de criação da Unidade de Conservação Municipal de Uso Sustentável de Ananindeua – PA (Decreto n.º 2.046, de 3 de junho de 2024)

Fonte: Grupo de Estudos Ambientais de Ananindeua – PA

CONSIDERAÇÕES FINAIS

A criação da Área de Proteção Ambiental (APA) de Ananindeua, localizada no entorno do rio Maguari, reflete a necessidade urgente de integração entre desenvolvimento urbano, proteção ambiental e sustentabilidade. Em uma região marcada pela intensa urbanização desordenada, a implementação de políticas públicas que promovam a conservação dos ecossistemas locais é fundamental para a mitigação de impactos ambientais e sociais. Ao longo deste trabalho, evidenciou-se que a preservação dos recursos naturais em áreas metropolitanas, como a de Ananindeua, deve estar articulada com mecanismos legais, diálogos entre saberes geográficos e ambientais, e a efetiva participação comunitária na gestão do território, como evidenciam Dietz, Ostrom e Stern (2003).

A proposta da APA de Ananindeua traz, em si, uma perspectiva de sustentabilidade que se apoia em três pilares essenciais: a conservação do meio ambiente, o desenvolvimento social e econômico das comunidades locais e a regulamentação legal que assegura a proteção ambiental.

A Lei n.º 9.605/1998 (Lei de Crimes Ambientais) desempenha um papel central nesse processo, pois possibilita a aplicação de sanções contra práticas que degradam os ecossistemas, enquanto o Sistema Nacional de Unidades de Conservação (SNUC) oferece diretrizes para a gestão adequada das áreas protegidas. No entanto, para que a legislação seja eficaz, é necessário que o campo jurídico e as ciências ambientais dialoguem com a geografia, estabelecendo um modelo de governança ambiental que considere as particularidades territoriais, econômicas e sociais da região (Ostrom, 2009).

A Geografia, como ciência do espaço e das interações entre sociedade e natureza, tem um papel essencial na formulação de políticas de conservação ambiental. A análise geográfica de áreas vulneráveis, como as margens do rio Maguari, contribui para a identificação de zonas prioritárias de preservação e recuperação ambiental, como apontado por Becker (2001). Além disso, o conhecimento geográfico sobre o uso do solo, o comportamento hídrico e as dinâmicas sociais permitem a construção de planos de manejo que respeitem tanto o ambiente quanto as necessidades das populações que dele dependem. Essa visão integrada é crucial para garantir que a APA de Ananindeua não seja apenas uma área preservada, mas também um espaço de desenvolvimento sustentável.

No diálogo entre a Geografia e o campo jurídico, destacam-se as possibilidades de aprimorar a aplicação da Lei de Crimes Ambientais e fortalecer a governança ambiental em áreas protegidas. A legislação ambiental brasileira, especialmente com a criação do SNUC, já prevê instrumentos legais para a gestão de unidades de conservação, como as APAs, que permitem o uso sustentável dos recursos naturais. No entanto, como observa Milaré (2005), a simples existência de leis não garante sua eficácia; é necessário que o aparato legal seja acompanhado por mecanismos de fiscalização, participação social e educação ambiental. Nesse sentido, a geografia pode auxiliar no planejamento territorial e na definição de critérios espaciais para a aplicação das sanções previstas na Lei n.º 9.605/1998, garantindo que a proteção ambiental seja efetiva e adaptada às realidades locais.

Por outro lado, os estudos ambientais e as ciências ambientais fornecem uma base científica indispensável para o entendimento dos processos ecológicos e dos impactos causados pelas atividades humanas nessas áreas urbanas. A interação entre Geografia e ciências ambientais é essencial para a formulação de estratégias de conservação que considerem não apenas os aspectos físicos do território, mas também as relações ecológicas que sustentam a biodiversidade local.

Nesse sentido, a preservação de ecossistemas como os manguezais e matas ciliares é crucial para a manutenção da qualidade da água e para a prevenção de eventos climáticos extremos, como enchentes. Assim, o diálogo entre essas áreas do conhecimento pode contribuir para a elaboração de políticas mais integradas e eficazes de preservação ambiental. Além disso, a gestão participativa emerge como um elemento central na viabilização de uma APA que realmente promova o desenvolvimento sustentável. A participação das populações locais, moradores da orla de Ananindeua, é crucial para o sucesso de qualquer iniciativa de conservação.

Conforme Diegues (1998) a inclusão das populações locais nos processos de tomada de decisão e no planejamento da APA permite que suas necessidades e saberes tradicionais sejam considerados, ao mesmo tempo em que fortalece o engajamento comunitário na proteção do meio ambiente. Para isso, é fundamental que os gestores da APA promovam espaços de diálogo e consulta, integrando as comunidades de forma contínua e efetiva, o que também reforça o princípio democrático na gestão dos bens ambientais.

Nesse contexto, o diálogo entre o campo jurídico e a gestão participativa pode aprimorar o alcance e a eficácia da Lei n.º 9.605/1998, uma vez que a fiscalização legal das atividades predatórias se complementa com o controle social exercido pelas próprias comunidades. A formação de conselhos gestores, compostos por representantes do poder público, ONGs, moradores locais e instituições de pesquisa, possibilita um modelo de governança compartilhada que potencializa a fiscalização e o uso sustentável dos recursos. As populações locais, como guardiãs do território, têm um papel vital na vigilância ambiental, e seu envolvimento ativo fortalece as políticas de proteção.

Por fim, a criação da APA de Ananindeua oferece uma oportunidade para repensar as políticas de conservação ambiental em áreas metropolitanas, onde a pressão urbana sobre os recursos naturais é constante. A sustentabilidade, nesse sentido, deve ser vista não apenas como um objetivo ecológico, mas também como uma estratégia de inclusão social e econômica, em que as comunidades locais são protagonistas no processo de preservação e uso consciente dos recursos (Dietz; Ostrom; Stern, 2003). O diálogo entre Geografia, campo jurídico e ciências ambientais permite a construção de uma visão integrada e multidisciplinar da gestão ambiental, essencial para enfrentar os desafios contemporâneos de preservação e desenvolvimento.

A APA de Ananindeua pode se tornar um modelo de governança ambiental em áreas urbanas, conciliando a proteção dos ecossistemas com o bem-estar das populações. Para tanto, é necessário que as políticas de conservação sejam continuamente ajustadas, com base em estudos científicos e no engajamento das comunidades locais, de forma a promover uma sustentabilidade que seja duradoura e inclusiva, conforme orienta Canotilho (1996). A articulação entre saberes e práticas de diferentes campos do conhecimento é o caminho para garantir que essa proposta seja viável e que os recursos naturais do rio Maguari sejam preservados para as futuras gerações.

REFERÊNCIAS

BECKER, B. **Amazônia**: Geopolítica na virada do III milênio. Rio de Janeiro: Garamond, 2001.

BRASIL. **Lei n.º 9.605 de 12 de fevereiro de 1998.** Dispõe sobre as sanções penais e administrativas derivadas de condutas e atividades lesivas ao meio ambiente, e dá outras providências. Brasília-DF: Presidência da República, 17 fev. 1998. Disponível em: https://www.planalto.gov.br/ccivil_03/leis/l9605.htm. Acesso em 8 mar. 2025.

CANOTILHO, J. J. G. **Privatismo, associativismo e publicismo no direito do ambiente**. Textos, v. 1. Lisboa: Centro de Estudos Judiciários, 1996.

DIAS, A. S. Limites e alcance da responsabilidade penal na ocorrência do dano ambiental, sob a ótica da Lei n.º 9.605/1998. **Publicação Estação Científica (Unifap)**, Macapá-AP, v. 1, n. 2, p. 31-43, 2011. Disponível em: https://doaj.org/article/c3e88c37d87f4df297673e7e1731fa97. Acesso em: 18 fev. 2025.

DIEGUES, A. C. **O mito moderno da natureza intocada**. São Paulo: Hucitec, 1998.

DIETZ, T; OSTROM, E; STERN, P. C. A luta para governar os bens comuns. **Revista Ciência,** v. 302, n. 5652, p. 1907-1912, 2003. Disponível em: https://pubmed.ncbi.nlm.nih.gov/14671286/, acesso em 18 de dez. de 2025.

GIL, A. C. Métodos e técnicas de pesquisa social. 6. ed. São Paulo: Atlas, 2008.

GOUVEIA, N. Resíduos sólidos urbanos: impactos socioambientais e perspectiva de manejo sustentável com inclusão social. **Revista Ciência & Saúde Coletiva,** Rio de Janeiro, v. 17, p. 1503-1510, 2012. Disponível em: https://doi.org/10.1590/S1413-81232012000600014. Acesso em: 18 de dezembro de 2025.

IBGE. **Ananindeua.** [*S. l.*]: IBGE, 2022. Disponível em: https://cidades.ibge.gov.br/brasil/pa/ananindeua/panorama. Acesso em: 17 set. 2024.

MILARÉ, E. **Direito do ambiente**: doutrina, jurisprudência, glossário. 4. ed. Versão atualizada e ampliada. São Paulo: RT, 2005.

OSTROM, E. Uma estrutura geral para analisar a sustentabilidade de sistemas socioecológicos. **Science,** [*s. l.*], v. 325, n. 5.939, p. 419-422, 2009. Disponível em: https://www.science.org/doi/10.1126/science.1172133. Acesso em: 10 dez. 2025.

SOBRE OS(AS) AUTORES(AS)

O livro *Geografia e Meio Ambiente: Diálogos Interdisciplinares no Contexto Amazônico* reúne trabalhos acadêmicos desenvolvidos por discentes do curso de especialização em Geografia e Meio Ambiente da **Universidade Federal do Pará (UFPA)**, Campus Universitário de Ananindeua (CANAN).

Os capítulos apresentados são frutos de pesquisas realizadas ao longo da especialização e refletem a interdisciplinaridade e a relevância temática das questões socioambientais na Amazônia. Cada texto foi produzido sob a orientação de professores ou pesquisadores com expertise nas áreas correlacionadas ou em coautoria com convidados que contribuíram para o desenvolvimento acadêmico e metodológico das pesquisas.

A obra evidencia o compromisso acadêmico do curso em promover diálogos interdisciplinares sobre as complexidades socioambientais da região amazônica, abordando temas como direito ambiental, políticas públicas, impactos antrópicos e conservação ambiental.

O conjunto de autores inclui:

ORGANIZADORES:

Ana Valéria dos Reis Pinheiro
Lattes: http://lattes.cnpq.br/6372441345303276
Orcid: 0000-0001-8244-2053

Cristina do Socorro Fernandes de Senna
Lattes: http://lattes.cnpq.br/6622787329862653
Orcid: 0000-0002-5636-2460

Enilson da Silva Sousa
Lattes: http://lattes.cnpq.br/9809519303331231
Orcid: 0000-0003-2026-0822

Felipe Kevin Ramos da Silva
Lattes: http://lattes.cnpq.br/0085563630551317
Orcid: 0000-0003-3881-8791

ORIENTADORES – professores e pesquisadores que orientaram as monografias, fornecendo suporte teórico e metodológico:

Ana Valéria dos Reis Pinheiro
Lattes: http://lattes.cnpq.br/6372441345303276
Orcid: 0000-0001-8244-2053

Cristina do Socorro Fernandes de Senna
Lattes: http://lattes.cnpq.br/6622787329862653
Orcid: 0000-0002-5636-2460

Dulcidéia da Conceição Palheta
Lattes: http://lattes.cnpq.br/1585112075358566
Orcid: 0000-0002-2755-8560

Enilson da Silva Sousa
Lattes: http://lattes.cnpq.br/9809519303331231
Orcid: 0000-0003-2026-0822

Lúcio Correia Miranda
Lattes: http://lattes.cnpq.br/3405266586655153
Orcid: 0000-0002-3592-9376

Paulo Alves de Melo
Lattes: http://lattes.cnpq.br/1500029883430577
Orcid: 0000-0003-4779-6598

COAUTORES CONVIDADOS – pesquisadores e especialistas que colaboraram para enriquecer as discussões e os resultados das pesquisas:

Daniel Palma Perez Braga
Lattes: http://lattes.cnpq.br/7770372860220449
Orcid: 0000-0003-0299-278X

Felipe Kevin Ramos da Silva
Lattes: http://lattes.cnpq.br/0085563630551317
Orcid: 0000-0003-3881-8791

Rita Denize de Oliveira
Lattes: http://lattes.cnpq.br/5096230228328309
Orcid: 0000-0001-8894-6180

DISCENTES DA ESPECIALIZAÇÃO – autores principais das monografias e artigos:

Alessandro Ferreira dos Santos
Lattes: http://lattes.cnpq.br/7788632863565312

Bianca Rafaela Leite da Costa
Lattes: http://lattes.cnpq.br/3860969407442040

Diana Regina Carmo de Carvalho
Lattes: http://lattes.cnpq.br/4368674927926898

Ediclelcio Lopes da Costa
Lattes: http://lattes.cnpq.br/6843526543874223

Elisângela Ferro Sousa
Lattes: http://lattes.cnpq.br/8713443693424037

Elizio Ridrigues Azevedo

Francisco de Assis Miranda Júnio
Lattes: http://lattes.cnpq.br/3945807926438796

Julio Rodrigues Matos
Lattes: http://lattes.cnpq.br/9733848191636028

Luana Valente Carvalho
Lattes: http://lattes.cnpq.br/1849805471924798

Marcio Roberto Santos de Carvalho
Lattes: http://lattes.cnpq.br/9683389235463225

Marcos Vinícius Sousa Leal
Lattes: http://lattes.cnpq.br/5645329457647388
Orcid: 0000-0002-0880-3276

Nailton Nascimento da Silva
Lattes: http://lattes.cnpq.br/2934674854076751

Vanice Carvalho Silva
Lattes: http://lattes.cnpq.br/2726689808791409